林业信息化系列研究成果之一

森林资源信息管理理论与应用

吴达胜　唐丽华　方陆明　著

中国水利水电出版社
www.waterpub.com.cn

内 容 提 要

森林资源信息管理是全面提高森林资源管理效率和效益的一种新模式，是森林资源管理与信息技术紧密结合的产物。本书在积累多年研究成果的基础上，从森林资源管理业务问题入手，结合系统学、管理学、地理学、信息学等的理论与技术，提出了森林资源信息管理的基本模型，叙述了森林资源信息采集、存储、处理、输出的整个流程，并以两个实例来说明有关森林资源信息管理的系统的开发过程。

本书有机结合了现代森林资源管理和信息技术要求，充分体现了先进技术在传统行业领域中的应用，可供森林资源管理工作者、信息技术应用人员、信息系统研究与开发人员参考。

图书在版编目（CIP）数据

森林资源信息管理理论与应用 / 吴达胜，唐丽华，方陆明著. -- 北京 : 中国水利水电出版社，2012.11(2023.8重印)
林业信息化系列研究成果
ISBN 978-7-5170-0328-1

Ⅰ. ①森… Ⅱ. ①吴… ②唐… ③方… Ⅲ. ①森林资源－资源管理－管理信息系统－研究 Ⅳ. ①F316.2-39

中国版本图书馆CIP数据核字(2012)第284241号

书　　名	林业信息化系列研究成果之一 **森林资源信息管理理论与应用**
作　　者	吴达胜　唐丽华　方陆明　著
出版发行	中国水利水电出版社 （北京市海淀区玉渊潭南路1号D座　100038） 网址：www. waterpub. com. cn E-mail：sales@mwr. gov. cn 电话：(010) 68545888（营销中心）
经　　售	北京科水图书销售有限公司 电话：(010) 68545874、63202643 全国各地新华书店和相关出版物销售网点
排　　版	中国水利水电出版社微机排版中心
印　　刷	清淞永业（天津）印刷有限公司
规　　格	184mm×260mm　16开本　14印张　332千字
版　　次	2012年11月第1版　2023年8月第4次印刷
印　　数	4001—5000册
定　　价	**49.00**元

序

林业是最古老的行业之一，它伴随着人类的兴起而诞生。这一古老的行业在面对现代信息技术时急需作全面而深刻的思考，通过多技术融合，优化或创新林业管理模式，实现森林资源安全、生态环境优良、林业生产力不断提高的目标。

信息技术与林业技术的融合过程就是林业信息化的建设过程。这大致可分为基础设施信息化、工艺过程信息化和管理信息化等三个方面。基础设施信息化主要包括以局域网和广域网综合为核心的硬件平台建设，以林业基本公共数据库为核心的数据平台建设，以方法与模型为主的公共知识平台、以规范化与标准化为核心的环境平台建设以及在信息等技术支持下的各类生产工具与装备；工艺过程信息化指林业管理、生产和教育、科技各个部门在经营、生产、科研、教学中的业务过程的信息化，它是以智能化为核心的自动化控制系统的开发；管理信息化指以林业网络化为核心系统建设，以森林资源网络化管理为基础，以电子政务为推动，突破传统管理时间、空间的限制，实现全时空、广信息、多媒体、快速度、零距离和交互虚拟管理，实现林业走向社会、社会参与林业建设的要求。可以说，没有林业信息化就没有林业现代化。

我国林业管理信息化建设总体上走过了一条从单机单项应用、单机单系统应用、多机单系统应用、多机多系统应用，到网络系统应用的道路。但林业受自然、社会和经济的综合作用，数据源、数据类型和格式多样化增加了管理的复杂度，导致局部研究不少而整体收效不明，与其他行业相比存在较明显的滞后。

针对我国林业管理信息化建设相对落后的现状，以及林业管理分层、分块的特点，2000 年以来，我们坚持以系统理论为指导，以森林资源信息共享联动、管理互动为主线，以数据库建设为核心，以应用系统建设为目标，以省域林业管理为研究对象，以县级林业管理为基点，兼顾地区、省和国家层次管理要求，通过系统建设与应用，初步实现了各级、各部门各尽其责、信息共享联动、管理互动统一、相互协同规则的机制。我们的研发团队也由小变大、由弱变强，现已形成了由方陆明、徐爱俊、吴达胜、唐丽华、楼雄伟等10余位核心成员共40余人组成的林业信息技术研究与应用团队。

在多年的探索中，我们在思想上经历了迷茫、碰撞、统一三个阶段；研究内容上从专题扩展到综合；技术方法上走过了从简单系统建设、复杂系统建设、管理模式探索、管理模式优化到物联网系统建设若干过程。当看到自己构建的新模式实现了资源的重组时，当开发的软件系统完成多部门、多环节信息联动和管理互动时，看到年龄50多岁只有小学文化的同志们也能很好地使用系统完成工作时，以及在将我们的系统管理平台放到各县、市的行政审批大厅，并延伸到乡镇和企业，听到各级领导、林业管理人员评论系统给他们带来的巨大而潜在的效益时，我们深感欣慰。

在这10多年的探索过程中，我们得到了诸多领导和专家的关心、支持和帮助。正因有诸多人的付出，才有今天的一点点成绩。北京林业大学关毓秀先生、董乃钧先生、陈谋询先生，原国家林业局资源司司长寇文正先生始终鼓励和关注团队的研究，并在不同阶段给予指导。浙江农林大学校长周国模教授多次亲临团队组指导，甚至帮助解决一些关键问题。浙江省林业厅叶胜荣、吴鸿、蓝晓光、王章明等领导，资源管理处卢苗海处长，政法处吴晓平处长，资源总站丁良冬站长，信息中心叶永钢主任，林业规划设计院刘安兴院长，生态中心李土生主任，杭州市林水局陈勤娟副局长，丽水市林业局和龙泉市林业局多位领导等都在不同阶段指导或参与过此项研究；还有浙江省各地、县以及贵州、广西等省、自治区林业部门领导和管理人员也参与过此项研究或提供过基层需求信息，使我们能够把基层管理上的需求和森林资源自身的发展规律结合起来，切实使研究成果为林业生产经营和管理第一线服务，也使研究不断深入和拓宽，并取得丰硕的成果。在此，对所有给予我们关心、支持的领导、专家和同志们表示衷心的感谢！

林业信息化建设是一个只有起点没有终点的过程，是一项复杂的系统工程建设，没有各方通力合作，没有众多学者的共同努力，没有各级管理人员的积极参与是难有成效的。尽管多年的林业信息化研究与应用存在这样或那样的不足，但是为了使研究成果能更好地为林业生产经营和管理服务，更好地为培养林业信息化人才服务，也为了能广泛地吸收各方的意见和建议，我们对其进行提炼和总结，并以森林资源信息管理、林业电子政务、森林防火信息技术、林权信息管理等专题撰书出版奉献给大家。

因时间和水平等诸多原因，书中错误在所难免，恳请广大读者批评指正！

浙江农林大学林业信息技术研究团队

2012年8月于杭州西子湖畔

前 言

森林资源包括林木资源、林地资源、野生生物资源等物质资源和森林景观资源，生态效能资源、社会效能资源等非物质资源。森林资源内容的广泛性决定了其管理的复杂性和多样化、非线性和不确定性的特点，要完成这样的复杂性管理需要依托信息管理来实现。

森林资源信息管理是对森林资源信息进行管理的人的社会实践活动过程，它利用各种方法与手段，运用计划、组织、指挥、控制、协调的管理职能，对信息进行收集、存储、加工、生产，为森林资源管理提供服务，从而有效地利用人、财、物以控制森林资源按预定目标发展。

森林资源信息管理是森林资源管理与信息管理相结合的产物，属于多学科交叉。它不仅包含了管理学、信息学、系统学、3S等理论与技术，而且还蕴含了森林资源政策法规、业务规范等。森林资源信息管理内容十分丰富，根据不同的方式具有不同的分类内容，如按信息使用方式可分为：单项管理、综合管理、系统管理、集成管理；按信息属性方式可分为：属性信息管理、空间信息管理；按管理的对象可为：森林资源环境管理、林地管理、林木管理、植被管理、野生动植物管理和湿地管理；按信息管理的环节可分为：信息采集、信息存储、信息处理和信息输出。全书共7章，以森林资源信息采集、存储、处理和输出为主线，由理论、技术与应用3个部分组成。理论部分包括了第1章和第2章，主要讲述森林资源信息管理的基本术语、森林资源信息系统的基本模型；技术部分包括第3～6章，按照信息采集→存储→处理→输出的流程来叙述；应用部分为第7章，以森林资源管理信息系统和生态公益林管理信息系统为例说明了森林资源信息管理系统的开发过程。

本书著者为吴达胜、唐丽华和方陆明，在共同讨论确定全书结构后进行如下分工：方陆明编写第1章，唐丽华编写第2章和第7.2节，吴达胜编写第3～6章和第7.1节。

本书是在国家自然科学基金（30972361）、浙江省教育厅重大攻关项目

(ZD2009002)、浙江省重大科技专项（2011C12047）等项目的资助下完成的，倾注了众多专家、学者和浙江农林大学林业信息技术研究团队全体同仁的心血，有近千人参与整个过程的研究与实践，特别是参考和引用了何平洪、逄瀛等的博士论文和林丽钦的硕士论文，并得到了浙江农林大学出版基金的资助。在此一并表示感谢！

著　者

2012年8月

目　　录

第1章　概　　论

森林是人类生存发展的摇篮（雍文涛，1992）。人类诞生于森林，人类的发展受益于森林，人类的未来离不开森林。森林在陆地生态系统中居于主体地位，是自然界中物质最繁多、多样性最丰富多彩、层次结构最复杂、生产力最宏大的陆地生态系统。森林资源是生态建设的物质基础，是生态安全的前提保障，是生态文明的重要载体。发达的林业和丰富的森林资源是国家富足、民族繁荣、社会文明的重要标志。从人类把森林作为一种资源开发利用开始，森林资源管理也应运而生，不同时空条件下，形成了符合时代需要与特点的相关理论、方法和技术，产生了多种管理模式。计算机技术的应用，信息技术的发展，推动了各个领域的变革，森林资源管理已经且必然进入一个新阶段，这就是通过森林资源管理信息化来推动森林资源管理的现代化，推行信息与知识管理。

1.1　森林资源管理的定义及特点

1.1.1　定义

森林资源有多种定义，早期具有代表性的定义是1958年联合国粮农组织的定义：凡是生长着任何大小林木为主体的植物群落，不论采伐与否，但具有木材或其他林产品的生产能力，并能影响气候和水文状况，或能庇护家畜和野兽的土地，称为森林。而《中华人民共和国森林法实施细则》规定："森林资源包括林地以及林区野生植物和动物。森林包括竹林。林木，包括树木、竹子。林地，包括郁闭度0.2以上的乔木林地、疏林地、未成林造林地、灌木林地、采伐迹地、火烧迹地、苗圃地和国家规划的宜林地。"还有的定义把森林资源作为一个生态学的概念，认为森林资源是生物和非生物资源的综合体，但以生物资源为主。构成森林资源的主体是林区植物与动物，包括林木在内的林区植物、动物、微生物都是有生命的生物部分，而其主要成分是林区植物中的林木。森林资源的发生、发展与生命运动有着不可分割的联系，没有森林生物的生命运动就不会有森林资源。森林资源是以多年生乔木为主体，包括以森林资源为条件的林地及其他植物、动物、微生物等及其生态服务，它具有一定的生物结构和地段类型并形成特有的生态环境。

森林资源通常被分为物质资源和非物质资源，其中物质资源包括林木资源、林地资源、野生生物资源；非物质资源包括森林景观资源、生态效能资源、社会效能资源。森林资源包括的范围很广，但林木资源是森林资源最主要组成部分。

1.1.2　特点

森林资源作为一种特殊的自然资源具有其自身的特点：

（1）森林资源的可再生性和再生的长期性（田明华、陈建成，2003）。森林资源的可再生性是指它在一定的条件下具有自我更新、自我复制的机制，具有循环再生的特性。森林资源的再生性保障了森林资源的长期存在，能够实现森林资源效益的永续利用。森林资源的再生不仅体现在更新造林的成活率、保存率上，而且体现在整个森林资源的形成、发展和成熟上，体现在森林资源整体的结构和功能、效益的稳定上。而在森林资源所具有的可再生性与结构、功能的稳定中，又存在着在人类对森林资源的利用遵循森林生态系统的自身规律，且不对森林资源的利用产生不可逆破坏的基础上才能实现的。而且森林从造林到其生物成熟的时间间隔特别长久，天然林的更新需要上百年的时间，即使是人工速生林的生长也需要10年左右的时间，这增加了森林资源经营的不确定性，从而影响其再生性与系统的稳定性。

（2）森林资源功能的不可替代性。森林作为一个生态系统，是地球表面陆地生态系统的主体，它具有调节气候、涵养水源、防风固沙、保持水土、改良土壤等方面的多种生态防护效能，地球表面的生物圈的生态平衡要依靠森林维持其稳定性。森林资源所带来的环境效益在价值上难以估量，在功能上不可替代。

（3）森林资源产品转化的巨差性。一个国家或地区拥有丰富的森林含量并不意味着木材的高产量，因为木材生产的储量要大于年生产量，两者之间存在一个数量差距。以立木生产为例，森林资源储量与年采伐量之比最少为17∶1，最多为50∶1或略高一些（G.鲁宾逊·格雷戈里，1985），这种高比率影响到许多方面的开支，如护林费用等，导致巨额资金的占用。

（4）森林资源具有多种功能，可以提供多种物质和服务。由于森林具有多种功能，对其进行任何单一目的经营管理都将产生许多重要的外部效益，由于存在这些外部效益，管理林地资源的经济效益往往很低。

1.2 森林资源信息管理概念与内涵

信息时代下森林资源信息管理是森林资源管理与信息科学、计算机科学结合的产物，也是森林资源管理者管理意识提高、管理需求增长的必然结果。森林资源信息管理的概念是森林资源管理的概念和信息管理的概念合理交融的产物。

1.2.1 森林资源信息管理的概念

森林资源信息管理是对森林资源信息进行管理的人的社会实践活动过程，它是利用各种方法与手段，运用计划、组织、指挥、控制、协调的管理职能，对信息进行收集、存储、加工、生产提供使用服务的过程，以有效地利用人、财、物，控制森林资源按预定目标发展的活动。其前提是森林资源管理，强调信息的组织、加工、分配、服务的过程。通过信息对森林资源及其管理进行分析、决策与控制协调来规范人的行为。

1.2.2 森林资源信息管理的新内涵

1. 现代森林资源信息管理是以可持续发展的信息观为指导的管理

传统的信息观强调信息是一种战略资源，是一种财富，是一种生产力要素，而片面地认为促进经济发展就是它最大的作用，却没有把信息放在“自然—社会—经济”这一完整

系统中加以全面考虑。正是在这种传统信息观的指导下，信息技术取得迅速发展的同时，却加剧了人类对物质、能源资源的开发和利用，导致了地球环境恶化和生态严重失衡，因此迫切需要突破传统信息观的局限，形成一种新的信息观——可持续发展的信息观，即信息是社会、经济和自然的反映，如图 1.1 所示。

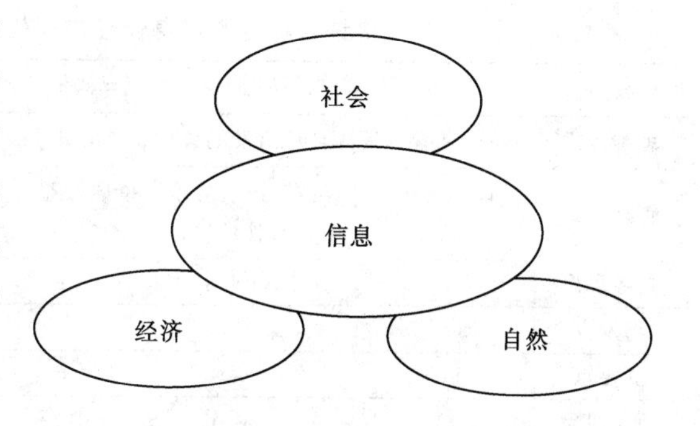

图 1.1 信息是社会、经济和自然的反映

可持续发展受人类系、资源系、科技系、经济系、哲理系和政法系这六大系列的制约，而信息是社会、经济、自然的反映，是六大系列相互关系的纽带和它们运行的前提。可持续发展的信息观在传统信息观的基础上，增加了以信息促进“自然—社会—经济”的全面进步并与之协调发展的内涵，是站在人类可持续发展的战略高度对信息内涵的揭示。传统的信息观与可持续发展信息观的关系，如图 1.2 所示。

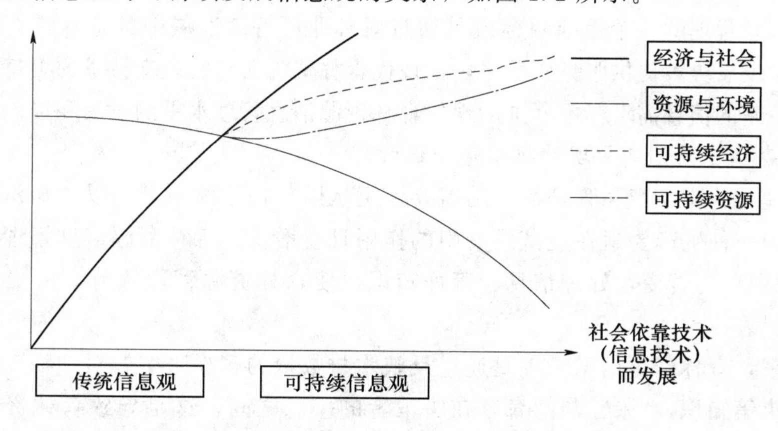

图 1.2 信息观与可持续发展的关系

在现代森林资源信息管理中，信息资源是协调森林资源与社会、经济之间关系的纽带，而不是置环境和生态于不顾，片面为森林资源的开发服务，信息资源的滥用则会带来森林资源的过度开发、森林生态系统严重失调，加重经济危机、资源危机和环境危机。应树立可持续发展的信息观来指导现代森林资源信息管理，信息资源的合理开发和利用可以直接创造财富，可以将封闭的、僵化的森林资源管理引向开放、活化的管理模式，并优化生产结构和劳动组合，将有限的森林资源进行合理配置，减少资源的不合理消耗。

2. 现代森林资源信息管理是为森林资源可持续发展服务的活动

可持续森林资源经营和管理是今后一定时期内，发展森林资源的唯一选择。随着可持续发展及生态管理从科学理论探讨过渡到实践，森林资源信息管理发生了巨大变革，具体情况如表 1.1 所示。

从表 1.1 可以看出，以可持续发展为指导思想的现代森林资源信息管理综合考虑了森林生态系统整体，发展了森林资源的内涵，拓宽了管理内容，森林资源信息管理的对象自然也发生了巨大的变化，它不仅仅集中于森林资源本身，还必须考虑它的自然条件、环境

表 1.1　　传统森林资源信息管理与现代森林资源信息管理的比较

比较项目	传统森林资源信息管理	现代森林资源信息管理
思维方式	从森林资源自身出发的线形思维方式	“自然—经济—经济”协调发展的系统思维方式
管理模式	以“木材”、“经济”或“环境”单项效益为中心的管理模式	综合的生态管理模式
指导思想	永续利用	可持续发展
出发点	森林	人地协调
立足点	现实	将来与公平
研究对象	木材利用	人类时空需要
过程	强调阶段性	动态中平衡

以及森林生态系统与其他系统的能量、物质、信息的交换。同时，现代森林资源管理也必须适应当前我国市场经济的特点，考虑“可持续”的同时也必须考虑“发展”，因此如何最大限度地利用森林资源，既满足“可持续”的需求，又满足“发展”的需求，是困扰森林资源管理决策者的重大问题，所以现代森林资源信息管理就理所应当充当起辅助决策的角色。现代森林资源信息管理的一个重要目标就是通过对林业可持续发展中各基本要素的分析和预测，为可持续发展决策提供服务。反之，在现代森林资源信息管理支持下的可持续发展的研究也必将产生新的信息需求，不断推动现代森林资源信息管理水平的发展和提高。

3. 现代森林资源信息管理的核心是知识管理

现代管理为适应生产和管理活动的需要，正从以“物”为中心向以“知识”为中心转变，知识作为一种生产要素在经济发展中的作用日益增长。森林资源信息管理正面临着从“物”向“知识”的转变，处理信息、管理知识，使森林资源管理从劳动密集型向知识密集型方向发展。

长期以来，森林资源信息管理是通过反映木材数量的多少来实施对“物”的管理，缺乏足够多的决策知识，“采”与“育”在决策者的一念之间，这是导致森林资源现状的原因之一。现代森林资源信息管理要求根据计算机的智能推理知识，在广泛听取专家和社会（民众）的意见基础之上，实施对森林资源的全面管理。

知识经济的到来，敦促现代森林资源信息管理具有知识管理的能力并提供知识创新的机制。图 1.3 描述了森林资源信息管理从“物”到“知识”的变化过程。

在森林资源信息管理的低级阶段，森林资源管理创新者缺乏用以辅助决策的知识，仅根据专业人员提供的底层数据，进行粗略的判断就构成了一个本应该十分复杂的决策过程。森林资源管理及其相关专家拥有丰富的专业知识，他们能从基础数据中利用计算机的智能推理获取知识，是“知其然者”。而真正的具有创新能力的决策者可以利用专家提供的知识进行创新，包括产品创新、思想创新和技术创新，是“知其所以然者”。森林资源信息管理的变化过程表现为从知道“有什么”到“怎么做”的过程，从处理数据和信息到管理知识的过程。

科技含量的多少标志着产品的质量、管理的水平、林业的发达程度。历史的脚步已跨入 21 世纪，全面实现可持续森林资源经营和管理应该达到：在精确的时间和空间范围内，实现精确的经营和管理。其基本途径是在森林资源经营和管理现代化的基础上，逐步实现知识

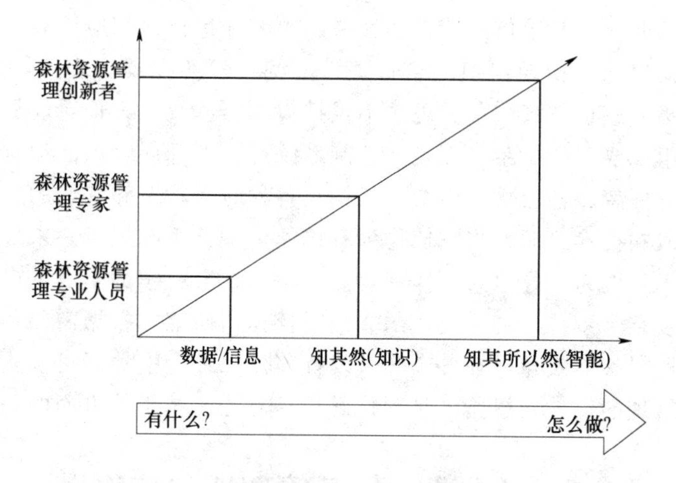

图 1.3　森林资源信息管理的内容变化过程

管理，将以“物”为中心的森林资源经营和管理，转变为以“信息和知识”为中心，把利用木材等有形资源转化为生产力，变为利用信息和知识等无形资源转化为生产力的过程。

4. 现代森林资源信息管理终将融入数字地球之中

数字地球是信息革命深入发展，空间技术、信息技术、网络广泛应用的产物，是信息高速公路和国家空间数据基础设施的自然延伸和发展。其基本思想是：在全球范围内建立一个以空间位置为主线，将信息组织起来的复杂系统，即按照地理坐标整理并构造一个全球的信息模型，描述地球上每一点的全部信息，按地理位置组织、存储起来，并提供有效、方便和直观的检索手段和显示手段，使每个人都可以快速、准确、充分和完整地了解及利用地球上各方面的信息，实现“信息就在我们的指尖上”的理想。从这个意义上讲，数字地球就是一个全球范围的以地理位置及其相互关系为基础而组成的信息框架，并在该框架内嵌入我们所能获得的全部信息的总称。将地球表面每一点上的固有信息（即与空间位置直接有关的相对固定的信息，如地形、地貌、植被、建筑、水文等）数字化，按地理坐标组织起来一个三维的数字地球，全面、详尽地刻画我们居住的这个星球。同时，在此基础上进一步嵌入所有相关信息（即与空间位置间接有关的相对变动的信息，如人文、经济、政治、军事、科学技术乃至历史等），组成一个意义更加广泛的多维的数字地球，为各种应用目的服务。由此可见，数字地球是世界各国可持续发展的必然依托，是新的经济增长点，是科学技术、经济、政治、社会、历史发展的必然产物，它将在农业、环境、资源、人口、灾害、城市建设、教育、政府决策和区域可持续发展等领域中起到巨大的作用。森林资源作为地球的重要组成，森林资源管理又是社会经济活动的重要活动，森林资源信息管理融合于数字地球之中，不仅反映了世界现实的需要，也使森林资源管理可以获得与之相关的丰富的信息，从而提高森林资源管理的水平。

5. 系统集成是现代森林资源信息管理的新思路

可持续发展作为社会发展的一个新模式或者战略，正在世界各国普遍实施，森林资源及其信息管理作为一个复杂系统也正在被关注，而信息技术的发展为信息管理提供了强有力的支持。面对较原来更高的目标和要求，对于复杂组成要素与它们的关系，以及社会、经济、自然环境的变化，对于信息管理的思考、组织和运行，都应该有一个新的考虑，也就是需要一个新的思想，指导组织信息管理。系统科学的发展与实践，正在解决这个问题，这就是系统集成思想。系统集成思想不仅把森林资源及其管理看成是一个系统，注意它的系统组成和组成要素的关系，而且在控制系统运行即开展管理活动时，必须考虑到众多的管理者和被管理者、各层次的组织和机构、各种时空状态和它们的变化、各类信息和知识、相关的手段和技术，而且将它们作为有机整体进行系统思考。未来的森林资源信息管理，将以可持续发展为指导思想，体现自然科学与社会科学的集成；视森林资源及其管理为一个开放的复杂巨系统，使用集成的方法来认识与研究；根据需要和可能集各种信息技术为一体，为取得整体效益，在各个环节发挥作用。综合上述，可以认为系统集成是现代森林资源信息管理的一种新思路，是现代思想、方法、技术等方面的一个集成体。

1.3 森林资源信息管理地位与作用

世界是由物质、能量和信息构成的三位一体的有机整体，物质和能量是基础，信息是神经网络是灵魂。信息描述物质和能量的存在方式和运动状态，并且控制物质和能量的运行。伴随着物质与能量转换的生产活动的管理活动，通过信息流了解它们的状态和运动方式，完成管理活动。无论是以手工为主要手段，还是采取计算机管理的方式，森林资源信息管理都是通过尽可能地全面搜集森林资源信息，快捷地传递森林资源信息，安全地存储森林资源信息，科学地加工森林资源信息，为森林资源管理者提供足够的客观的信息，帮助了解森林资源的存在状态和运动方式，准确把握森林资源的发生发展的客观规律，辅助决策和控制。随着信息技术广泛应用，知识经济的产生和发展，信息不仅作为比物质和能量更为重要的资源被开发利用，而且已经进一步被综合加工成知识，“知识就是力量”成为推动社会生产力的第一资源，不断地把知识转变为技术，技术转变为生产力，作为以信息和知识管理为主的信息时代下的森林资源信息管理，已经成为比森林资源生物量和资产化管理更为重要的管理活动，存在于各级各层的单位、企业和个体之中。

1.4 森林资源信息管理内容

国内外一些管理领域的学者，分析了工业社会管理发展过程，提出了它的发展阶段：工业时代初期以所有制为核心的第一代管理，严格等级制的第二代管理，矩阵型组织的第三代管理，以计算机网络化为特征的第四代管理。现在，新的生产要素对传统生产观念提出了严峻的挑战，以人为中心的管理观念开始取代以“物”为中心的管理观念，产品观念、竞争观念都发生了巨大的变化，这就是21世纪的管理——第五代管理。它是基于知识的，是通过人实施的知识管理，是“以人为本”、“以知识为中心”的管理，是管理的巨大革命。

从森林资源信息管理发展阶段分析，已经经历了描述森林资源状态与运动方式的数据管理，经过加工与组织，提供对管理者有用的数据——信息管理阶段，现在又进入了一个新的阶段——知识管理，它是基于信息之上的有关森林资源及其管理事实之间的因果性或

相关性到联系，并可以预测未来的信息管理。以知识的生产、获取、使用、传播为主要内容的未来的森林资源知识管理，主要有通过知识的生成管理、知识的交流管理、知识的积累管理、知识的应用管理，它们互相制约形成一个有机的管理体系来完成一切管理。可以认为，知识的应用是管理的目的，知识的交流是生成知识的手段和途径，知识的更新是森林资源创新的动力，知识的积累是森林资源发展的基础。

既然知识管理将成为今后森林资源管理的主要活动，知识管理也就成为所有管理者的重要职能，是运用集体的智慧，提高应变和创新能力。它强调人的行为、强调合作、强调共享、强调开发、强调效益。因此，森林资源信息管理的内容已经不再是数据和信息处理的管理，而是通过管理思想、组织、制度的变革，在高新技术支持下，信息和知识广泛的组织和开发利用的管理。在现阶段应该是：森林资源管理的指导思想是可持续发展；森林资源管理是区域管理的一部分，与外部各系统之间必须协调；森林资源管理内部是有机整体，组成要素之间必须协同；森林资源管理应以“以人为本”为基础，以信息等高新技术为支持，它们的结合会产生新的管理方式方法，掌握全面综合的数据、深入细致的分析评价、多方案的制订和模拟、动态的决策和有效的反馈控制。在这些前提下，在森林资源管理过程中，根据实际情况，提出和回答“是什么”、“为什么”、“怎么做”、“什么时候”、“什么地点”、“为谁做”等问题，并且实施，这就是现阶段应该考虑的森林资源知识管理的问题，是走向森林资源管理新模式的基础。

森林资源信息管理的内容很多，根据不同的方式具有不同的分类内容，如按信息使用方式可分为：单项管理、综合管理、系统管理、集成管理；按信息属性方式可分为：属性信息管理、空间信息管理。森林资源信息管理方式是完成信息管理工作所采取的形式，而方法是解决问题的手段与办法。不同的目的、需求、环境和时空条件下，也就是从不同的角度出发，可以采用不同的方式与方法进行管理。在计算机产生以前或者初期，信息管理采用手工管理的方式，计算机应用到管理领域，经历了或者采取着单项管理、综合管理、系统管理、集成管理等阶段。所谓“经历了”，是指森林资源信息管理整体发展过程，而“采取着”是根据需要和条件仍然存在的局部应用。图 1.4 列举了按不同方式对森林资源信息管理内容进行

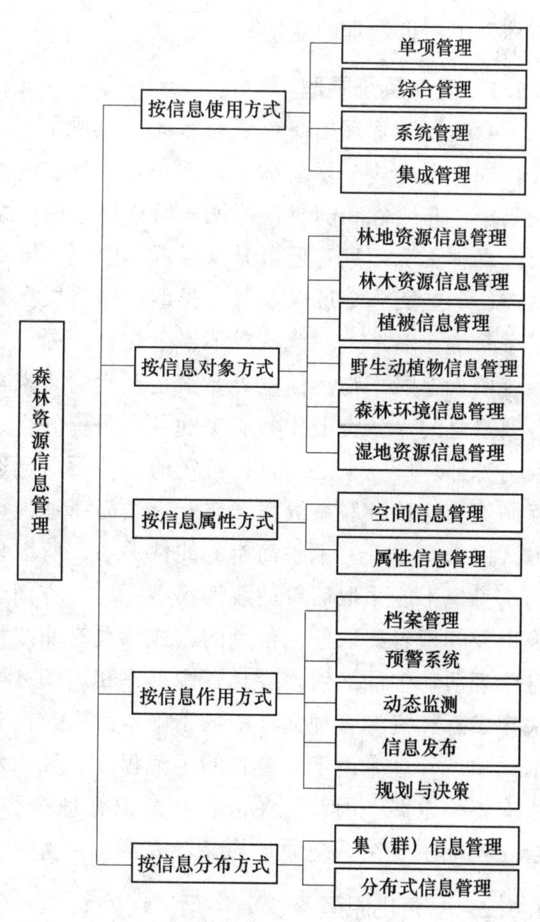

图 1.4 森林资源信息管理内容（按不同管理方式进行分类）

的分类。

在完成知识的生成管理、知识的交流管理、知识的积累管理、知识的应用管理活动中，无论采取什么方式，其手段与办法应该是符合时代发展的，也就是应该采取现代管理方法和技术，应用计算机、通信网络等为主要支持技术平台，以系统哲学为基础，利用还原论与整体论结合、定性描述与定量描述结合、局部描述与整体描述结合、确定性与不确定性描述结合、系统分析与综合结合等方法，人—机有机结合，认识和处理复杂系统，为管理者提供决策与控制森林资源管理活动所需要的信息与知识。

1.5　森林资源信息管理原理

森林资源信息管理基本原理是指具有普遍性、可以指导一切森林资源信息管理活动的规律。其基本原理所反映的森林资源信息管理各要素之间的内在联系，不断重复出现，在一定条件下经常起作用，并且决定着森林资源信息管理的发展趋势。基本原理彼此联系、互相制约。认识森林资源信息管理原理，按相关原理指导信息管理活动，将会极大地提高森林资源信息管理的效能。

1.5.1　复杂系统原理

森林资源管理是一个复杂系统，反映其状态和规律的森林资源信息管理作为其子系统，同样也是一个复杂系统，具有高阶、非线性、随机性等特性。高阶说明组成要素的多元复杂，非线性和随机性等说明组成要素的联系方式方法和状态。

森林资源信息管理可分为宏观、中观和微观等类型，每一类型中又分上层决策、中层调控、下层实施等层次，每一类型、每一层次为完成一定的管理职能，又需要众多要素构成子系统，多个子系统构成了整个森林资源信息管理系统。组成森林资源信息管理各个子系统的人、财、物、信息等要素是多元的，来自社会、自然、经济各个领域。子系统内部各要素之间，各类型、各层次的各子系统的组成要素之间，森林资源信息管理系统内部要素与外部环境要素之间，在特定的环境下，会通过各种方式方法相互联系、相互影响、相互制约。这种种联系纵横交错，无法简单地加以描述和分析。同时，森林资源状态与运动方式的众多关系，不是简单的线性关系，所以作为描述或者控制森林资源状态与运动方式的信息也不能采取简单的线性模型；另一方面，在很多时候和地点，在信息之间的传递交换以及管理者提取使用信息的方式都具有非线性性质，处理错综复杂的信息是森林资源信息管理活动中的必然。森林资源是在相应的社会、经济、自然环境中发生发展，由此不仅决定了森林资源管理活动中的不确定因素，而且具有随机性的特点。同时在森林资源管理活动中，管理者由于对事物的了解程度、知识水平、时间的限制等因素，在处理问题时也带有不确定性。因此，在信息和知识管理过程中，客观上和主观上的随机以及它们的综合，构成了复杂系统原理的又一因素。

1.5.2　多元化原理

森林资源信息管理存在着时空差异，即客观存在的时间和空间上的不一致性。时空差异的存在决定了森林资源信息管理的多元化，具体表现在系统信息源、信息需求、组成要

素、载体、信息系统的结构和功能等各个方面。

由于所处的时空环境不同，同一区域内的森林资源中，不同组成单元各有其自然、社会、经济条件，同一组成单元又有不同发展阶段，在总体上表现为时间和空间的二维差异，同时处于相同自然条件下的森林资源单元可能有不同的经济条件，而同一经济条件下，又有千差万别的自然和社会状况，各种组合进一步体现了多维差异。因此，表示森林资源状态和运动方式的信息，在信息源上，有社会、经济、自然环境、森林资源及其经营、管理活动等多种来源；在形式、内容和时态上，有各种图形、图像、文字、数值为载体的不同的空间和时间信息。同时，不同的管理者不仅需要多元化的信息，而且在处理、使用、组织、加工信息和知识时，也必然是多元化。信息的多元化既造成了森林资源信息管理发展的不平衡，给森林资源信息管理带来了困难和复杂性，同时也为优势互补、协同发展创造了有利条件。

1.5.3 时空综合化原理

森林资源是在一定时间与空间条件下，综合形成与发展，它们的耦合，反映在特定时间或者空间载体上。空间载体反映着森林资源发展过程，时态信息包含了空间分布的内涵，它们是时间与空间有机综合的结果。因此，简单的、单纯的对时态模型或者空间图像、图形分析，只能从一个侧面认识森林资源状态，只有把两者结合起来，在空间分析时考虑到时间的因素，在了解时间发展过程时，结合空间性分析，才能客观、全面认识森林资源及其管理的状态，从而更科学地控制它的发展。虽然建立一个时空耦合的有效模型，比较困难，但是认识了森林资源及其信息时空综合化规律，不仅可以激励这方面的探讨，同时在现有条件下，还可以采取一些方法和形式，弥补不足。

1.5.4 中心渐递性原理

森林资源及其管理信息都来自相应的信息源，从时间和空间上分析，信息源是一个中心点。中心点的信息在空间上向外扩散，时间上向后传递，在这个过程中，在质和量上有增有减，这就形成了森林资源信息的中心传递性。一般地说，原始数据随着空间的扩大和时间的推移，在扩散过程中，呈递减趋势，而通过各地有效的加工、处理，无论是质和量都会得到增殖，可以呈递增趋势。增和减的程度，决定于组成信息管理和使用的人、组织、各种硬软件以及环境等多种因子。从信息获取开始，实时的采集、安全而畅通的传递、有效的数据存储和处理，都可以保证信息的质和量，使信息和知识低成本、高效益地使用，发挥更大的作用。

1.5.5 社会开放性原理

秉承“社会参与办林业”和“跳出林业办林业”的思想，把社会公众与森林资源紧密连接，参与可持续发展决策，达到自然、经济、社会的可持续发展的最终目标，是森林资源信息管理必须考虑到的目标。以此出发，森林资源及其管理信息必然源于社会，用于社会。同时，森林资源及其管理作为系统，它与外界环境之间存在着能量、物质和信息的交换，它们是一个开放系统。社会化把经营和管理森林资源的人结合到一定的社会关系中，社会化程度越来越高，表明林业在生物的、经济的意义基础之上，表现出人文的和社会的意义越大，而这一切是通过森林资源管理层面和经济、社会、自然环境及其之间的能量、物质和信息的交换实现，森林资源信息管理应该运用现代科学来解决森林资源管理中的问题，成为人类和自然之间整合为一的神经网络和纽带。

1.5.6　动态原理

作为可持续发展系统中的一个子系统，森林资源及其信息管理是一个不断发展变化的连续过程，即动态的进程，而不是一个静态的事件。森林资源随着时间的进展，在不断变化之中，本身具有时间的属性；同时，不同时期，森林资源对环境、生态收益、经济收益和社会收益之间的影响也不同。森林资源的资源生长与资源消耗之间、资源与人口之间的关系，也随着时间的变化而变化。静态的数据，只能反映当时当地条件下，森林资源的状态，或者是在这样状态下，进行的决策和控制。森林资源管理工作者面对的是客观存在的不断变化的数据，不管是否被获取，森林资源都在变化，反映森林资源状态的数据也在不断变化。正确、有效的管理来源于正确的判断，正确的判断来源于正确的信息，因此森林资源信息管理不仅需要，而且应该依据客观存在的变化的事实，不断更新数据，保持森林资源信息管理中的信息最小新度，是森林资源信息管理的重要环节。

1.5.7　整分合原理

森林资源及其管理是一个复杂的开放系统，从整体出发，逐级分解深入，在此基础上，有机综合，是认识系统的有效方法。在控制森林资源系统运行中，从环境分析入手，分析森林资源与社会、经济、自然等环境关系，确立森林资源的地位、作用、优势、条件、状态，分别类型与差异，采取不同但协同的措施，取得森林资源整体效益，证明是有效的方法。其实质是因为这个方法符合森林资源及其管理的实际，整分合是客观存在的规律。根据这个规律开展信息管理活动，特别是建立各种信息系统的时候，必须在系统观点指导下，从整体出发，采取分解与协调的方法组织信息。

1.6　森林资源信息管理原则

森林资源信息管理的原则，指在信息管理过程中必须遵守的规则，它是根据信息管理的规律和现实情况与条件，人为的主观规定。在一定时期内，主要有：可持续管理、统一与协调、全方位的服务、冲突协同处理、实用性与科学渐进等原则。

1.6.1　可持续管理原则

可持续是一种思想，指导着每个部门、事业的行动，可持续作为一个目标，控制着每个部门、事业行为；可持续是一个总原则，规范着各个部门和每个人的行为，可持续发展作为基本战略正在普遍实施。为了实现森林资源的可持续，需要通过可持续森林资源管理来实现，作为现代森林资源管理的重要方式之一的森林资源信息管理，在获取、传输、存储信息，生产、传播、使用信息的过程中，森林资源信息管理始终把可持续作为总指导思想、总原则指导行动，规范行为。因此，从可持续出发，在组织信息时，不仅需要组织森林资源及其管理的数据，还需要对它们有影响的社会、经济、自然环境数据，在分析评价时，不仅仅是森林资源及其管理的本身，还应该包括它们与环境的关系、影响与制约，在确定目标时，不仅仅是自身目标的实现，还应该考虑对于上层目标的贡献，在辅助决策和

控制行为时，不仅仅注意自身的状态和运动方式，还应该注意环境的状态和变化。把可持续作为指导、评价、调整森林资源信息管理的准则是信息时代发展森林的整体需要。

1.6.2　统一与协调的原则

森林资源信息管理是林业乃至区域信息化的组成部分，森林资源管理内部又有各个部门与环节，因此内外统一协调是森林资源信息管理重要的原则。信息化是一项复杂的系统工程，森林资源管理信息化，以及森林资源信息管理与林业、区域信息化的融合，需要统一与协调，其中最重要的是实施前的统一规划和实施中的控制协调。虽然各个地区或者部门，在信息管理发展水平等方面存在着差异，信息化程度有先有后，根据自身条件进行信息化建设，是必须尊重的事实。但是如何避免各自为政、各行其是，避免信息孤岛的产生，避免局部的机械累加不能成为整体，避免重复造成人财物的浪费，是必须考虑的问题。为了实现硬件、软件、数据等资源共享，必须在总体规划，统一总体目标与内容、基本结构与功能、规范与标准等前提下，根据各地具体情况，有计划、分步骤实施。由于整体的统一与局部的灵活，以及环境的变化，在实施中会出现问题，需要不断地控制与协调，发现问题、调整关系，取得整体大于局部之和的效益。

1.6.3　全方位服务与安全原则

今后的森林资源信息管理，在空间服务对象上，不仅仅是为森林资源管理和林业管理部门服务，还面向全社会服务；在时间上，不仅需要了解过去和现在，更要重视将来；在形式上，不仅仅需要文字、数值型信息，还需要图形、图像、声音等多媒体信息；内容上，不仅需要数据和信息，更多的是需要知识。所以，森林资源信息管理应该满足各级、各层次的多方面需要，必须以全方位的服务为方向，组织和处理数据。森林资源信息需要面向社会，而且是通过网络实现数据共享，因此数据安全问题必然成为信息管理中应该考虑的问题，需在硬件组织、软件设计贯彻分级服务管理，实施有条件的共享。

1.6.4　冲突协同处理原则

森林资源管理过程中，由于管理者的价值观、素质、信息量等的不同，在接受现实或者制订方案解决问题方面，会存在差异、发生冲突，甚至同一部门或者个人，处理同一事件时，不同的时空条件下，也会存在差异。科学的管理是协调各方关系，处理冲突，达到多方面的满意。信息时代，管理者了解情况、发现问题、制订方案、开展森林资源管理，是通过森林资源信息管理完成的。因此，在森林资源信息处理中，应该客观地反映各个方面的差异，不同侧面的分析评价，多方案的提出，并且进行模拟，辅助管理者进行决策与控制。也就是从信息管理过程中，能够客观地面向各个方面的差异，缩小冲突，尽可能提高各方面的满意度，接受方案，协同解决问题，控制森林资源可持续发展。

1.6.5　实用性与科学渐进原则

高新技术应用具有自然性和社会性两重性，信息管理必须应用高新技术，但是也应该注意各个地方和时期的实际，所以实用性与科学渐进是森林资源信息管理中应该贯彻的准则。森林资源信息管理是森林资源日常管理活动，因此在组织信息管理，选择和运用相应的方式、方法、手段、技术时，必须面向现实，安全、可靠、可操纵，符合当时当地的社会、经济、科技等条件，特别重要的是能够适合管理者的需要和水平，被接受并且应用。

此外，保证本地区、本部门的发展，利用高新技术提高管理水平，是实现“跨越式”发展所必须，因此在组织信息管理活动中，提高管理者素质，改变观念，运用先进思想、方法和技术，通过不断地创新，有目标分步骤的循序渐进，是实现森林资源现代化、信息化的重要途径。实践中不断吸收、应用新技术，保持信息管理的先进性；引进、应用新技术中，充分注意实际条件保证实用，才能使森林资源信息管理不断发展。

1.7　森林资源信息管理特点

森林资源信息管理的特点，指在森林资源信息管理过程中，其所具有的较其他信息管理有较大差异的性质。它虽然与森林资源信息特点有密切关系，但它们是两个不同的概念。森林资源信息管理的特点主要有：复杂性、综合性、多样性、不平衡性、不确定性(模糊性)、非理想化。

1.7.1　复杂性

复杂性是森林资源信息管理与其他行业所不同的最大特点，这不仅是因为森林资源及其信息管理是由复杂系统所决定，也与森林资源分布广、周期长、不断消长，反映森林资源状态和运动方式的信息量大、类型多、变化快等有关。更重要的是，它们处在千变万化的社会、经济、自然环境之中，各方面的组成因子以及它们的相互联系、影响在变化，时刻综合作用于森林资源发展。事实存在的差异，决定了信息和信息需求的多样化，决定了信息管理的复杂性。在森林资源信息管理过程中，要达到及时、迅速的获取信息，适时、准确的传递，综合、正确的分析评价，有效动态的反馈控制，无论在硬软件和数据的组织、模型方法和技术的选择方面，还是在空间与时间耦合、森林资源管理内部的协同和外部的协调等方面，都十分困难。森林资源的复杂性需要用复杂性的管理手段，需要用系统分析和诊断的方法去认识，系统集成的技术去管理。

1.7.2　时空性

虽然森林资源信息管理处在一定时间和空间状态内，但是由于森林资源状态是长期发展的结果，无论是宏观还是微观，森林资源管理工作者需要了解它的过去、现在和将来。微观上，如对于一个林分，需要了解林分结构与功能，甚至每个组成即每株树木的生长发育过程和它的空间分布，选择合理的措施，进行必要的调整。宏观上，需要掌握区域内的森林资源的整体结构和功能、演变方式和过程、可采取的调整方式和方法。森林资源信息管理必须反映微观或者宏观时空状态，经过加工处理，作出空间结构调整的方式、方法、预估，并且进行经常性的监督控制。单一时间或者空间信息管理技术相对比较容易解决，而困难的时间和空间的耦合，进行综合的处理和表达，将成为今后重要的研究课题。

1.7.3　综合性

森林资源信息管理的综合性，不仅表现在管理信息需要社会、经济、自然环境、科技以及森林资源及其管理的数据，需要综合的处理数据，而且表现在它提出适应环境、符合森林资源及其管理发展规律的解决问题方式、方法；并且森林资源多数信息都带有综合的属性，一幅森林资源分布图，反映了在一定社会、经济、自然环境、管理等作用下的森林

资源状态；一个林分的平均高，也是综合作用下形成。森林资源信息过程的每一环节，都应该注意到它的综合性，多方面的综合的分析与评价，综合决策、协调执行。综合性一方面表示为森林资源及其管理状态的多数信息，反映了多方面情况，是综合作用的结果；另一方面，通过信息管理部门提供的多数信息，例如决策信息，不能简单的只是对具体对象有作用，而应该注意到可能影响其他环节或链，引起连锁反应。

1.7.4 不确定性

森林资源及其管理是复杂系统，因为它有太多的不确定因素，一方面，尽管可以利用各种方法、模型、技术去描述它的现实状态、发展过程、形成原因和未来发展，但是不能完全的真实反映所有这一切，因为森林资源是一个自然生命系统，人类还无法了解它的一切，或者说所用的数据是不完整的，一些可以说明问题的数据，由于客观原因被忽视；另一方面，森林资源及其管理和它们的环境，处在不断变化之中，在分析、决策和监督过程中，所用的数据和产生的数据之间，有一定的时间差异，也就是不能完全实时反映现实状态，也就增加了不确定因素。所以，在信息管理中，客观存在着不确定因素；同时，主观上，在信息管理过程中，由于数据收集、存储和传递者可能忽视或者遗失了一些重要数据，造成对现实世界的模糊。建立在以上基础上的分析评价和决策，也就不可避免地具有不确定即模糊的因素。消除这些因素，尽可能地减少不确定性，是信息管理应该注意的问题。

1.7.5 非理想化

森林资源信息管理工作者的美好愿望，是建立一个符合森林资源及其管理发展规律、组合最新高新技术、满足社会所有人需要的信息系统，但是事实往往相反，这个理想化的系统不但不能建立，而且很多系统并没有达到用户或者开发者的最低要求。客观上，开发者面对的是开放复杂系统，深入了解它的一切有很多困难，而且现有的方法、技术、手段还不能满足需要；主观上，信息管理工作者、系统开发人员、广大用户等各自的经验、素质，以及各个方面的交流等方面的限制因素，也不可能取得同一水平的状态，不能共同建立相应的系统。正确认识非理想化的特点，一方面应该在信息管理实践中，尽可能的沟通；另一方面不断审视、评价现有管理活动，不断地创新，提高管理水平。

1.8 森林资源信息管理的发展历程

1.8.1 森林资源信息管理发展概述

自从产生森林资源管理活动以来，管理者始终致力于收集数据，进行分析并决策控制，并且记录和积累了大量历史资料。但是严格地说，它不属于信息管理，仅仅是数据管理，因为它与前面提出的概念：森林资源信息管理是一项以生产、分配、使用信息为主要内容，利用各种方法与手段，运用计划、组织、指挥、控制和协调的管理职能，对信息进行收集、储存、处理提供服务的过程，有相当距离。真正的信息管理，应该与管理理念的改变，信息技术的应用联系在一起。世界信息技术的研究和实践迅速发展，我国信息技术的研究和实践虽然落后于世界发达国家，但进入 20 世纪 80 年代后，也加快了发展进程。森林资源经营和管理领域信息技术应用，起步较晚，为适应潮流，自从 80 年代以来，也呈跨越式的发展姿态。

计算机技术的应用，从功能上分析，一般经历了数值计算、数据管理、单项信息管理、综合信息管理、系统信息管理等阶段；从管理的对象分析，经过数据管理，信息管理和知识管理的阶段。我国森林资源管理科学工作者曾经在20世纪60年代中，利用我国第一代计算机进行了数值计算实验，作了计算机应用的初步探索。这些搜索在以后的10多年中处停滞状态，直到70年代末开始进入有目标、有组织、有系统的研究和实践时期。一些教学、科研、管理和生产单位于70年代末、80年代初开始从事计算机在森林资源经营和管理中的研究，首先研究和推广了可编程的计算器，用它编制了大量的林业常用软件，如回归分析、解析木等计算和报表统计汇总等数据管理，来解决森林资源经营管理中所遇到的许多实际问题。之后逐步引进各种微机系统，初期，主要利用第三代程序设计语言，编制大量与林业相关的科学计算程序，如专业计算、一元和多元统计、运筹学模型等程序，解决了一些实际问题。也有的利用航片判读及建立相应的数量化程序，实现蓄积估计，为收获预估提供了效率更高的新途径。但是，这些在森林资源经营管理中的作用既不直接也不系统，属于单项数据处理范畴。为了开拓应用领域，利用数据文件而后用数据库技术存储数据，研建了森林资源连续清查的数据处理和存储、管理的程序，使计算机应用走上数据管理阶段，开展了面向森林资源清查的数据处理程序，解决森林经理二类清查的统计汇总问题。在这个基础上，建立了计算机森林资源档案管理系统，这两个方面研究和实践，使计算机系统在森林资源管理中的应用走向综合的数据管理阶段。由于在森林资源管理是一个系统，众多的要素相互联系、相互作用，组成一个有机整体，管理需要综合、系统地考虑问题，需要系统管理数据，同时信息技术的发展，提供了系统管理数据的条件。因此，80年代中后期开始研究面向管理的森林资源管理信息系统，产生了面向林业局级的森林资源管理信息系统。进入90年代，很多单位，都从整体出发，把森林资源管理融合在整个单位的信息管理之中，把森林资源信息系统作为部门或单位的一个子系统进行开发。由于在森林资源管理中，有许多问题是非结构化的问题，需要经过模拟，从中选择满意的方案，因此，也产生了一些面向某类问题的决策支持系统。

空间信息管理是森林资源信息管理的一个重要内容。从20世纪70年代末开始，计算机数字图像处理，主要利用航天图像数据进行存储、有监和无监分类，提取森林资源管理基本空间信息，至今它仍然作为数据收集的一种手段在研究实践。同时，开展了与地理信息系统、数据库等技术结合的研究，以便组成一体化系统。由于森林资源经营和管理包括了大量空间信息，所以3S（遥感 Remote Sensing、地理信息系统 Geographic Information System、全球定位系统 Global Position System）技术及其软件系统很快引入我国森林资源经营管理领域，并逐步得到了消化吸收、推广和广泛应用。80年代初，研建了遥感信息处理系统，用它进行森林数量分类、编制林分数量化蓄积表等工作，推动了遥感信息技术的普及。而后许多调查规划部门和教学科研单位陆续引进了较完整的遥感图像处理设备和相应的软件包，较著名的有VAX机和配在它上面的图像处理系统I2S等，为实现国家森林资源动态监测等森林资源经营管理工作提供了先进的技术手段，并取得了一批成果。与此同时，还开始了计算机辅助制图等GIS前期工作。80年代后期以来，除了引进、消化学习和应用一些国外GIS系统软件，我国林业工作者（主要是森林资源经营管理者）

也开展自主版权的GIS软件开发工作，开发了基于Windows平台的GIS商品软件View-GIS（原名为WinGIS）。这些系统都被广泛应用于森林资源经营管理的多个方面。90年代中后期，随着技术的不断成熟，GPS被试用于森林火灾定位、调查设计等领域。

随着国家信息化战略部署的深入，到20世纪末，研建各种森林资源管理信息系统成为信息管理重要建设项目，出现了面向各级各层的各种森林资源信息系统，同时随着系统、管理和信息科学的发展与应用，产生了森林资源管理新的理念和技术，即为了适应森林资源复杂性管理，推斥力研究在系统集成指导下的森林资源管理集成系统。

1.8.2 森林资源信息管理的主导技术

森林资源管理信息系统是森林资源信息管理的主导技术。森林资源管理信息系统是为了满足科学管理森林资源的需要，从森林资源管理功能与过程出发，用系统观点、管理方法和计算机技术组成的有机整体，它能够了解过去、知道现在、预测未来，辅助决策和监督控制。它在我国，是计算机技术应用在科学计算、单项和综合数据处理等基础上，发展起来的新技术。它的应用从单机某一项目的计算机信息系统，到横向综合森林资源管理信息系统，再到纵横向网络化的森林资源管理信息系统，最终成为当前森林资源信息管理的主导技术。

森林资源管理信息系统是多学科的有机综合，它根据森林资源及其环境信息和信息处理的特点，以哲学、信息学、管理学、经济学、系统论等科学理论为指导，利用信息技术，在管理目标约束下，完成各种信息的综合、动态管理。森林资源信息管理理论和技术基础简图如图1.5所示。

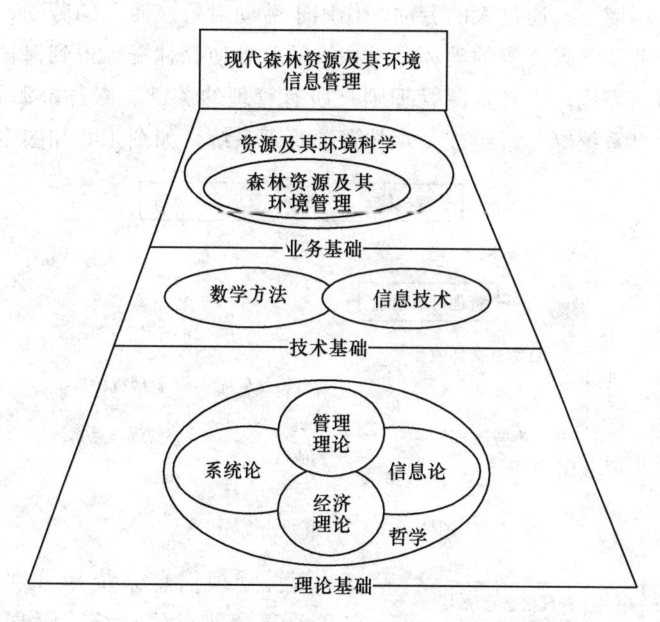

图1.5 森林资源信息管理理论与技术基础简图

森林资源管理信息系统是为了管理需要，根据管理的环境、功能、信息需求与信息流，融合了管理思想、方法、技术，建立起来的人机系统，是多学科多领域的理论、方法和技术的综合，每个学科的发展，都推动着森林资源管理信息系统的发展。在主要以木材的永续利用为主的思想指导下，相应的系统功能主要是为了控制森林资源向永续利用方向发展，其分析、评价、决策、控制模型都建立在这个基础之上；为了满足森林资源资产化管理的需要，开发的森林资源管理信息系统是为了面向森林资源资产的分析评价和控制运行；进入森林资源可持续管理以后，森林资源管理信息系统把森林资源视为社会、经济、自然系统的一部分，不仅从森林资源自身条件出发，而且更注重与社会、经济、环境的协调发展，成为研究森林资源可持续课题的坚实的技术支持系统。管理科学的发展不断指导揭露森林资源的实质，并融合到信息系统之中，也使系统从数据管理，走向信息和知识管理。信息技术的发展与应用，使森林资源管理信息系统技术和手段不断更新和发展。数据获取和处理技术的发展，使森林资源信息管理从单纯的数值数据、文字文本形式，走向图形、图像、声音、动画等多媒体形式；遥感、地理信息系统、全球定位系统的发展，强有力地支持了森林资源空间信息管理；专家系统和决策支持系统的发展，推动了森林资源智能化管理系统的出现；网络技术的发展，使森林资源管理实现快速、适时、零距离、交互、动态、社会参与的网络化管理成为可能。

森林资源管理信息系统是直接为管理服务的，不同的管理要求不同的管理信息系统。但是，从管理职能与需求共性出发，可以归纳出基本研建过程和提出框架。首先进行环境分析，在环境中确立森林资源管理信息系统的地位和作用；其次进行森林资源管理职能、过程、信息需求和信息流程分析，提出森林资源管理信息系统的逻辑结构；再次进行详细的功能设计，选择相关技术，进行组合，提出物理结构；最后组织实施。

林业是以经营和管理森林资源，有效的保护、发展、利用森林资源的事业，它在一定的社会、经济、自然环境下，通过人的劳动，作用于劳动对象。而人的劳动，有消极的劳动和积极的劳动，消极劳动导致资源的破坏，而积极的劳动使森林资源得到保护和发展，它通过各种管理和经营活动完成，森林资源管理则是所有管理的关键。森林资源管理由管理对象、管理机构和管理信息系统等要素组成了森林资源管理系统，如图1.6和图1.7所示。

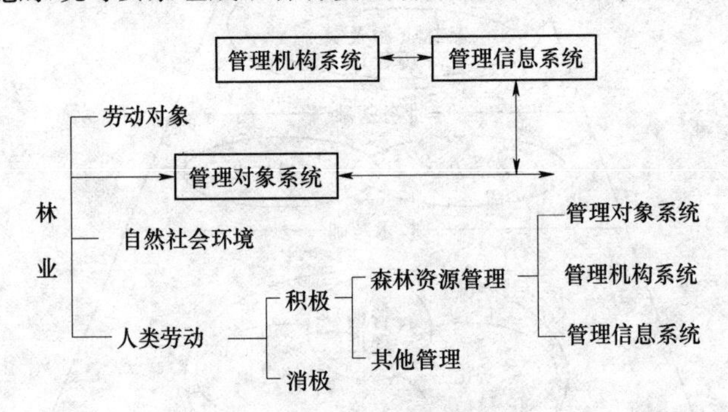

图1.6　林业系统分解图

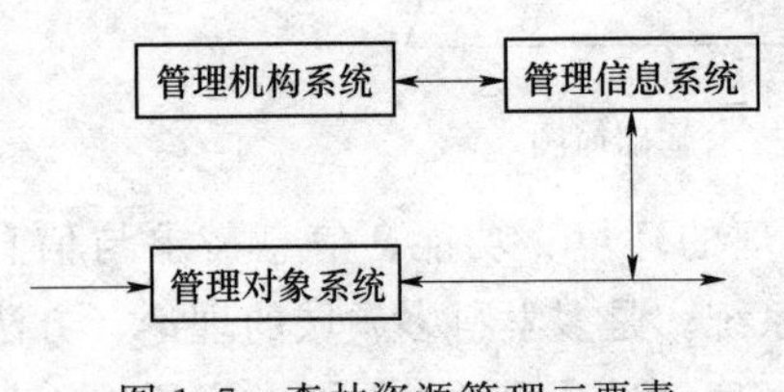

图1.7　森林资源管理三要素

森林资源管理信息系统是管理系统中的神经网络，它联系着管理对象系统、管理机构系统和社会经济自然等各个环节，支持着森林资源管理活动。森林资源管理应该包括两大部分：一部分是日常行政管理，主要是办公自动化；另一部分是森林资源

的业务管理。后者是主要的并且有其特殊性。森林资源管理活动是不断决策—实践—再决策—实践……的过程，若干个决策—实践环节组成了整体的管理活动，如图 1.8 所示。

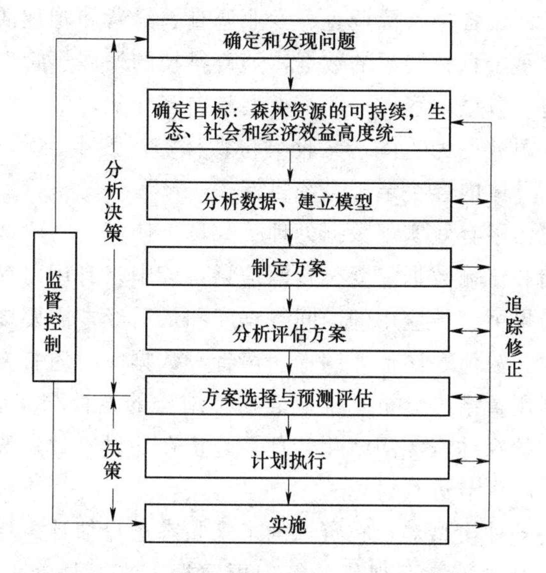

图 1.8　管理阶段各活动过程的作用

把所有环节有机的综合，组成了森林资源管理的信息环，如图 1.9 所示。

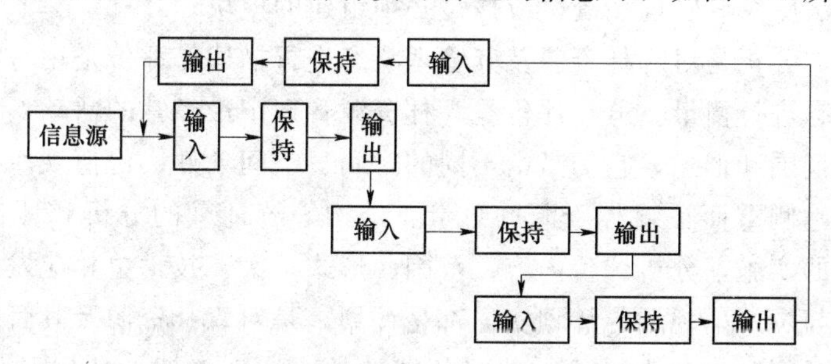

图 1.9　管理职能活动的信息流

把上述各个环节综合抽象，图 1.10 表示了森林资源管理活动过程。

虽然森林资源管理信息系统由于时空条件和需求不同，但是在一定时期内总体功能相对一致。它主要包括建立在办公自动化基础上的日常行政管理，包括：林业调查规划、林地管理、林权管理、采伐管理、运输管理、经营加工管理、重点国有林区管理、公益林管理、森林资源监督、林业资源案件稽查等。同时，也是最重要与应该普遍实施的森林资源业务管理，归纳起来它应该包括：数据采集、数据存储与传输、包括分析评价、预测、决策、计划、设计、执行、监测和控制等子系统。

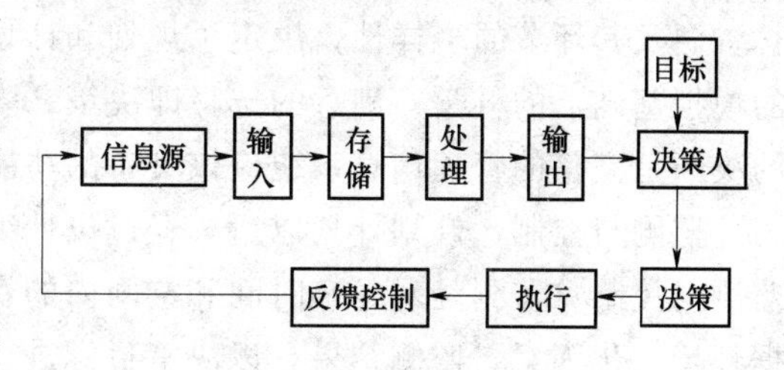

图 1.10　管理活动过程

数据采集。数据是管理信息系统的基础，数据采集的主要功能是完成森林资源管理信息系统中原始数据的组织和收集工作，它决定于用户的信息需求，和系统处理中对辅助数据的需要。关键是基本数据的来源、类型，数据形式及其标准化，采集的方法、手段。森林资源管理数据主要来源于各类资源调查、专业调查、经营和管理活动数据，以及系统内外交换的数据。过去侧重于森林资源的数据，随着科技的发展、管理的需要，特别是可持续森林资源管理的实施，数据内容、来源、类型趋向多样化，20 世纪 90 年代后所建立的系统，多数都以森林资源数据为主体，又收集与森林资源发生、发展有关的社会、经济、自然环境数据，它们的具体内容决定于系统目标。

数据存储与传输。为了有效实现数据处理、共享、使用，需要选择合适数据库、数据挖掘、网络技术，存储和传输数据。森林资源信息系统中，有用以存储原始数据的原始数据库、存储中间处理结果可能再应用的中间数据库和最后经常需要提供用户使用的结果数据库。形式上既有文字、数值、图形、图像、声音等数据库，还有方法、模型库等。建立数据库的关键在于数据逻辑结构分析基础上的物理结构的设计与实施，以及数据的准确、安全性的设计。发展中的森林资源网络化管理，是正在探讨森林资源信息管理的一个重要课题，有关技术将有专门章节进行讨论。

预测。预测是利用各种模型对森林资源的未来状态进行估计。传统的管理多建立在过去和现在的经验与现状基础上，而现代的管理更重视未来，是管理活动中必不可少的工作，关键是根据需要，利用可靠的数据，选取科学的模型，进行数据处理，因此在系统中建立模型库和方法库及其管理系统，应该是必须组建的模块。

分析与评价。分析是对森林资源及其管理状态进行描述，评价是用一定尺度，对森林资源及其管理状态进行衡量。分析评价是森林资源管理中最经常的活动，关键在（于）分析评价的项目、范围和形式，它们是由不同的时间、空间条件、价值观所决定的，我国比较多的实用系统，侧重面在森林资源的总量、结构等统计量的分析和评价，随着系统管理、可持续管理的实施，分析评价内容、范围、形式扩大，技术也相应发展。

规划、计划与决策。规划与计划实质都是计划，是对森林资源及其管理到未来进行统筹安排，计划在时间和空间上，均有战略长期性的，战术中期性的以及具体执行短期性的，一般把战略或长期性的视为规划。规划和计划是森林资源管理的核心，事前的分析评价是为了提出一个科学的规划和计划，事后的执行监督协调是检查和调整规划与计划。森林资源及其环节的多样性，决定了规划和计划的多样性。多方案的制定，和对于各种方案的模拟基础上的科学、满意的选择即决策。多方案的制定、各个方案的模拟和评价、方案的决断是完整的管理信息系统应该具备的功能。

监测与控制。规划计划以后，经过设计组织实施以后，森林资源管理一个重要活动是监测与控制。监测是对一定时间和空间内的森林资源及其管理进行分析、评价，控制是根据环境变化因素、监测结果，以决策目标进行衡量，协调各环节关系或修改措施或调整目标的过程，森林资源管理信息系统利用各种方法和手段支持管理活动。

从森林资源管理活动出发，以上基本功能具有普遍性和稳定性，只是在不同的时期，应该注意融合森林资源管理新思想、模式、方法和技术，保证系统的科学、先进和实用。据此，图 1.11 简要说明了一个一体化—知识—效益型森林资源信息管理模型。

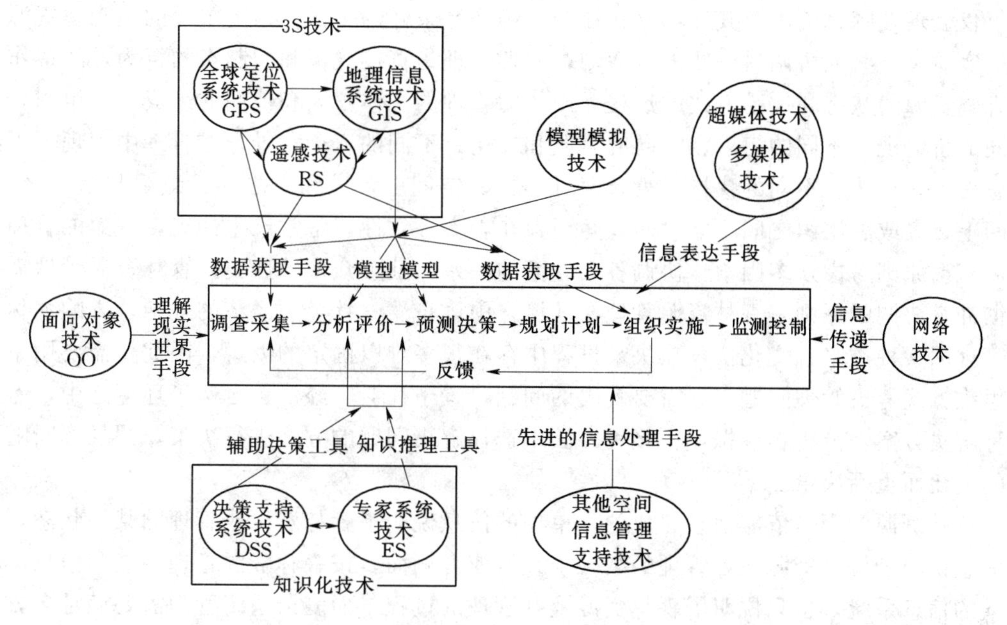

图 1.11　一体化—知识—效益型系统模型示意图

1.8.3　森林资源信息管理的未来方向

森林资源信息管理集成系统是森林资源信息管理的未来方向。森林资源管理信息系统从科学管理需要出发，融合了相关理论、方法和技术，为管理者提供了强有力的技术支持。但是由于森林资源及其管理是一个复杂系统，管理者的不同素质和价值观、众多的组织机构和它们的不同功能、千变万化的时空环境等，传统的管理方式和建立在它们基础上的方法、技术，不能满足实践的需要。森林资源及其信息管理正在探索符合时代发展的管理方式、方法和技术。利用系统科学、林学科学、管理科学、信息科学等科学技术发展的新思想、观点、方法与技术，对森林资源及其信息管理综合分析，未来森林资源信息管理可以采取的方式是：在系统集成思想指导下的集成系统。它不仅仅是技术的改进，而是包括人的思想、管理理念、组织结构、功能过程、方法技术等全面的变革，是今后一个时间内，解决森林资源复杂性管理较好的抉择。

森林资源是在不同的社会、经济、自然、科技等环境下形成与发展，它们的差异，决定了森林资源状态和运动方式的差异，不仅形成了森林资源的多样性（而且是非线性的关系）还具有随机变化的特点，是一个复杂系统。传统森林资源管理模式往往用线性思维方式进行，即从问题本身出发，以一个方法去解决，结果因脱离了环境，或脱离了森林资源发展规律，往往顾此失彼，不能取得预期效果，解决不了森林资源与环境的整体问题。长期以来以木材而木材，为经济而经济，或者现在的为环境而环境，只能取得暂时的单个效益或目标，都不能实现人地的公平、和谐、协调发展，也就不能达到可持续的目的。问题的根源是简单的管理模式违背了它们的运动规律，因为森林资源及其管理都是复杂系统，对于复杂系统必须实施复杂性管理。

森林资源复杂性管理具有多样化、非线性和不确定性的特点。森林资源管理的多样化不仅仅表现在森林资源及其环境——社会、经济等条件的多样化，更主要的是森林资源管理的实质是一些人协调另一些人的活动，一切管理是直接规范和控制人的行为，间接作用于森林资源的状态和运动方式的过程。而作为管理的主体：人和他们的组成——组织，有不同的价值观、不同的需求、不同的素质和文化、不同的道德背景，在管理中表现了不同的思考方式方法、不同的抉择，复杂而且多样。空间上，人和人之间、组织和组织之间；时间上，人或者组织之间不同时间，客观存在着不一致性，常常产生冲突，有效的管理需要以双赢原则考虑众多因素，协调各个方面的关系，处理众多的冲突，森林资源管理需要贯彻冲突协调的原则。森林资源管理在环境之中，自然—社会—经济的复杂，影响森林资源管理因素种类多且变化快，在决策过程中存在很多难以确定的因素，因此，需要用系统的思维方式考虑管理问题，把需要解决的问题，置于社会、经济、自然等环境之中，考虑多种解决方案，分析、模拟，在多种方法中选择解决问题的方法进行决策，并且不断随环境的变化而重新决策。

森林资源管理是依靠信息完成的，单项的信息说明了森林资源或管理的某一状态，综合信息说明了森林资源或者管理的某一个领域或者侧面，按森林资源管理功能和信息流程建立的信息系统，也只说明了森林资源及其管理的过程，而复杂系统管理需要满足多方面的需求、反映各种利益、适应变化着的环境，不仅需要快速而且需要综合集成各种因素和知识，实现从定性到定量认识功能，建立“从定性到定量综合集成研讨厅体系（Hall for Workshop of Meta-Synthetic Engineering)”。在开放的新时代，系统集成是快速获取信息、有效进行知识管理的最佳手段，是在新需求的推动下、信息技术飞速发展的基础上对信息管理本身提出的要求。森林资源信息管理需要应用系统集成思想，建立相应的支持系统。

森林资源信息系统集成是一种思想、观念和哲理，是一种指导信息管理的总体规划、分步实施的方法和策略，它不仅需要技术，更含有艺术的成分，它提供森林资源管理一体化的思路和解决方法。它是针对森林资源复杂性管理提出的全面解决方案（Total Solution）的实施过程，是考虑森林资源管理活动中的人、组织、管理、信息、技术、计算机系统平台等多方面的因素，为建立一个基于统一的、标准的、开放的、综合运用各种先进信息技术的、有先进管理规范的技术系统而提出的新理念。只有在系统集成思想下，建立相应的集成系统，才能够比较好地满足复杂性管理。

森林资源信息集成系统，首先需要把森林资源信息管理置于相应的环境之中，它是森林资源管理系统的一个子系统，是更上级系统——林业系统、自然—社会—经济系统的组成，受它们的影响同时反作用。它又有自身的组成和结构，充分考虑“人”这个具有主观能动性的主体，从人的思想、人的素质、人的需求、人的关系、人的参与等方面，人与人、人机、人与资源、人与社会、经济、自然环境之间的集成，满足人的信息和知识的需求，实现人的集成。管理集成具有两个基本点：系统观——将计划、组织、执行、协调、控制等活动有机地综合为整体；知识观——通过各种管理实践促进知识的生产、传播和应用。它的实质是使知识成为生产力，核心内容是知识管理，关键是管理方式和方法。组织集成在于打破传统的单一部门管理的观念和模式，做出相应的调整，进行组织集成，使其符合可持续发展的总体要求。森林资源信息管理中的各种高新支持技术，是现代森林资源

信息系统集成的体现，完成数据、信息和知识的采集、存储、处理和使用。

森林资源管理集成系统，是在可持续发展、知识经济和数字地球等背景下，利用系统集成思想，它从“自然—社会—经济”复合系统的整体出发，考虑森林资源信息管理问题，是为知识创新和知识管理提供完善的功能与机制，使森林资源信息管理融入数字地球之中，最终使林业在知识经济社会中谋求发展；它是以人为本，变革思维方式，提高素质和技能，对管理体制进行革新，对森林资源信息管理业务进行重构；它是一个综合多种先进技术的支持系统，以信息集成为基础，搭建多级系统平台，是对森林资源管理的人、组织、过程、方法、数据、技术集成，完成计划、组织、指挥、控制、协调等管理职能，达到森林资源管理的整体效益。图 1.12 简要说明了森林资源信息集成系统的概念框架。

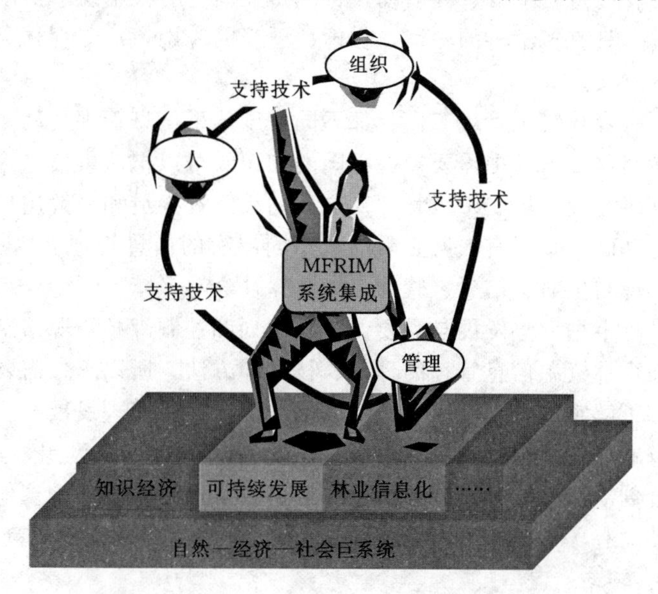

图 1.12　森林资源信息集成系统的概念框架

1.9　森林资源信息管理知识结构

1.9.1　学科定位

森林资源信息管理和森林资源生物量管理与森林资源资产管理一样，是森林资源管理的一种方式，是森林资源管理学科的一个组成，森林资源管理科学新的增长点，是森林资源实践中的新的重要活动。

森林资源信息管理是时代发展的产物。系统科学的发展提供了认识和控制森林资源及其管理的思想、方法，深入认识、揭开了森林资源及其管理复杂系统的实质与规律。管理科学的发展，提供了新的理论与方法，具体指导了森林资源管理的实践，适时转变了管理思想、观念和方法，使森林资源管理符合时代的发展趋势。信息科学的发展，以信息观分析森林资源管理，以信息的语言抽象和描述森林资源管理过程，从数据的获取、传递、存储到加工使用，全面改造了森林资源手工管理模式。林学科学的发展，不断赋予控制森林资源管理发展的新的方法、工艺和技术，丰富着森林资源的理论与实践新内容。重要的是，系统科学的思想、管理科学的方法、信息科学的技术，与林学特别是与森林资源管理理论、方法、技术有机综合，产生了森林资源管理新的方式——信息管理，展开了森林资源管理新的里程。同时，也推动了相关科学的应用范围与发展。

在森林资源信息管理过程中使用系统、管理、信息多学科的知识与技术，反映了森林资源信息管理的丰富内涵，但是，森林资源信息管理出发点是为了科学管理森林资源，其归宿是森林资源的发展，实质是森林资源管理，是森林资源管理科学的重要组成部分。

1.9.2　知识结构

森林资源信息管理是复杂的管理活动，特别是在信息时代组织、协调信息管理更是一项复杂的系统工程，具有多学科的知识，合理、适当的应用，对于森林资源信息管理工作者具有十分重要的意义。

信息时代的所有森林资源管理工作者都不同程度从事信息管理活动，但是其地位与职能决定了他们在参与这一活动中需要掌握不同的知识。可以把从事信息管理的人员进行分类，即信息管理高级管理人员、中级管理人员、初级管理人员和一般用户。牢固的林学与森林资源管理理论基础，是所有人所必需的，不同层次的信息管理需要不同程度的知识，如哲学、系统、环境与生命、信息、管理、经济、社会等。

高级管理人员应根据形势发展与需要，统筹规划和控制森林资源信息管理活动，指导全面的创新，发展森林资源信息管理的理论、技术和方法，所以不仅需要全面掌握多学科的知识，而且能够了解它们的动态，引进新成果，促进信息管理发展。

中级管理人员责任在于根据高级信息管理人员提出的规划、设想，具体的组织落实，开展多学科的综合创新活动，并且具体组织与协调日常信息管理活动。他们需要对已经组织的信息管理活动的有关知识有足够的了解，并且掌握需要开展新创新的工作中的相关知识。

初级管理人员是现有信息管理的维护者和新创新活动的具体执行者，他们需要熟悉现有系统的功能和相应的使用、维护，以便提供安全、有效的服务。同时，不断根据开发创新需要，补充相关知识。

一般用户应该能够参与信息管理活动，有丰富的森林资源管理知识，获取所需要的信息，并且提出新的需求参与创新。

不同层次的森林资源信息管理工作者有不同的知识需求，普遍需要的是林学与森林资源管理知识，它们是最根本的基础。森林资源信息管理是森林资源管理的一部分，而森林资源管理是集成器：集成森林资源及其环境有关学科的理论、方法和技术，控制森林资源有序的运行；是神经网络：联系着与森林资源及其环境有关的一切学科、领域和环节，协同管理森林资源及其环境；是孵化器：是把林学与森林资源管理相关的知识转化为技术，技术转化为生产力纽带和桥梁；是晴雨表：反映社会、经济、科技发展，体现着社会需求与条件，在不同的时空条件下，综合多学科的知识和技术，产生和使用不同的森林资源管理理论、方法和技术，运用相应模式，去分析、评价、预测、计划、组织实施、监督控制，不断循环，达到目标。因此，每个森林资源信息管理工作者必须学习、掌握、使用业务知识。在这个基础上，不同程度的掌握和应用以下知识：

1. 哲学

它是关于世界观的学说，是自然知识和社会知识的概括和综合，它研究思维和存在、精神和物质的关系。对于深层次的森林资源管理的认识和思考，需要以唯物主义为基础，特别重视下列思想、规律的应用：唯物主义认识论、质量互变规律、对立统一的规律和否定之否定规律。

2. 系统科学

系统科学是从系统的着眼点和角度研究整个客观世界，研究它们的结构、功能，它们的发生、发展过程。它为认识和改造世界，提供了科学的理论、方法和技术。半个多世纪以来，系统科学的发展，推动了科技进步，生产力发展。系统科学相关的理论、方法、技术也越来越深入、广泛地应用到森林资源经营和管理领域，以系统学原理为基础开展研究和实践，以系统技术科学和系统工程技术认识和把握森林资源经营、管理，成为森林资源管理发展的重要内容，特别应该关注：系统的整体性原理、复杂系统运动规律、有序结构形成和发展学说、系统技术科学和工程技术。

3. 环境科学和可持续发展

环境科学是治理环境污染，保护环境的科学。它的研究对象是以人体为主体的污染环境，主要内容是研究环境保护，保持对人无害的原生环境，改善受污染、对人有害的次生环境。森林是地球陆地上最大的生态系统，它在保护环境、治理污染中起着关键作用，它的兴衰直接影响到环境，环境也不断地对它提出需求。可持续发展的提出源于环境保护，其宗旨在于从根本上改变社会发展与环境之间的对立，因此可持续发展问题从广义上讲是环境科学研究的最重要的课题。可持续发展、环境和森林资源紧密联系在一起，森林资源管理当然也要以环境保护和可持续发展为出发点。

4. 生命科学和森林生态系统

生命科学是生物学及其有关领域，生物学的研究对象为微观的基因型、中间的表现型直到宏观的生态系统、生物圈。森林资源管理在研究中间型的林木个体、群体方面取得了很大的成就，始终是经营和管理的主要对象和基础，在当前走向综合、以系统的角度重新认识和改造世界的时代，林学界把研究的重点转移到生态系统，森林生态系统的研究已经成为本世纪末森林经理学科的主要课题。生态学主要研究生物个体或群体与环境之间的关系，而森林生态系统的研究主要是森林生物个体或群体与环境的关系，森林经理学科的出发点是如何管理的问题，一部分学者把森林生态系统作为管理对象，有的把它视为生物的生态系统，有的把它视为一个生物—经济复合的系统，还有的认为它是一个社会—经济—自然复合的系统，从此出发去经营和管理森林；另一部分学者是把生态系统的概念引入管理领域，去研究整个管理系统，包括管理对象、结构和信息系统以及它们的环境，调整结构，发挥整体功能。通过不同角度的研究，以生态系统理论去认识森林资源管理。

5. 管理科学

管理科学是研究和揭示管理活动规律与方法的知识体系。现代管理科学中包括主要研究管理组织问题的科学管理理论、管理领导和协调问题的行为科学理论、管理计划决策问题的管理关系理论等 3 个分支。这 3 个分支相互渗透、有机结合，组成了现代科学管理理论体系。在它们指导下产生的现代管理思想、组织、方法、手段，是发展生产、促进社会进步的动力。应用现代管理科学相关理论、方法、手段，结合森林资源的发生、发展规律，逐步形成森林资源经营和管理的现代化思想、现代化组织、现代化方法、现代化手段，可以把森林资源管理推向一个新阶段。

6. 应用数学

以定量化方法揭示森林资源发生发展规律，是森林资源长期应用的方法。随着应用数学发展，模型模拟技术、数量化理论、计算机计算方法等定量和定性与定量结合方法广泛应用在森林资源的分析、评价、预测、规划、模拟、控制等各个环节。数量化森林经理的产生，说明了数学在森林资源及其管理中的重要作用。随着信息技术在森林资源信息管理中的应用发展，应用数学将进一步扩大应用范围，深入到各个领域与环节，成为信息管理工作者必须掌握和加强的知识。

7. 社会学

社会学是从变动着的社会系统整体出发，通过人们的社会关系和社会行为研究社会的结构、功能、发生、发展规律的一门综合性的社会学科。它把社会作为一个系统整体，从研究社会生活中的人们相互关系和社会行为入手，揭示社会内外部关系和规律。任何从事森林资源管理和经营活动的人是社会的一部分，他们的活动是社会活动的一个组成，林业和森林资源管理是在社会之中，必须面向社会，把社会学的理论、知识，包括观点、方法、原理、新的研究结论，应用于森林资源管理，使制订的方针、政策、计划和开展管理、经营活动更切合实际，更加科学化。

8. 经济学

经济学是研究人类日常经济活动的学科，它揭示出世界及其人们各种经济行为的内在原因。通过经济分析，帮助人们在众多的方案中做出选择，以便利用有限的资源，实现个人或社会特定目标。长期以来在计划经济下，森林资源的经济属性被忽视，森林被作为“无价”资源开发利用，森林资源的经济规律及经济活动没有得到应有的重视和应用。随着我国市场经济的孕育和发展，森林资源经济问题逐渐被重视起来，应用经济学理论，探索森林资源经济规律，利用经济杠杆管理森林资源，使用经济分析方法，指导森林资源经济活动，经济学在森林资源经营和管理中的应用研究和实践，需要进一步深入。

9. 地理学

地理学是研究地球表面人地作用下，某类事物空间分布发生、发展规律的学科。它研究整个自然环境和经济环境的物资、能量转换规律及其对社会生活和生产的影响。它向以综合性和区域性为特色的方向发展，综合研究是带动部门自然地理学发展的有效途径；而从地域角度观察研究自然综合体的区域研究，是地理学对过程和类型综合研究的概括和总结，也是地理学探讨和协调人地关系的重要基础。地理学在区域性和地域性的研究，对于认识和研究森林资源的空间分布，奠定了深厚的基础。而地理学的时空分析方法、地理信息管理技术，对森林资源空间结构的分析、评价、调整和控制是有力的技术支持。

10. 信息学、信息管理、信息技术科学

信息是自然界、人类社会和人类思维活动中普遍存在的一切物质和事物的属性，是物质存在的方式和运动规律与特点的反映，是事物相互联系及作用的反映。随着信息收集、传输、处理技术的发展和应用，信息的作用越来越显著。同时，也促进了信息本身的发

展，形成了信息科学，是科学知识中一个飞速发展的具有战略意义的领域，是人类文明向信息社会过渡时期中形成的新科学群。在它们的支持下，信息已经作为重要资源被开发利用，将来将取代有形资源，成为生产力的源泉，是新经济形态——知识经济的基础，将促进新社会形态的产生。组织、生产、使用信息需要管理，信息管理是管理的最重要工作，现实社会，正在从以管理“物”为中心，向以管理“信息”为中心转变，在信息技术的支持下，把信息加工成知识，知识转化为生产力。以系统和信息观认识和把握森林资源管理，将是今后最重要的研究课题。

森林资源信息管理是发展中的一个领域，是信息时代森林资源管理的重要组成，了解其概念，即内涵与外延，明确其目的与目标、原理与原则、地位和知识结构，可以进一步理解森林资源信息管理基本理论与技术、基本模型和方式方法，从而为森林资源信息管理的研究与实践奠定基础。

第 2 章　森林资源管理信息系统基本模型

森林资源管理工作者面临各级、各层次的各类、各种管理，但是无论哪一级、哪一类都可以抽象为数据采集、分析、评价、预测、规划、计划、设计、执行、监督和控制等管理过程。实现森林资源信息管理是提高森林资源管理效率和效益的科学手段。森林资源信息管理的实现关键在于根据实际的管理流程建立一系列的管理软件，这一系列的管理软件构成了森林资源信息管理系统。由于森林资源管理的复杂性、动态性等特点，决定了森林资源信息管理系统是一个十分复杂的大型系统。模型在信息系统开发过程中是一个不可缺少的工具，是现实世界中的某些事物的一种抽象表示。大型信息系统通常十分复杂，很难直接对它进行分析设计，人们经常借助模型来分析设计系统。因此，信息系统可以看成是：构建模型→模型具体化→实际应用系统的转变过程。本章主要讨论森林资源信息管理系统基本模型的概念、目的，森林资源管理的过程及主要环节，森林资源管理信息需求分析以及森林资源管理信息系统的逻辑模型和物理模型等。

2.1　森林资源管理信息系统基本模型概述

森林资源管理信息系统是一个十分复杂的系统，其所涉及的范围广、层面多、数据类型丰富、数据量庞大、信息需求多样化、处理模型复杂。因此，在进行系统分析时，直观分析难于表达，必须借助于模型表达。森林资源因时空的不同而存在着差异，这决定了不同时空状态下的森林资源管理的差异。但是和其他事物一样，森林资源也存在着异中有同，森林资源管理活动的基本过程和基本信息需求存在着普遍的共性。因此，可以建立一个描述森林资源管理过程的信息系统基本模型，作为分析建立具体森林资源管理信息系统的一个模型基础。

2.1.1　森林资源管理信息系统基本模型概念

模型是现实世界中的实体的一种抽象表示。它能对实体某一方面的特性与运动规律进行描述。模型的表示形式可以是数学公式、缩小的物理装置、网络图或者表、文字说明，也可以用专用的形式化语言表示。

信息系统的建模方法主要分为：面向过程的建模、面向数据的建模、面向信息的建模、面向决策的建模和面向对象的建模等 5 类。面向过程的建模方法是把过程看作系统模型的基本部分，数据是随着过程而产生。面向数据的建模方法把模型的输入输出看成是最为重要的，因此，首先定义的是数据结构。而过程模块是从数据结构中导出的，即功能跟随数据。面向信息建模方法是从整个系统的逻辑数据模型开始的，通过一个全局信息需求视图来说明系统中所有基本数据实体及其相互关系，然后，在此基础上逐步构造整个模型，信息模型记录系统运作所需的信息实体，如人员，地点，事物，观念等，为分析现行

系统提供信息的图形化表示。

下面以面向过程的方法为例，说明森林资源管理信息系统基本模型的建模过程。它是对森林资源管理全过程及各个环节的抽象描述。因此，可以给出如下的定义：

森林资源信息管理基本模型是指：符合可持续发展、生态系统经营与管理需要的森林资源管理全过程的抽象，是用信息语言对森林资源管理的基本信源、信宿、信息流动过程、方法技术等的描述，通常以逻辑结构和物理结构表示。它以现代信息管理理论与技术为基础，根据森林资源信息管理的基本原理和原则，构造模型结构。这里的逻辑结构与物理结构是以图形符号语言进行描述的。

2.1.2 森林资源管理信息系统基本模型建立的目的

因为模型只能对实体某一方面的特性和运动规律做出简化描述，因此模型不可能反映实体的全部性质。实体在不同层次上具有不同的性质，而不同层次的运动规律要在相应的时空范围上加以描述。把实体某一层次上的特性进行抽象，并用模型加以描述，这一过程具有明确的目的性。森林资源管理信息系统基本模型的建立，也同样具有明确的目的性。

对于森林资源管理信息系统基本模型研究，可以认为，建立森林资源管理信息系统基本模型，是为了明确森林资源信息管理的工作范围、内容、原理和实质，以可持续发展、生态系统经营和管理、市场经济和现代管理等理论为指导，汲取现有森林资源信息管理理论的精华，从多方面进行综合集成，提出一套新的森林资源信息管理的管理理论体系。理论是实践的基石，只有在科学理论指导下，才能对森林资源信息管理中客观实践的本质和规律，有正确认识，也才能更好地指导新形势下的森林资源信息管理工作，推动我国森林资源信息管理的发展，使之更适应全球信息化建设的趋势。

从上述目的可以看出，森林资源管理信息系统基本模型的目的，在于在理论层面上建立一个较为完整、实用的系统模型，反映不同时空条件下的森林资源管理活动和信息需求的共性。

2.1.3 森林资源管理信息系统基本模型建立步骤

森林资源管理信息系统基本模型研究，是一项多学科相关理论与技术的综合应用研究，是为适应现代森林资源信息管理需要，从可持续发展总战略与森林资源生态管理模式出发，用系统观点、信息科学语言描述森林资源信息管理过程、方法、技术，完成对森林资源传统信息管理的分析，提出新形势、新思维下的森林资源信息管理理论模式，并利用先进技术构建森林资源信息管理技术支持系统。从理论、方法和技术几个方面支持森林资源信息的综合、动态管理，推动森林资源管理的现代化进程。

森林资源管理信息系统基本模型研究，可采用点面结合（自上而下分解、自下而上综合）、原有基础的继承与发展结合、理论与实践结合、现有成果应用与进一步开发结合的方法，从收集分析可持续发展与生态管理模式、市场经济等已有成果入手，了解分析森林资源管理的全过程，明确调查采集、统计汇总、分析、评价、区划、预测、规划、计划、模拟、监测、预警、决策和调控等各项管理职能的管理内容、管理过程、操作方法、输入输出数据及职能间的数据传递和功能连接，按管理过程、信息流程确立基于可持续发展的森林资源信息管理基本模型逻辑结构；根据逻辑结构理顺管理功能，按数据流程抽象并进行模块聚合，构建森林资源信息管理基本模型的物理结构；利用图形图像、数据库、方法库、模型库、知识库、多媒体等现代信息技术的有机集成，建立相应技术支持系统。通过试验地区的模拟试验、验证修改，最后形成工作原型。

森林资源信息管理基本模型建立步骤，如图 2.1 所示。

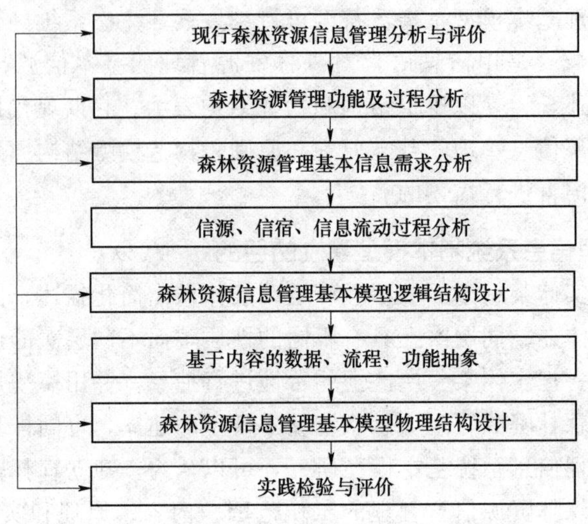

图 2.1　森林资源信息管理基本模型建立步骤

2.2　森林资源管理过程分析

森林资源管理内容的复杂性决定了其管理过程的复杂同时也决定了森林资源信息管理的复杂性。为了在宏观上更好地把握整个管理过程的重要环节，为建立其基本模型奠定基础，在一开始考虑管理过程时不适宜过细过繁，否则容易顾此失彼，而是应该重点突出，理清关键环节。因此需要在分析森林资源管理过程的基础上找出其主要职能环节。

2.2.1　森林资源管理过程

森林资源管理，是在可持续发展的指导下，为了取得森林多种效益，通过计划、组织、指挥、协调和控制，对一地域内的森林资源及相关因素进行筹划和控制的过程，是人们为了达到某一共同目标有意识、有组织、不断进行的协调活动。森林资源是一种自然的、可再生的资源；是一种可以培植的、与地域密切相关的资源；是一种多用途的、可复用的资源，它包括林地、林木、林地上的植被与所有生物以及由这些部分相互作用产生的环境，这体现了森林资源管理的综合性与复杂性，每个部分都有其自身的发展规律，也体现了各部分管理的独立性。由森林资源与森林资源管理的这种特性，决定了森林资源管理过程中，既要遵循各自的规律，更应注重相互之间的关系。森林资源管理从管理内容与形式可分为：实物量管理、资产管理和信息管理；按管理对象可分为：森林资源环境管理、林地管理、林木管理、植被管理、野生动植物管理和湿地管理；按管理的属性可分为：森林资源的自然状况管理、森林资源的政策与法规、森林资源的管理机构和相关的社会与经济管理；按森林资源的作用可分为：森林旅游管理、生物多样性管理和多种经营管理；从控制范围可分为：宏观管理和微观管理等。因此森林资源管理是一种多样化、多重性、层

次性、空间性、时序性和程序化的管理。现代森林资源管理是以人（知识）为中心，系统理论与方法为指导，信息技术为手段，网络化为基础，可持续为目标的管理。它包含了以森林资源时、空信息为主体的，人、财、物、机构等多种要素信息，其管理的基本原理有：复杂系统原理、时空差异原理、人地关联原理、能级决策原理、冲突普遍性原理、动态调控原理、整分合原理。森林资源管理的实质是协调人地关系，使其和谐地发展，协调人与人、组织与组织的关系，使其协同一致。在这个过程中，由于管理者的素质与价值观的不同，对事物与人的处理上的不一致，这就形成了冲突。森林资源管理的任务是处理这些冲突，使保持各方都能接受的状况。它是通过一系列的管理活动完成的。森林资源管理的过程是一个普遍的反复循环的决策过程。无论是面向宏观的区域森林资源管理，还是面向微观的林分森林资源经营；无论是生物量管理还是资产管理；无论是上层战略管理，还是中层战术管理或者是基层生产经营、管理活动等类型的管理或者经营，尽管它们的目的、对象、内容、需求等不同，但是它们的主要职能环节是共同的，即主要包括：数据采集、分析、评价、预测、区划、规划计划、模拟、决策、组织、执行、监测、控制协调等过程。利用各种技术手段对数据进行分析、根据分析结果对森林资源管理实际活动做出评价，并在此基础上对未来进行预测，然后根据分析预测结果对原有的区划、规划、计划进行调整，如此反复循环，进行科学、合理管理，控制森林资源向可持续方向发展。图 2.1 是一般森林资源管理中一个管理过程的示意图，图中仅反映了一个基本顺序链，实际上各个环节相互关系紧密，需要相互应用有关数据。每个环节应用有关技术，运用一些数据即部分输入，通过若干处理，产生一些数据即相应的输出，它们是有限的输入、处理和输出，可以看成一个子系统，每个子系统或者环节的输出，是下一个或者其他环节或子系统的输入。这些子系统的有机的集合，组成信息管理系统，完成管理活动。

2.2.2 森林资源管理主要职能环节描述

森林资源管理是由一系列有机联系的职能环节完成的，对它们应该有一个符合时代发展、明确的定义或者解释，以便信息交流和共享。

采（收）集：利用遥感、抽样等技术，对森林资源及其社会、经济、自然等环境状态与运动方式进行调查、记录的过程。

存储：利用数据库、数据仓库、数据挖掘等技术，对数据进行组织和保存的过程。

传递：利用通信网络等技术，对数据进行交换的过程。

汇总：利用常规的统计方法，对经过组织存储的数据，进行简单的加工过程，它不改变原来数据的本质，不对数据进行再加工。

分析：利用统计分析模型，对森林资源及其环境的状态与运动方式进行描述的过程。

评价：利用既定标准，对森林资源及其环境的状态与运动方式进行衡量，确定其水平。

预测：利用相关模型，对未来森林资源及其环境的状态与运动方式进行评估的过程。

规划：利用定性与定量结合的方法，对森林资源的战略发展进行统筹安排的过程。

计划：在规划的基础上，对于森林资源的发展进行战术性的中、短期安排的过程。

设计：在计划的基础上，对森林资源经营、管理进行具体的、可操作的安排的过程。

模拟：利用模拟技术，对规划、计划、设计等各种方案，进行计算机实验分析的过程。

决策：即决断，管理者对多种方案进行抉择的过程，以选择满意、可行的方案。

组织：根据选择的方案，对于所需要的人、财、物等准备、筹集的过程。

执行：对所选择的方案具体的实施过程。

监测：对执行后在森林资源状态和发展过程进行量测、分析、评价过程。

反馈控制：将监测结果与原定目标和要求进行比较分析，对目标或者计划或者措施进行调整协调过程。

森林资源管理主要职能环节，如图 2.2 所示。

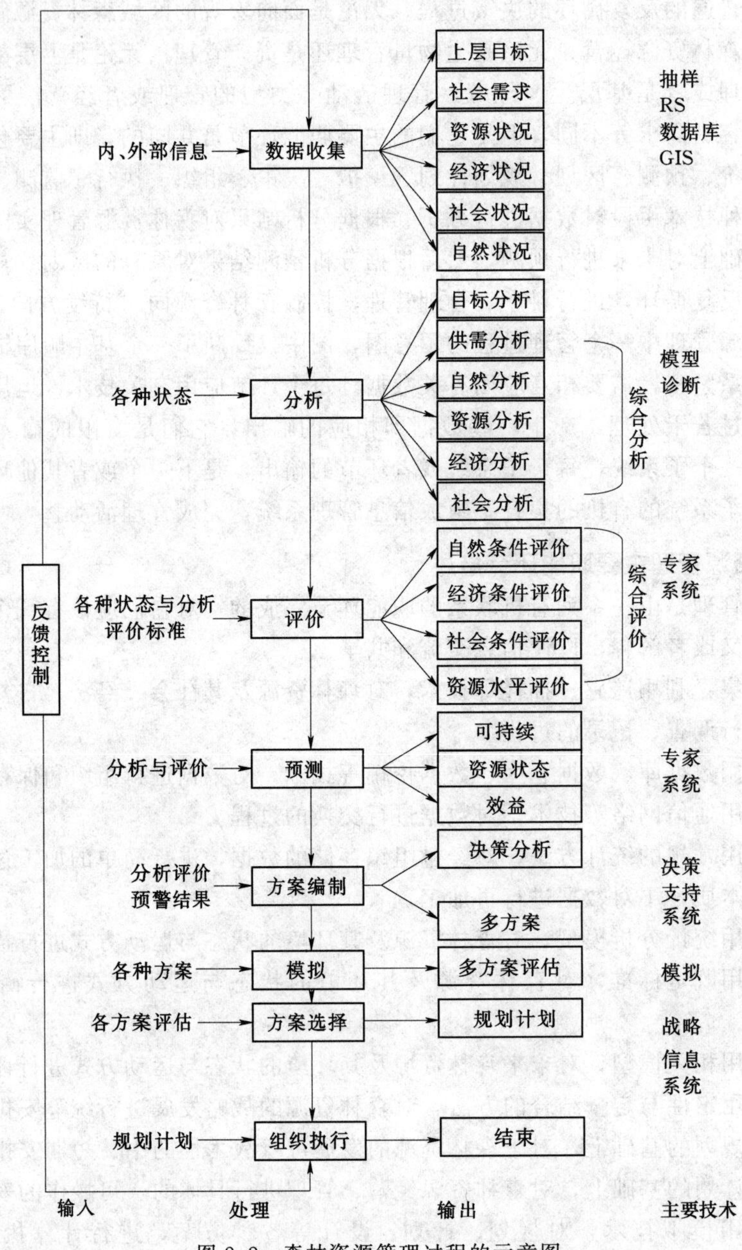

图 2.2　森林资源管理过程的示意图

2.3 森林资源管理信息需求分析

要开发建立森林资源信息管理系统除了分析森林资源管理过程外，还要详细分析森林资源管理过程的信息需求。只有明确了信息需求，才有可能设计并成功开发出真正实用信息系统，否则就可能导致失败或存在功能缺陷等问题。

2.3.1 森林资源管理信息需求分析概述

森林资源具有时空性、区域性，特定区域内的森林资源与其环境构成了复杂关系且有物质、能量、信息交换的复杂系统。因此。对森林资源的管理不能是孤立的，必须将其作为区域系统的一个组成要素来考虑。正因如此，森林资源管理的信息需求从数量、范围、形式等各个方面都有相应的要求。

正如在第1章中提到的，现代森林资源及其环境管理对信息的基本要求从信息的时态、范围、载体、质量和表现方式几方面考虑有：

（1）信息时态：过去、现状、未来。

（2）信息范围：点、线（带）、面、域。

（3）信息载体：文本、数值、图形、图像、声音。

（4）信息质量：综合、动态、最小新度。

（5）表现方式：个体与总体、量、结构、单位占有量的相对值和绝对值。

但是，实际上，森林资源信息需求决定于用户，主要是森林资源管理工作者，其次是与森林资源管理有关的人员，以及其他社会人员。森林资源决策层的管理者关心的是宏观综合信息，他们以外部信息为主，而中下层的管理人员则比较微观具体的信息，以内外部并举（中层）或者内部信息为主（下层）。

各个层次的用户，在完成不同的管理、不同时间、空间、不同管理环节、不同的个人条件等情况下，需要不同的信息。因此，信息需求是一个复杂的问题，森林资源信息管理者的责任就是在错综复杂的情况下，尽可能地满足多方面的需要，这就是具体管理中的灵活性，这里只能讨论共性的问题。

2.3.2 森林资源管理信息需求综合分析

森林资源信息的用户多样，决定了信息需求的多样。信息需求的多样，决定了需要相适应的输入、处理、输出的数据、方法和技术。对于各个管理环节的数据输入、处理和输出，应该有标准化和规范化的说明，建立各类各种国家或者行业标准，但是这需要建立在众多的试验实践基础之上。虽然现在还没有统一，但是，很多森林资源信息系统已经注意到了这个问题，图2.3和表2.1举例说明了上述问题。

2.3.3 森林资源信息管理主要环节内容描述

1. 数据采集

数据采集也叫数据收集。数据是一切管理和经营活动的基础，只有有了准确的数据，才能进行正确的处理，提供合适的信息和知识，开展有效的管理活动，所以数据是管理的基础，数据采集是管理活动的基础环节。采集数据需要考虑数据范围与内容、方法和技术。

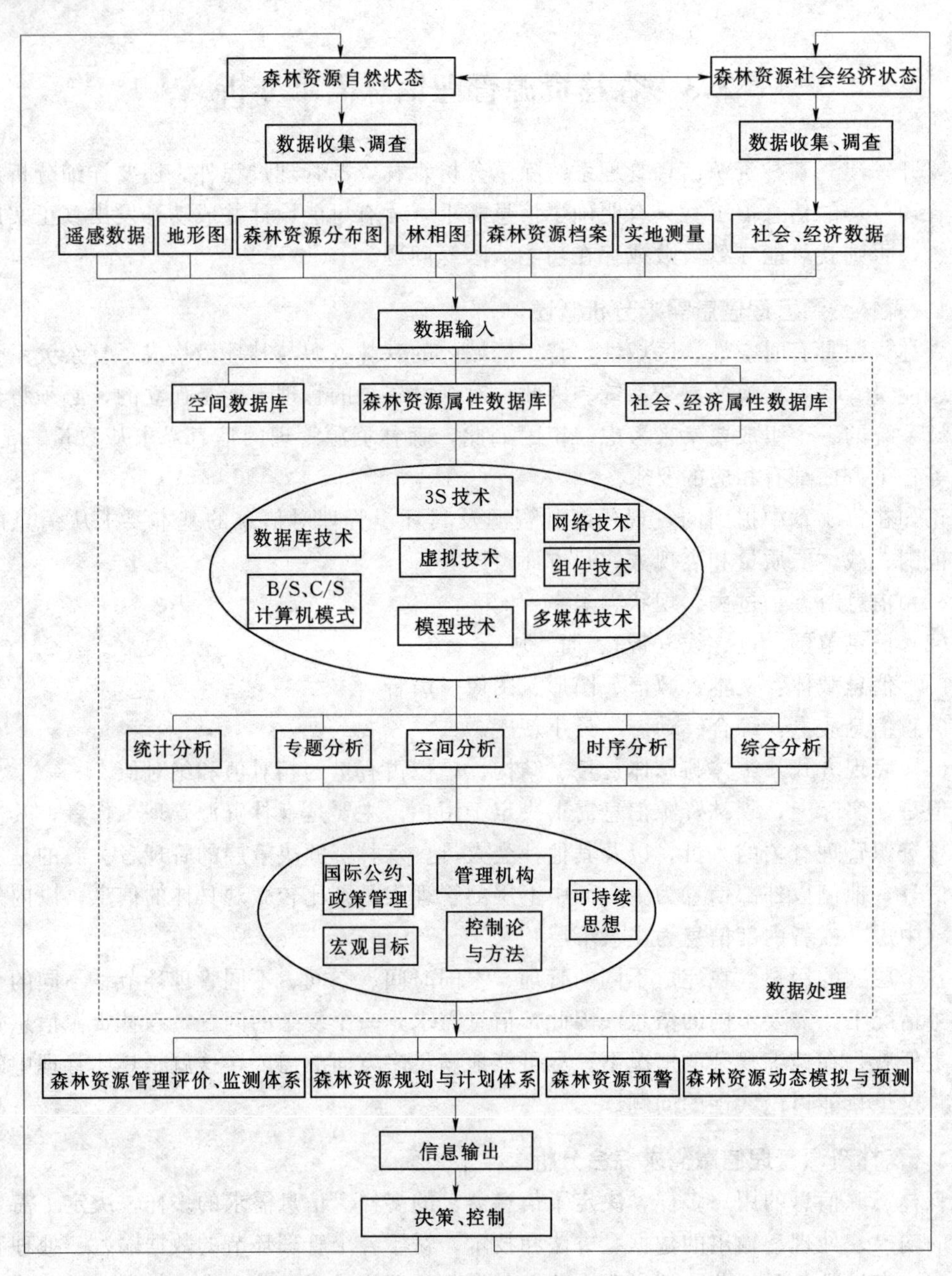

图 2.3　森林资源及环境管理各环节信息输入、处理、输出示意图

表 2.1　　森林资源及环境管理各环节信息输入、处理、输出一览表

管理环节	输　入	处　理	输　出
采集	来自各种信息源的关于森林资源、环境以及森林资源管理的状态数据和变化数据	原始数据的采集、组织、存储以及标准化处理	森林资源管理信息系统原始数据
汇总	森林资源管理信息系统原始数据	对原始数据的整理、检验、分类统计和汇总	统计汇总数据

续表

管理环节	输　入	处　理	输　出
分析	统计汇总数据；原始数据	定性、定量及综合分析森林资源的历史、现状、未来	各种分析结果
评价	各种分析结果；原始数据和标准、规范；预测结果；规划方案；决策方案	确定评价指标、准则定性、定量及综合评价	各种评价结果
预测	原始数据；预测模型、方法；评价结果	选择预测模型、方法评估预测结果	预测结果
规划	规划目标；预测结果；评价结果	确定目标、内容；提出规划方案；方案优化；编制规划并实施	长期、中期、短期规划方案
模拟	原始数据、模型、方法；规划方案；据测方案	确定模拟目标、内容；选择模型与方法；模拟运算；评估模拟结果	模拟结果
决策	原始数据、管理目标；分析、评价、预测及模拟结果	确定决策目标；制定决策方案；方案比较、选优	决策方案
计划	计划目标；决策方案	确定目标、内容；选择编制方法；编制各种计划并实施	长期、中期、短期计划
设计	设计目标；计划	确定设计目标、内容、标准；形成设计结果	设计方案、图、表
监测	原始数据、模型及方案；计划、规划、设计的实施情况	确定监测内容、方法；建立制度；实施监测	监测更新数据

数据的范围与内容是由用户在各个环节的信息需求决定的，而信息需求决定于所完成的管理职能。信息管理者的责任在于在合适的地方、合适的时候，把合适的信息给合适的人。森林资源管理需要了解森林资源状态与运动方式，了解内部组成与关系，了解环境对森林资源的关系与影响、了解森林资源管理状态等，进行阶段的决策与控制。森林资源管理日常管理有林业调查规划、林地管理、林权管理、采伐管理、运输管理、经营加工管理、重点国有林区管理、公益林管理、森林资源监督、林业资源案件稽查等工作。森林资源经营日常工作需要调查、市场分析、生产管理、林地与林分经营、林产品经营等工作。为了完成这些工作都需要有数据采集、分析、评价、预测、区划、规划计划、模拟、决策、组织、执行、监测、控制协调活动。它们建立在下列信息基础上：

森林资源类：有关森林资源状态与运动方式的数据。一般利用遥感、抽样等技术，通过全面或者局部的森林资源调查取得基本单位的数据，逐级汇总成整体数据。在现实的森林资源调查中，由三级调查体系组成，即由固定样地组成的以省为总体的全国连续清查体系；以森林资源经营单位或者基本管理单位（县级）为单位，目的为了制订中期计划——森林资源经营方案的调查体系；通过详细调查，如每木调查，为了作业设计进行的森林资源调查。它们主要包括各个森林资源类型的面积、蓄积、林分动植物和树种组成、平均高、直径、年龄、生物量、生长量等林分因子。

自然环境类：主要结合各类森林资源调查和专业调查，获取与森林资源发生发展有关的自然环境因子，主要有地形地貌、地质土壤、气象水文等类因子。

社会经济类：通过全面或者抽象的方法进行社会调查，获得与森林资源相互影响的社会、经济因子。随着可持续发展和社会主义市场经济战略的实施，与森林资源有关的社会、经济得到加强，在社会方面主要是区域内的有关可持续状态、发展总目标、对于森林资源需求、支持与约束条件、人文交通等情况。经济方面主要是区域内的国民经济总产值、第一、二、三产业产值、林业产值、森林资源与林产品供销、国民收支等方面的因子。

科技知识类：通过各种调查，收集已有的有关森林资源管理科研成果，主要包括各种分析、评价、规划、监测模型和方法、森林培养知识、森林资源灾害诊断和防治知识、数量化管理方法和信息技术等方面的因子。

政策法规：政策、法律与法规是森林资源管理活动的准则，收集与之有关的政策法规是实现法制管理所必需的。

经营管理类：经营与管理活动状况与效果是掌握森林资源经营、管理活动及其结果，检验和调整森林资源管理的依据，主要收集有关森林资源经营、管理的项目、工作量和效果。

2. 数据存储、汇总与传递

数据存储、汇总与传递、是森林资源管理活动中不同的环节，但是它们与数据收集一起，是为了完成森林资源管理数据组织而开展的活动，有着更紧密的联系。

森林资源的原始数据收集后，第一个环节就是数据存储问题，按数据的逻辑关系建立安全、广泛、综合、冗余小、使用方便的基本数据库是信息管理的基础，在形式上应该包括图形、图像、文字、数值等数据库，类型上应该有数据库、方法库、模型库、知识库等组成数据仓库。除原始数据库外，还应该建立系统运行过程中需要的中间数据库，和为了便于提供服务与交换的处理结果数据库。

森林资源管理是由各级各层完成的，从中央到地方，从国家级到省、地、县直到林业局、林场等，不同的层次有各自的管理范围与对象，它们联系的神经网络是统一的信息系统，而其数据来源的重要途径是从地方到中央的逐级汇总；然后是通过各种方式取得的同级系统内外交换信息，组成该级数据仓库。这就产生了汇总、数据挖掘和信息交换的问题。

汇总是利用常规的统计方法，对经过组织存储的数据，进行简单的加工过程，它不改变原来数据的本质，不对数据进行再加工。普遍的方法是各种森林资源清查的有关森林资源及其自然环境的数据，作为基础数据，通过一般的统计方法，进行逐级的汇总，例如从小班到林班到林场、林业局，再到县、地、省、全国，这就形成了全国资源档案管理系统；也有从全国连续清查体系的样地样木计算的数据，通过汇总成为省和全国的数据。

为了实现数据扩充、数据共享、逐级汇总、数据交换，需要局域和广域网络、数据挖掘技术支持。信息时代是网络的时代，今后对于数据的扩充主要来源于网络。从各种来源的数据中，重组数据模型，进一步加工信息与开发信息资源，需要数据挖掘技术，但是它们更需要建立在网络基础上，也只有有了网络，才能进行系统内外的交换。组成森林资源管理的网络系统需要考虑的是总体的拓扑结构、硬软件组成、技术的选择、信息技术与森

林资源业务结合等问题，将在以后专门章节中讨论。

3. 分析与评价

分析与评价是森林资源规划、计划与决策的前提，分析是对森林资源及其环境的状态与运动方式进行描述，而评价是对森林资源及其环境的状态与运动方式进行衡量。森林资源管理历来十分重视分析与评价，只是随着科技发展与对森林资源及其管理的认识深入，在分析范围、内容、方法、技术上逐步深入。从可持续出发，建立相应的分析评价指标体系，是国内外正在探索的课题，归纳起来应该包括：社会、经济、自然、科技环境类、森林资源状态与运动方式、森林资源管理状态与运动方式等类型。具体可以包括下列部分：

（1）区域可持续性分析与评价。从可持续发展出发，发展森林资源不仅为了实现自身的可持续，更重要的是为了保证区域的可持续，而区域的可持续又约束与控制森林资源的可持续，还决定了对森林资源的需求，以公认的区域可持续指标分析与评价其可持续程度，是森林资源管理中首先需要分析评价的因素。

（2）区域经济发展分析与评价。区域经济水平对于森林资源的发展和需求起重要作用，根据国家对区域经济发展的评价指标，确定所在区域的经济发展程度：发达、发展中或者贫困，决定着森林资源的地位、要求与作用。

（3）自然环境条件分析与评价。森林资源是在相关的自然条件中形成与发展起来的，分析评价森林资源所在地区的自然环境，包括地形地势、地质土壤、气象水文等有利与不利条件、限制因子，才能充分利用自然条件，发展森林资源。

（4）森林资源社会需求分析与评价。森林资源的保护与发展的目的，是为了发挥森林资源的社会、经济、生态等多方面的功能，需求是人类生存与发展的基础，森林资源也一样，需求决定了它的发展，重要的是分析区域发展中，对于森林资源的社会、经济和生态要求。

（5）林业与森林资源定位分析与评价。在以上分析评价的基础上，利用定性与定量分析的方法，可以对林业与森林资源在区域的地位与作用做进一步的分析与评价，确定发展目标与方向，决定其整体构想。

（6）森林资源影响因子与环境支持力分析评价。任何地方发展森林资源是多方面的因素决定的，它们作用于森林资源及其管理，社会、经济、自然条件、科技等因素，有的是有利的，有的是不利的或叫约束条件，了解它们可以为森林资源的规划、计划和控制协调提供依据。

（7）森林资源时空状态与运动方式的分析与评价。对于森林资源的状态与运动方式的分析与评价，一直是森林资源管理的重点，只是在可持续和市场经济的推行等形势的发展以及科技的进步下，才加强了其他方面的分析评价。也正因此，对于森林资源本身的分析评价，内容范围也在扩大，整体上加强了空间分析与评价，这方面将有专门章节介绍。局部的一些指标也在扩大，例如与覆盖率相匹配增加了均匀度的指标，把蓄积量扩大为生物量。这一切说明，森林资源状态与运动方式的分析评价也正在完善、发展中。

（8）森林资源可持续性分析。森林资源管理目标正在从永续利用走向可持续，为了实现目标、制定规划与计划、有效控制协调，必须了解森林资源可持续状态与运动方式。它一方面是建立在森林资源状态与运动方式上，对森林资源内部关联关系与协同性的分析评价；另一方面是森林资源与社会等环境的关联关系与协调性的分析评价。

(9) 森林资源及其环境和管理的差异性分析与评价。时间和空间的差异性是森林资源及其环境和森林资源管理基本规律，森林资源内部和外部差异的存在与它们的耦合，形成了森林资源、环境、管理的多样性，是分类指导的基础。

(10) 森林承载力分析与评价。森林对于支持人类生存与生活有一定能力限制，超过这个能力森林资源被破坏或者损害，这就是森林的承载力，它有现实的承载力和潜在的承载力，发挥最大的承载力可以取得森林的高效益。但是，社会或者自然对于森林发展也有一个限度，盲目扩大与发展森林资源，也会失去总体平衡。两方面协调，才能既保证森林资源稳定、健康的发展，又保持区域各方面的平衡。

(11) 森林资源管理、经营状态分析与评价。森林资源的发展通过一系列的经营与管理活动完成，包括人、组织、设施、经营与管理活动等在内的状况，反映了科学管理的水平，分析评价森林资源管理状态对于有效的管理和经营具有十分重要的意义。

森林资源发展中最重要的衡量指标是其社会、经济、生态效应，它们的结果为进一步控制森林资源发展奠定了基础。分析评价重要的是解决：分析评价指标体系的建立、分析评价方法模型和相关技术支持系统的选择。这三者是息息相关的，每一个指标必须有相关的方法与技术相对应。分析评价指标可以有一个基本指标系统，在这个系统下，按当时当地的实际需要与条件，适当增减和选择方法技术进行分析与评价。例如表 2.2 举例说明了森林可持续经营和管理分析评价标准和指标。

表 2.2　　森林可持续经营、管理分析评价标准和指标系统

标　准	指　标
生物多样性保护	各森林类型面积与森林总面积的比值； 按龄级划分的各森林类型的面积及比值； 森林类型破碎化程度； 林道密度； 种子园、母树林等用于保存或改良森林遗传资源的林分面积； 分布范围显著减少的森林物种数量； 用外来或外地引进树种所营造的林分面积及比值
森林生态系统的健康与活力	10 年内受火、风、水、病虫害等影响的森林面积和比例
水土资源保持与维护	水土保持林面积及流域产水量变化； 中轻度以上水土流失地区治理面积和治理率； 森林集水区（河流）泥沙含量变化； 森林土壤受不同程度侵蚀的林地面积和百分率
森林对全球碳循环贡献的保持	森林面积与森林覆盖率
森林生态系统生产力的维持	天然更新和人工更新林分的面积； 人工林中针叶树与阔叶树的面积、蓄积比； 主要森林类型蓄积、单位面积活立木蓄积和生长量； 不同立地等级森林面积和比例； 采取森林经营措施的面积； 总林地面积和能够用于木材生产的林地面积； 公益林、商品林面积和比例； 用材林蓄积按龄级分配； 用材林年采伐面积、蓄积； 非木质林产品总量、年收获量

续表

标　准	指　标
满足社会需求的长期多种社会效益的保持和加强	每年足额工资按时发放月数； 主要木质和非木质林产品产量和产值及其加工附加值； 林业部门提供的直接或间接就业机会及其占总就业机会的比例； 林业部门平均劳动生产率、平均工资； 对林业部门的投资； 对林业研究、教育、开发和推广的投资； 以游憩和旅游为主要经营的林地面积以及占森林总面积的比例
森林可持续经营的法规、政策和经济体制指标	林权证制度实施情况； 森林限额采伐制度实施情况； 地方性森林生态效益补偿制度落实情况； 林业生产组织经营形式单一行政领导责任制； 产业结构； 政府林业投资政策落实程度； 地方政府林业税收优惠落实程度

同样，可以对区域可持续性、区域经济发展、自然环境条件、森林资源社会需求、林业与森林资源定位、森林资源影响因子与环境支持力、森林资源时空状态与运动方式、森林资源及其环境和管理差异性、森林承载力、森林资源管理与经营状态、森林资源社会、经济、生态效应等建立指标系统，指导实践。应该指出的是指标、方法、技术是一个动态系统，由森林资源管理需要和实施条件所决定。

4. 预测

现代森林资源管理不仅需要了解过去和现在，更重视将来。利用相关模型，对未来森林资源及其环境的状态与运动方式进行评估，是信息时代森林资源信息管理的重要任务。传统的森林资源管理过程中，积累了各类型的林分和各种林木的生长模型，近期又利用系统动力学、林分结构矩阵转移等方法，对森林资源未来动态消长趋势进行预测，对一定空间和时间范围内的森林资源的数量和质量所进行的科学的推断。由于受管理思想和方式、方法的限制，过去的预测多侧重于森林资源本身，而未来的预测范围和内容是多方面的，覆盖森林资源及其环境和管理的各个方面，形式、方法和技术也在现代管理方法与技术支持下，保证预测的质量和精度。在信息管理中，面向各种具体问题，收集所有的模型，进行预测既不可能也没有必要。可以选择的途径是：建立模型库及其管理系统、方法库及其管理系统，按需要利用已有的数据建立模型，进行预测。采取灵活的自定义方法，选择或者模拟模型、确定预测范围与内容、预测期与间隔期，不仅有结果而且可以进行误差分析，满足各类各种用户的需求。

5. 规划、计划、设计、模拟与决策

规划、计划、设计、模拟与决策虽然是不同的环节，但是它们一个共同点是为解决森林资源管理、经营中的问题，确定一个方案，可能是一个规划或者是一个计划或者是一个设计，在这过程中，需要制定多个方案，对它们进行模拟，选择一个优化且满意的方案。规划、计划是森林资源管理中的核心，因此也是森林资源信息管理的最重要环节。规划与

计划以前的分析、评价和预测是为了制订科学、可靠、可行的规划、计划，而以后所有的环节：组织、执行与控制，是根据规划、计划实施。传统的森林资源管理在规划、计划和决策中，存在各环节的分割、静态、方法简单、缺少多方案的选择等主要问题。信息时代下，对于规划、计划、决策等环节，在现代思想、方法、技术支持下，应是走向一体化、动态与多方案模拟抉择。

规划、计划、设计以及执行后的反馈控制，以规划——长期计划指导中期计划的制订，中期计划制约短期计划——设计，设计执行后，根据结果、环境因素，检验中期甚至长期计划，这样把几个环节连成一体，同时定期甚至可以随时检查长、中、短期计划，根据结果和环境的变化，进行调整，实现动态管理。图 2.4 和图 2.5 为前后两期的长、中、短期计划和反馈控制一体化动态管理示意图。

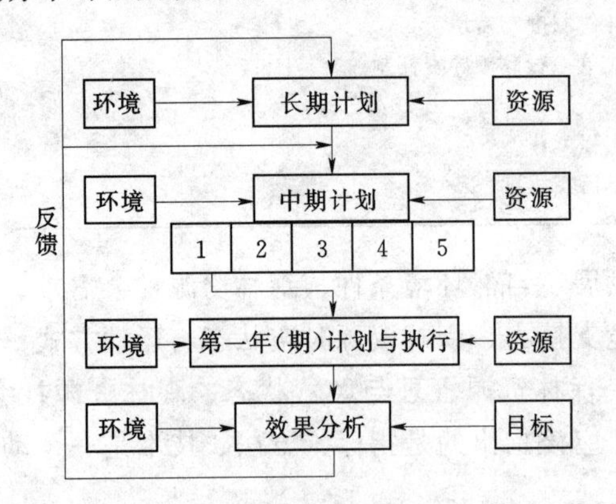

图 2.4　长、中、短期计划和反馈控制一体化动态管理示意图（1）

图 2.5　长、中、短期计划和反馈控制一体化动态管理示意图（2）

现实中规划与计划有两种方式：一种是直觉期望型的制定方式；另一种是正式规划制定方式。直觉型主要是制定者根据经验来做决策，这种方法是决策者或管理者根据经验、直觉、判断，进行决策，良好的素质、足够的信息量，使一些管理者凭直觉构想绝妙的策略方法并付诸实施，解决问题，达到目标。但是，它并非适合任何时候和所有人，由于受环境和决策者的经验以及决策者当时的心理状态的影响较大，单靠经验进行抉择失误的机会也较大，大多数需要另一种方式——正式的战略规划与计划。正式的战略规划是在一系列相关程序的基础上组织和发展而来的，规划的制定者或者规划的实施者十分清楚规划的目的和过程。它是以研究为基础，多人分工协作，其结果是一整套的书面规划、计划和设计。但是，在具体制定过程中，有的重点考虑是森林资源生态效益优先或社会效益优先或经济效益优先，有的侧重森林资源综合功能，而有的规划法更从森林资源工程角度出发，进行单项短期的工程规划。为了实现相同目标或者取得相同效益，途径可以多种多样，也可以使用线性规划、动态规划、多目标规划等多种方法，制订多种方案。未来的信息管理，应该而且可以组成相应的系统，支持规划、计划和设计。具体可以选择的处理方法和技术森林资源管理有众多的探索，信息管理者的任务是利用上述思路，进行规划与计划。它的过程如图 2.6 表示。

在众多的方案中，选择一个优化、满意、可行的方案，需要有相应的技术支持，信息

管理系统通过计算机模拟，对各种方案进行模拟试验，评估各个方案，在人的干预下，进行决策。模拟试验可采取系统动力学模型的方法，可以用决策支持系统技术，利用数据库、方法库、模型库，建立人、机交互系统，辅助决策。今后最值得推广的是研讨厅方法，它是我国著名科学家钱学森为了解决复杂系统的决策，提出的从定性到定量的综合集成法，它是将专家群体、数据和各种信息同计算机仿真有机地结合起来，把各种学科的理论和人的经验同知识结合起来，发挥综合系统的整体优势去解决问题。森林资源规划、计划或者设计方案的制定需要建设研讨厅，它应该是一个有各种数据库、模型库、知识库、各类专家系统的功能强大的网络系统，并集成了各种硬件设备。决策群体各成员可以配有计算机与联网接口，用以各种媒体信息的交互，以保证各项研讨的需要。森林资源研讨厅可以分为高层研讨厅、中层研讨厅、基层研讨厅 3 个层次。高层研讨厅由一把手、总工程师等高级决策层的人员参与进行规划的大政方针及预期目标的制定。中层研讨厅由相应的高级工程师及专业技术人员参与进行为实现方针与目标而采取的规划方案的制定。基层研讨厅是由专业技术人员和实施者为落实规划方案进行各种可操作的措施的制定。当参与森林资源规划或者计划制定研讨的成员形成了几种不同认识时，实施“群体一致性算法”协调，即在组织者的主持下，经过多次反复研讨，最终可以使专家群体思维收敛于一个群体满意的决策结果，同时还可以给出专家群体对森林资源规划、计划方案的排序。在区域森林资源规划制定的群体讨论决策过程中组织者的作用极其重要，需要他引导专家的讨论朝着意见一致性的方向进行，从而提高决策的效率。在研讨厅中使用群体一致性算法，可以解决研讨厅中专家群体思维收敛问题。整个研讨决策的过程可以体现人机结合综合集成的思想，充分发挥人和计算机各自的优势，相互结合共同来解决区域森林资源规划、计划制定中的复杂问题。它的过程如图 2.7 所示。

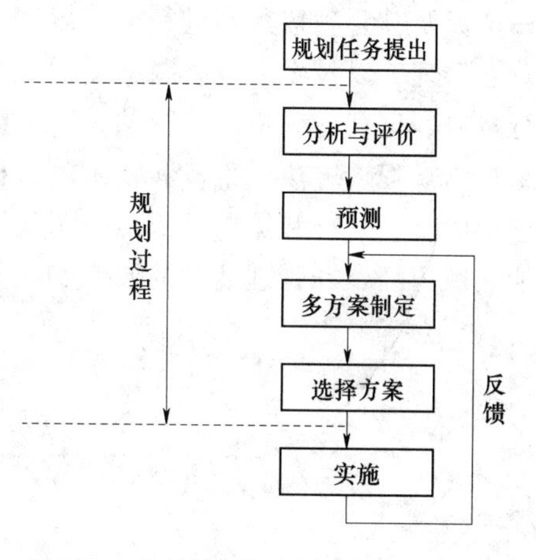

图 2.6　森林资源规划计划设计过程图

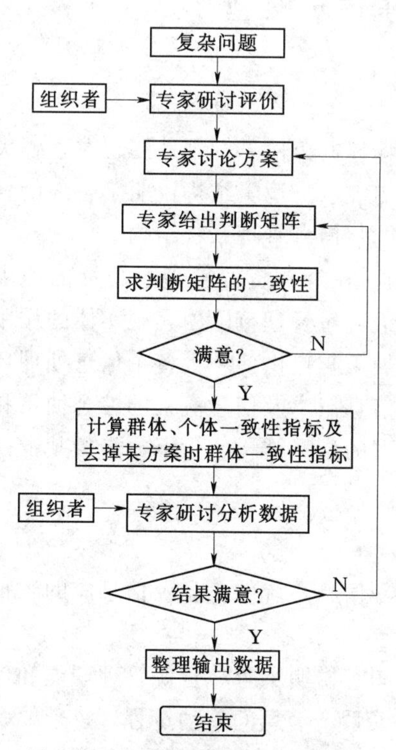

图 2.7　研讨厅参研专家群体思维收敛过程框图

6. 组织、执行、监测与反馈控制

组织与执行主要是管理和生产活动，用户对于信息的需求是了解规划或者计划、设计方案中的目标、任务、进度、措施，组织人、财、物等资源并实施。在这个过程中，对于森林资源及其管理的状态需要了解，适时地进行评价、发现问题、协调关系，控制森林资源及其管理按计划进行。可以利用管理信息系统技术，建立森林资源监测系统，给经营和管理者以技术支持。森林资源监测系统是对一定空间和时间范围内的森林资源状态进行量测、记载、分析和评价的技术系统。它是森林资源管理系统的重要组成部分，是一定组织、规程、方法、手段和技术的有机体，在森林资源经营管理过程中起信息反馈作用。它所收集、处理和输出的信息，不仅定期地提供了森林资源消长变化的动态，同时也适时地反映了经营、管理活动的效果和效益。图 2.8 说明森林资源动态监测过程。

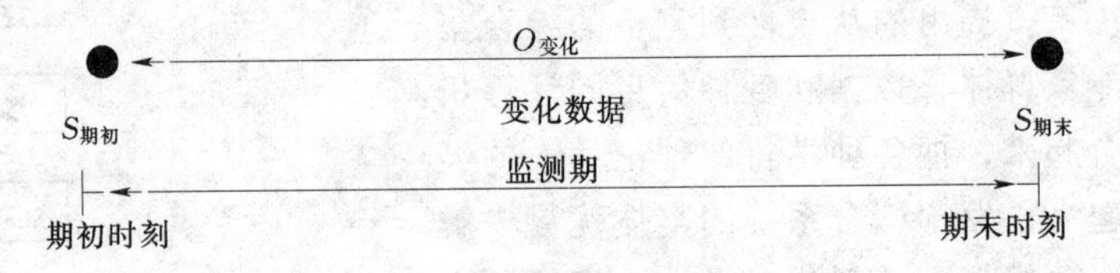

图 2.8　森林资源动态监测过程

森林资源监测和已经论述的森林资源管理活动一样，需要分析、评价，不同点在于监测重点在前后两个以至多个监测期的对比分析、在计划目标与实际状况的对比分析，从森林资源由期初状态（$S_{期初}$）经过监测期内变化（$O_{变化}$）变成了期末状态（$S_{期末}$）的过程，掌握森林资源消长变化的动态和经营、管理活动的效果和效益，为保护、发展和合理地利用森林资源，制订和调整林业方针政策和计划提供科学的依据。

2.4　森林资源管理信息系统逻辑模型

2.4.1　森林资源管理信息系统逻辑模型概述

现代森林资源及其环境信息管理基本模型能够反映森林资源信息管理共同规律，解决共性的管理过程的抽象。它主要通过逻辑结构与物理结构表示。逻辑结构说明了管理信息及信息流的逻辑关系，物理结构则主要说明信息处理功能与信息管理系统结构。

现代森林资源及其环境信息管理基本模型逻辑结构，在森林资源管理总目标的约束下，从森林资源及其环境信息管理实践出发，用信息的语言对管理范围内客观实体的作用和相互联系进行描述，反映信息的产生、存储、传递、加工与提供使用等各个信息处理环节。因此，它需要从全局管理职能、过程出发，通过对信息需求及信息流程的综合抽象和逻辑关系描述，形成森林资源及其环境信息管理基本模型的逻辑结构，为下一步的基本模型物理结构分析设计奠定基础。

2.4.2　森林资源管理信息系统逻辑模型架构

森林资源管理信息系统逻辑结构描述了森林资源管理信息系统的信息及信息流的逻辑关系，这一关系可由图 2.9 说明。

图 2.9 为森林资源及其环境管理信息总体流程示意图，说明了森林资源管理职能和信息需求，森林资源管理信息的组成要素以及它们之间的关系、信息的流动过程。每个要素可以是一个内外部的实体如信息源、用户，也可以是一个存储或者一次处理，例如分析评价，它们按森林资源管理的逻辑关系，形成信息流并组成一个有机整体，各个要素都有相

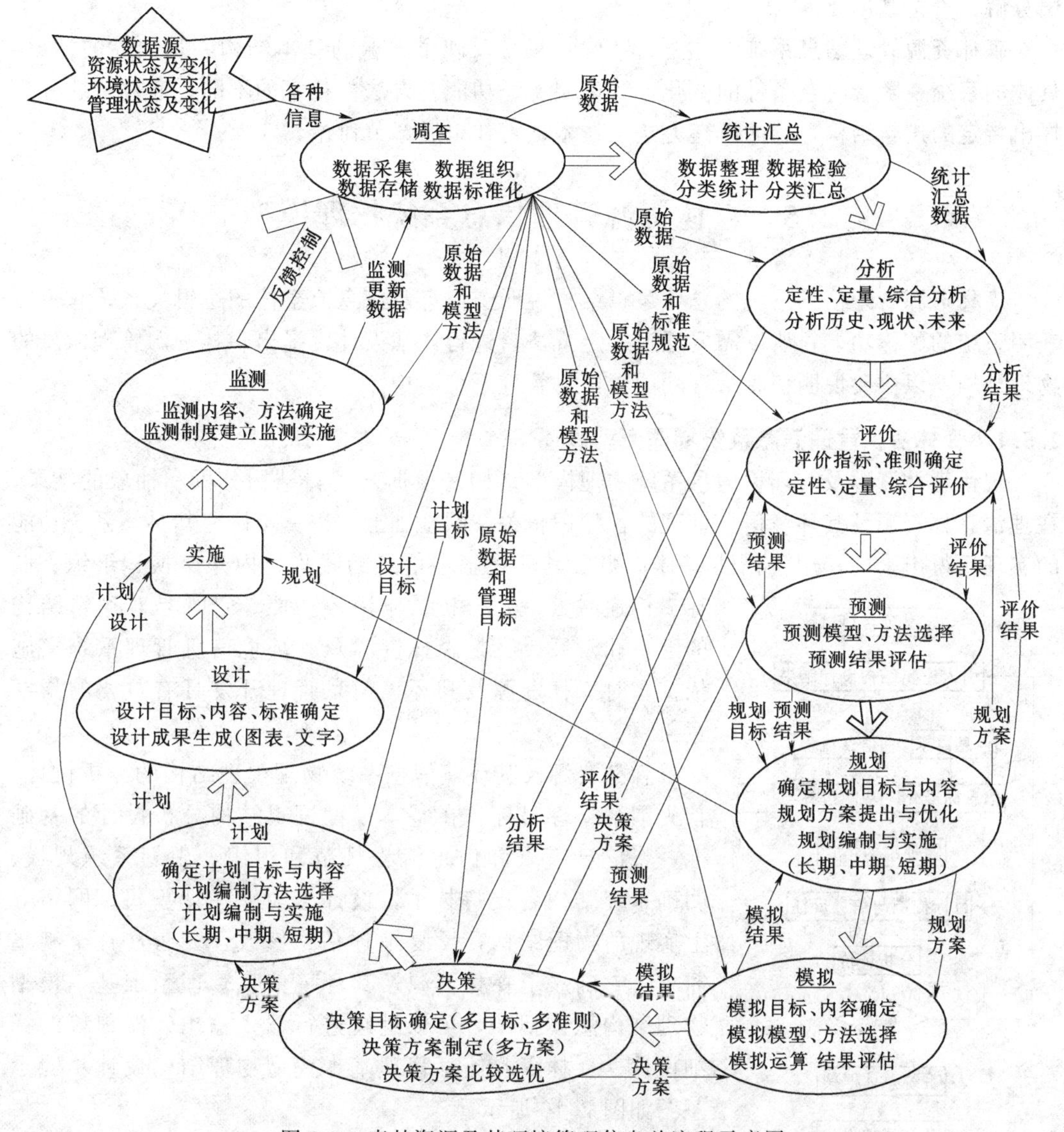

图 2.9 森林资源及其环境管理信息总流程示意图

应的名称和含义。从图 2.9 可以比较清楚地反映森林资源管理过程，它的外部输入是信息或者数据源，包括社会、经济、资源、科技等，通过调查取得数据，经过统计汇总、分析、评价、预测、规划、模拟、决策、计划、设计，并且提供用户实施和监测。所有要素都有自身的名称和含义，各个要素有一个基本顺序，并且相互之间有不同的联系。这是一个整体的信息流程图，还可以有众多的存储和其他处理或者交换，可以细化每个要素，进行描述。也只有细化才能具体说明各个环节和过程。

事实上，每个要素是由一些输入经过若干处理，输出某些结果。若干输入、处理、输出构成一个子系统，要素之间通过数据进行联系，并且组成有机整体，这就是森林资源管理信息系统。它是输入、处理和输出有限的集合。系统可以分解成子系统，子系统可以层

层分解，直至基本要素。

森林资源管理信息系统总体逻辑结构，只是反映了普遍的基本结构，是共性的抽象，具体的系统，随着时空条件的变化，管理层次、功能、方法、技术的不同，通过系统分析提出特定的逻辑结构，它的研建方法与技术，将在以后章节讨论。

2.5　森林资源管理信息系统物理模型

森林资源管理信息系统的总体逻辑结构说明了信息及信息流整体的逻辑关系，它不能表明系统的整体功能，所以需要通过一定方法，进行详细设计，提出森林资源管理信息的物理结构，以主要说明信息处理功能与信息管理系统结构。

2.5.1　森林资源管理信息系统物理模型概述

现代森林资源及其环境信息系统物理模型结构是根据其逻辑结构分析和抽象的结果，在理清森林资源及其环境信息管理的各种逻辑关系的基础上，进一步研究其具体系统功能的实现后得出来的，用于描述森林资源及其环境基本信息的收集、内外交换、组织、储存、传递、处理、分析、应用等功能。它既是对逻辑结构的继承和发展，又是森林资源及其环境信息管理系统实施依据，对森林资源及其环境信息管理开发具有重要的指导意义。

森林资源及其环境信息系统物理模型结构的分析设计，首先围绕管理目标，在基本模型逻辑结构分析设计的基础上，将信息需求和信息流程规范和组织，规划系统规模、明确系统结构各支持技术，设计出能够在计算机、网络等上实现的物理结构，反复地评估、修改、完善，直至满足需求。它确立了森林资源及其环境信息管理系统基本模型物理结构总体框架，可以继续进行输入输出、流程等的详细设计。森林资源信息管理基本模型物理结构设计步骤示意图如图 2.10 所示。

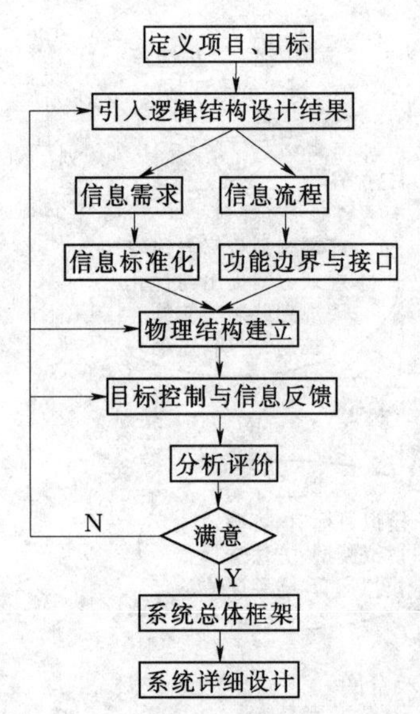

图 2.10　森林资源信息管理基本模型物理结构设计步骤示意图

2.5.2　森林资源管理信息系统物理模型架构

前面提出了森林资源管理信息系统的总体逻辑结构，根据这个结构，通过详细设计处理功能结构、硬软件结构、输入输出等设计。其中最重要的是总体处理功能结构，也就是森林资源及其环境信息管理系统物理模型总体结构。它是对前面提出的森林资源基本总体逻辑结构的物理化过程，把逻辑关系转化为便于实施的物理结构，是继续分析、归纳、审视、综合的过程。逻辑结构的物理化需要从数据的输入、处理和输出等三方面考虑，以确定它的基本功能。只有这样才能进一步考虑管理者、组织、硬件和软件等组成，才能建立系统。从已经提出的逻辑结构出发，可以用图 2.11 表示森林资源信息系统物理模型总体结构的框架。

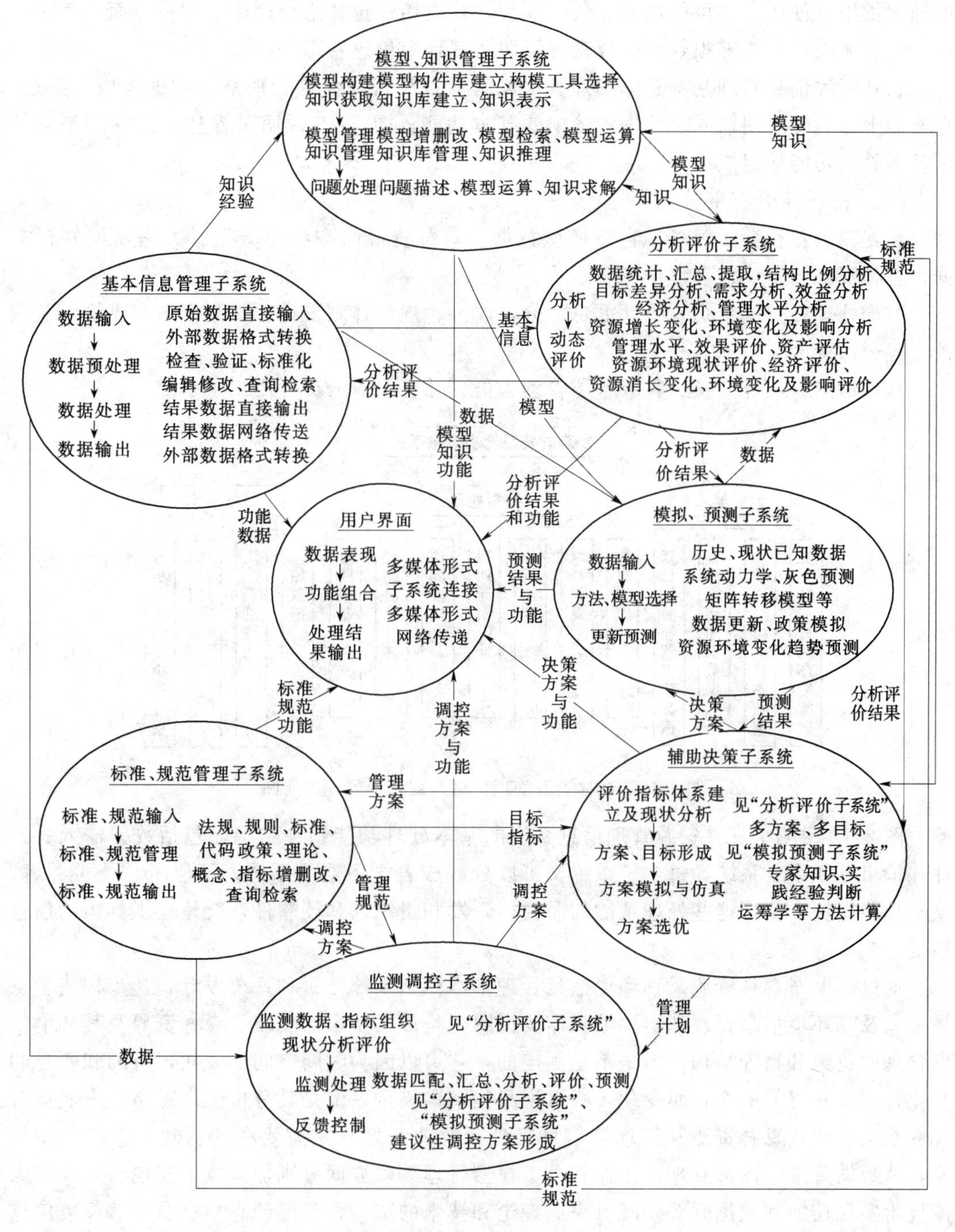

图 2.11　森林资源信息系统物理模型总体框架示意图

该框架共分 8 个部分，即子系统，主要包括了用户界面即使用子系统、基本信息管理子系统、标准规范管理子系统、模型知识管理子系统、分析评价子系统、模拟预测子系统、辅助决策子系统和监测调控子系统。这 8 个子系统能够分别完成森林资源及其环境信息管理的调查、统计、分析、评价、预测、计划、规划、决策、监测等管理职能。既可以单独提供用户使用，又可作功能、数据连接，提供用户选择组合使用。用户界面灵活、友好，多媒体表达，能够很好地完成森林资源及其环境信息管理。

森林资源信息管理基本总体物理结构说明了森林资源信息管理基本物理组成，但是，它不能十分明确表明输入、处理和输出的基本功能，图 2.12 说明了森林资源管理信息系统基本处理功能的组成结构。

图 2.12 分下列三部分：

数据输入：社会、经济、自然环境数据、森林资源时空状态数据、方法模型知识数据、森林资源经营、管理数据等子系统。

数据处理：数据组织、统计汇总、分析评价、规划计划设计、预测模拟、决策、监测控制等子系统。

数据输出：内外交换、各级各层管理人员、社会组织人员等用户子系统。

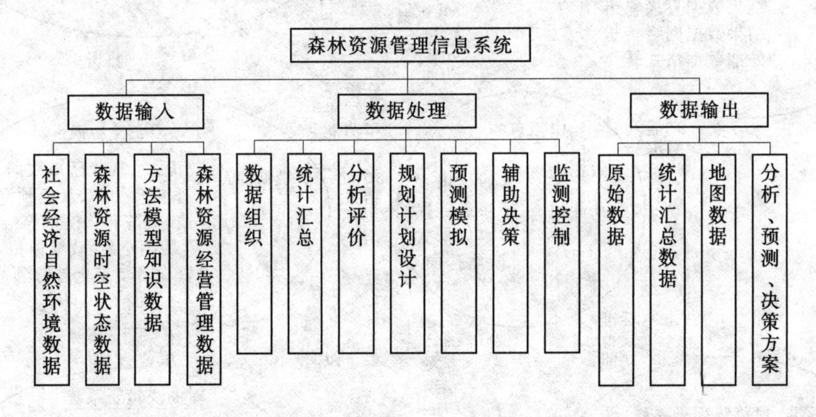

图 2.12　森林资源管理信息系统基本处理功能图

图 2.12 说明了森林资源管理信息系统的基本处理功能物理结构，包括数据输入、处理和输出等 3 个子系统，每个子系统又可以分解成若干下层子系统，下层子系统再分解，直至功能模块。根据这些处理功能的需要，开发和组织人和硬软件，就建立了具体的信息系统。

通过以上对森林资源及其环境信息管理基本模型系统分析和系统设计，初步构建了森林资源及其环境信息管理基本模型。需要说明的是该模型虽然反映了森林资源及其环境信息管理的逻辑和物理结构，但是不是固定的，它可以因为时间空间的变化，目的和要求的变化，需要和可能的变化而变化，所以说只是基本模型，但是其分析设计思路、方法更有普遍意义。现代森林资源及其环境信息管理系统的开发正是需要在其基础上作进一步抽象，从数据管理、图形管理、图像管理、模型管理等多方面分别加以技术实现，并以超媒体技术实现功能和数据联系。既可完成理论和技术的统一，又能使森林资源及其环境信息管理基本模型成为指导森林资源及其环境信息管理活动的依据，加速森林资源及其环境管理的科学化、信息化，具体系统的实施将在以下有关章节展开。

第3章　森林资源信息采集

森林资源信息管理与其他领域的信息管理一样，需要相关信息技术的支撑。森林资源信息管理技术包括森林资源信息获取、存储、处理和传输过程中所采用的各种信息采集、存储、组织管理和传输技术。由于森林资源信息管理所涉及的信息范围广、形式多样，因此在信息的采集、存储和组织管理过程中，针对不同形式的信息要采用不同的技术手段，它们是森林资源信息管理的技术基础。

森林资源数据库是森林资源信息管理发展到一定阶段的产物。数据库建设是森林监测发展的动力与技术源泉，它以自然地理数据，社会、经济信息、森林资源数据为基础，这类数据要靠野外数据调查采集而获取。建立资源共享数据库，需要资源数据的支撑、人才及技术的储备。还需野外观测指标的采集、野外观测能力的强化、定位研究网的建设以及定位观测的规范与标准化研究；完善管理组织机构与合作研究制度，以及完善与国内外相同研究领域网络建立的互动机制。建立数据采集和观测指标体系及观测站建设标准，为研究网络的标准化管理和数据处理、应用打基础。构建野外观测共享数据库、空间分析技术平台及数据信息共享系统，实现野外观测数据信息的有效管理，向社会提供信息共享服务(刘悦翠，2006)。森林资源信息采集是森林资源信息管理的基础环节。

3.1　森林资源信息类别

原始数据的采集是信息加工处理的数据准备阶段。由于森林资源管理对象是一个复杂的大系统，其内部组成要素繁多，系统各要素之间以及系统和外部环境之间，都存在诸多的信息交流，因此需要获取森林资源管理相关的各种信息。这些信息的存在形式不同，信息载体不同，来源不同，时态不同。从信息载体上划分，有文本、数值、图形、图像等多种媒体的信息；从信息源划分，有来自地面调查的信息、来自航空航天遥感信息、来自基础地理数据库的图形和属性信息等，从时间上划分，有过去的、现在的和未来的信息等，因此需要针对不同的信息采用不同的获取技术。现阶段主要有地面调查、遥感获取和全球定位（方陆明，2003）。

现代森林资源管理需要用到的数据来自森林资源、环境（自然、社会、经济、人文）、科技（知识）、生产以及管理者等方面的多种基本信息源。

基本信息源产生的数据是反映森林资源、环境、管理状态及动态变化的一切最原始数据，具有来源广、类型多、数量大、变化快的特征，可通过调查获得，并通过相应的综合分析和处理，最终以多种形式向用户提供信息。

现代森林资源及其环境管理对信息的基本要求有以下6点。

(1) 信息时态：过去、现状、未来。

(2) 信息范围：点、线（带）、面、域。

(3) 信息载体：文本、数值、图形、图像、声音。

(4) 信息来源：地面调查、遥感、基础地理数据。

(5) 信息质量：综合、动态、最小新度。

(6) 表现方式：个体与总体、量、结构、单位占有量的相对值和绝对值。

将上面所述现代森林资源及其环境管理对信息的基本要求进行综合，可表示为如图3.1所示的信息需求示意图。

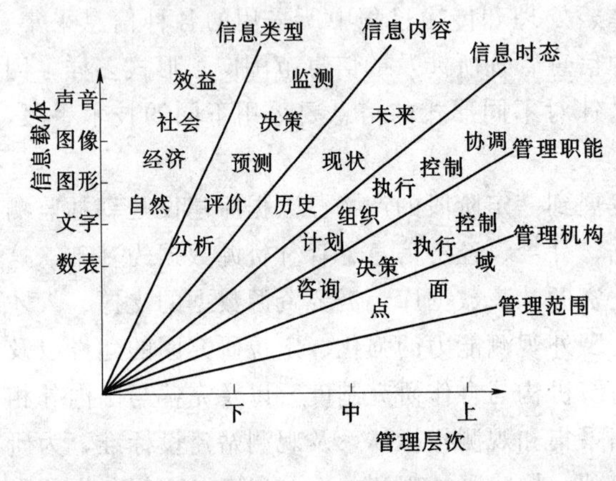

图 3.1 信息需求示意图

图 3.1 概括了现代森林资源管理各个层次所需要的信息形式、内容、范围、时态、对象，各个层次的管理者需要合适的信息，而森林资源信息管理系统应该在合适的时间、合适的地点，将合适形式、合适时态、合适内容的信息给合适的人。现阶段森林资源管理所需要的数据主要包括五类。

1. 基本情况数据

(1) 自然条件。

1) 森林经营对象的自然环境：行政及地理位置、林区走势（山脉、海拔、坡度等）、地质结构、土壤类型、河流状况、森林分布、农林牧比例、生态平衡等。

2) 自然因素（气象、气候、河川水系、地质土壤、植物动物等），及其与森林分布、发生、发展和消减之间的平衡关系。

(2) 经济条件。

1) 当地国民经济发展的方针和远景规划，林业在其中的地位和任务。

2) 当地的农、林、牧、副、渔各业生产情况，以及与林业的关系。

3) 当地工业生产情况及其对林业发展的需求。

4) 森林与生态环境的关系（水土保持、涵养水源、防治风沙、风景保护等）。

5) 当地土地利用规划的资料。

6) 当地交通运输情况，与发展林业的关系。

7) 当地人口密度，以及当地机关、企业情况，各种生活自用材、薪炭材的需要情况和可供林业劳动力的情况。

8) 林权情况和存在问题。

(3) 经营史。

1) 森林经营机构的变动。

2) 过去的森林经营工作。

3) 过去森林采伐情况。

4) 森林更新情况。

5) 森林抚育情况。

6）林分改造工作。

7）森林保护工作。

8）林副产品利用情况。

9）森林对环境的影响。

10）林区基本建设。

11）企业管理情况。

2. 森林资源调查数据

（1）全国森林资源清查（一类调查）。

1）区域：省（自治市、直辖区）等行政区域；企业局（国有林区与林业局、集体林区与县）；其他行政单位或自然区划单位。

2）目的：编制全国、省（自治市、直辖区）、大林区各种林业计划、预测趋势。

3）内容：面积、蓄积量、各林种和各类型森林的比例，以及生长、枯损、更新、采伐情况等。

（2）规划设计调查（二类调查）。

1）区域：国营林业局、场、县（旗），并落实到森林经营活动的基本单位小班。

2）目的：编制森林经营方案、总体设计、县级林业区划、规划、基地造林规划。

3）内容：各地类小班的面积、蓄积量、生长量、枯损量调查；立地条件和生态条件的调查；有关自然、历史、经济、经营等条件的专业调查。

（3）作业设计调查（三类调查）

1）区域：基层林业单位。

2）目的：满足伐区设计、造林设计、抚育采伐设计、林分改造。

3）内容：查清一个伐区内、或一个抚育、改造林分范围内的森林资源数量、出材量、生长状况、结构规律等。

3. 专业调查数据

（1）设置标准地与选择标准木、解析木。

（2）生长量调查。

（3）立地条件调查。

（4）其他调查（消耗量调查、出材量调查、抚育采伐调查、低产林改造调查、森林保护调查、森林更新调查、母树林及苗圃调查、林副产品调查、森林开发运输踏勘、野生动物资源调查、林业经济调查等）。

这些数据主要包括文本、数值、图形和图像信息，还包括一部分视频、音频信息。

4. 管理数据

管理数据包括营（造）林、种苗、森保、野保、林政、防火及其他管理数据。

5. 其他数据

其他数据包括调查设计方法、科学研究及其他数据。

注：前三类数据是方陆明等（方陆明等，2003）提出，第4类和第5类数据是张茂震等（2005）提出。

3.2　森林资源数据分类调查

3.2.1　全国森林资源连续清查

全国森林资源连续清查，简称一类调查。其调查目的是为掌握全国和省（自治区、直辖市）森林资源现状与消长变化动态，宏观分析森林资源变化与发展趋势，为制订全国林业方针政策，编制和调整各种林业规划、计划，开展森林资源监测，预测森林资源发展趋势提供科学决策依据。全国森林资源清查主要是以数理统计理论为基础，采取设置固定样地为主，进行定期实测。

3.2.1.1　目的与任务

全国森林资源连续清查是以掌握宏观森林资源现状与动态为目的，以省（自治区、直辖市）为单位，以固定样地为主，进行定期复查的森林资源调查方法，是全国森林资源与生态状况综合监测体系的重要组成部分。森林资源连续清查成果是反映全国和各省（自治区、直辖市）森林资源与生态状况，制订和调整林业方针政策、规划、计划，监督检查各地森林资源消长任期目标责任制的重要依据。

全国森林资源连续清查的任务是定期、准确查清全国和各省（自治区、直辖市）森林资源的数量、质量及其消长动态，掌握森林生态系统的现状和变化趋势，对森林资源与生态状况进行综合评价。具体工作包括：

（1）制订森林资源连续清查工作计划、技术方案及操作细则。

（2）完成样地设置、外业调查和辅助资料收集。

（3）进行森林资源与生态状况的统计、分析和评价。

（4）定期提供全国和各省（自治区、直辖市）森林资源连续清查成果。

（5）建立国家森林资源连续清查数据库和信息管理系统。

3.2.1.2　调查内容

全国森林资源连续清查的主要对象是森林资源及其生态状况。主要内容包括：

（1）土地利用与覆盖：包括土地类型（地类）、植被类型的面积和分布。

（2）森林资源：包括森林、林木和林地的数量、质量、结构和分布，森林按起源、权属、龄组、林种、树种的面积和蓄积，生长量和消耗量及其动态变化。

（3）生态状况：包括森林健康状况与生态功能，森林生态系统多样性，土地沙化、荒漠化和湿地类型的面积和分布及其动态变化。

3.2.1.3　调查周期

全国森林资源连续清查以省（自治区、直辖市）为单位，原则上每5年复查一次。每年开展国家森林资源连续清查的省（自治区、直辖市）由国务院林业主管部门统一安排。要求当年开展复查，翌年第一季度向国务院林业主管部门上报复查成果。

3.2.1.4　调查总体

森林资源连续清查要求以省（自治区、直辖市）为总体进行调查。当森林资源分布及地形条件差异较大时，为提高抽样调查效率，可在一个省内划分若干个副总体，但所划分的副总体要保持相对稳定。

3.2.1.5 总体抽样精度

以全省（自治区、直辖市）范围作为一个总体时，总体的抽样精度即为该省的抽样精度；一个省（自治区、直辖市）划分为若干个副总体时，总体的抽样精度由各副总体按分层抽样进行联合估计得到。

1. 森林资源现状抽样精度

（1）有林地面积：凡有林地面积占全省（自治区、直辖市）土地面积12%以上的，精度要求在95%以上；其余各省（自治区、直辖市）在90%以上。

（2）人工林面积：凡人工林面积占林地面积4%以上的省（自治区、直辖市），精度要求在90%以上；其余各省（自治区、直辖市）在85%以上。

（3）活立木蓄积：凡活立木蓄积量在5亿m^3以上的省（自治区、直辖市），精度要求在95%以上，北京、上海、天津在85%以上，其余各省（自治区、直辖市）在90%以上。

2. 活立木蓄积量消长动态精度

（1）总生长量：活立木蓄积量在5亿m^3以上的省（自治区、直辖市），精度要求在90%以上，其余各省（自治区、直辖市）在85%以上。

（2）总消耗量：活立木蓄积量在5亿m^3以上的省（自治区、直辖市），精度要求在80%以上，其余各省（自治区、直辖市）不作具体规定。

（3）活立木蓄积净增量，应作出增减方向性判断。

3.2.1.6 复位要求

1. 样地复位

固定样地复位率要求达到98%以上。样地复位标准为：样地4个角桩（或坑槽）、4条边界和样地内样木及胸径检尺位置完全复位。但考虑到影响因素的存在，满足下列条件之一者，也视为样地复位：

（1）复位时能找到定位树或其他定位物，确认出样地的一个固定标桩（或坑槽）和一条完整的边界，分辨出样地内样木的编号及胸径检尺位置，并通过每木检尺区别出保留木、进界木、采伐木和枯损木等。

（2）前期样地内的样木已被采伐且找不到固定标志，但能确认（如利用前期的GPS坐标）原样地落在采伐迹地内。

（3）对位于大面积无蓄积的无立木林地、未成林地、宜林地、灌木林地、苗圃地、非林地和经济林内的固定样地，复位时虽然找不到固定标志，但仍能确认其样地位置不变。

（4）对位于急坡和险坡，不能进行周界测设的固定样地，复查时能正确判定两期样点所落位置无误，且地类、林分类型的目测也确定无误。

2. 样木复位

固定样木复位率要求达到95%以上。样木复位标准为：凡固定样地内前期样木的编号及胸径检尺位置能正确确定，并经胸径复测，前期树种、胸径均无错测者为复位样木。考虑到特殊情况的存在，满足下列条件之一者，也视为样木复位：

（1）能确认前期样木已被采伐或枯死者。

（2）样木编号能确认，但因采伐、虫害、火灾等因素，引起间隔期内胸径为“负生长”（即后期胸径小于前期胸径）的样木，以及前期树种判定和胸径测量有错的样木。

（3）样木编号已不能确认，但依据样木位置图（或方位角和水平距），按样木与其周围样木的相互关系及树种、胸径判断，能确定为前期对应样木者。

3.2.1.7　调查允许误差

（1）引点定位：标桩位置在地形图上误差不超过1mm，引线方位角误差小于1°，引点至样地的距离测量误差小于1%；用GPS定位时，纵横坐标定位误差均不超过10～15m。

（2）周界误差：新设或改设样地周界测量闭合差小于0.5%，复位样地周界长度误差小于1%。

（3）检尺株数：大于或等于8cm的应检尺株数不允许有误差；小于8cm的应检尺株数，容许误差为5%，且最多不超过3株。

（4）胸径测量：胸径小于20cm的树木，测量误差小于0.3cm；胸径大于或等于20cm的树木，测量误差小于1.5%。

（5）树高测量：当树高小于10m时，测量误差小于3%；当树高大于或等于10m时，测量误差小于5%。

（6）地类、起源、林种、优势树种等因子不应有错。

3.2.1.8　调查方法与步骤

1. 前期准备

（1）组织准备：各省林业主管部门成立森林资源连续清查领导小组和办公室，组织调查队伍，成立有关质量管理机构。

（2）技术准备：各省连续清查领导小组办公室组织制订工作方案、技术方案和操作细则，并按质量管理要求组织技术培训。

（3）其他准备：包括调查表格和地形图等图面材料的准备，各种调查工具和仪器的准备，各种调查和规划成果及其他有关资料（如国家一级和二级野生保护植物名录）的收集等。

2. 基本方法

森林资源连续清查原则上应采用以设置固定样地（或配置部分临时样地）并结合遥感进行调查的方法。

3. 面积测定

各省总面积以国家正式公布使用的控制数字为准。副总体面积应在此控制基础上，用高斯克吕格坐标控制法求算。复测总体面积除省界更改外，应与前期面积保持一致。总体内各类型面积采用成数估计方法确定。

4. 固定样地布设

（1）固定样地按系统抽样布设在国家新编1∶50000或1∶100000地形图公里网交点上。为了保证样点的布设做到不重不漏，要尽可能采用GIS等计算机技术。

（2）固定样地形状一般采用方形，也可采用矩形样地、圆形样地或角规控制检尺样地。样地面积一般采用0.0667hm^2。

（3）固定样地编号，以总体为单位，从西北向东南顺序编号，永久不变。

（4）固定样地布设应与前期保持一致。如果改变抽样设计方案或固定样地数量、形状和面积，必须提交论证报告，经区域森林资源监测中心审核后，报国务院林业主管部门

审批。

5. 固定样地标志

(1) 样地标志。样地固定标志应包括：西南角点标桩，西北、东北、东南角的直角坑槽或角桩，西南角定位物（树），界外木刮皮，以及其他辅助识别标志（如土壤识别坑、中心点标桩和有关暗标)。对于圆形样地，在正东、南、西、北方向边界处应设置土坑等固定标志；对于角规控制检尺样地，除中心点标桩外，还应设置土壤识别坑等辅助识别标志。

样地标志设置应视情况采用明暗结合的方法。为了避免造成对样地的人为特殊对待，应努力探索和引进暗标定位新技术。

(2) 样木标志。样地内所有样木都应作为固定样木，统一设置识别标志，如样木标牌。标牌位置一般应在树干基部不显眼的地方，以防止标志遭到破坏或引起特殊对待。胸高位置可通过画油漆线或其他方法予以固定。

(3) 引点标志。对于接收不到GPS信号或信号微弱、不稳定的样地，应记录引线测量的有关数据和修复引点标志，包括引点桩（坑）和引点定位物（树），为保证固定样地下期复位提供参照依据。

6. 固定样地调查

(1) 样地因子调查与记载。样地因子调查项目共75项。各省不能简化其内容和改变顺序，必须严格按所列项目、代码及精度要求详细调查填记。如要增加调查内容，可在75项以后补充（具体内容见参考文献 [19])。

(2) 跨角林样地调查与记载。跨角林样地是指优势地类为非乔木林地和疏林地但跨有外延面积0.0667hm² 以上有检尺样木的乔木林地或疏林地的样地。如果优势地类也是乔木林地或疏林地，但与跨角的乔木林地或疏林地分界线非常明显，且树种不同或龄组相差两个以上，不宜划为一个类型时，也应当跨角林样地对待。跨角林样地除调查记载优势地类的有关因子外，还需调查跨角乔木林地或疏林地的面积比例、地类、权属、林种、起源、优势树种、龄组、郁闭度、平均树高、森林群落结构、树种结构、商品林经营等级等因子，填写跨角林样地调查记录表。表中的跨角地类序号为跨角乔木林地或疏林地的标识号（按面积大小从1开始编号)，应与每木检尺记录表中的跨角地类序号保持一致；面积比例按小数记载，精确到0.05。

(3) 遥感判读样地记载。当固定样地落在干旱地区（包括干旱、半干旱和亚湿润干旱地区）的大面积非林地内，能明确判定样地附近无乔灌植被分布，且采用遥感影像能够准确判别样地地类等有关属性时，可以采用遥感判读方法。对于这样的样地，应尽可能参照已有的各种调查和规划资料，对样地的地类属性和主要林分特征因子进行判读。遥感样地需要记载的因子包括地类、林种、起源、优势树种、龄组、郁闭度、公益林事权等级、保护等级、自然度、可及度、地类面积等级及样地因子调查记录表中第1～16项、第26～36项和第50、第51项。有关遥感图像处理与判读方法另行规定。

7. 样地每木检尺

(1) 每木检尺对象为乔木树种（包括经济乔木树种)，检尺起测胸径为5.0cm。检尺对象的确定主要考虑林木的形态特征，乔木型灌木树种应检尺，灌木型乔木树种不检尺。

经济乔木树种的检尺对象由各省自定，并报区域森林资源监测中心备案。

(2) 每木检尺一律用钢围尺，读数记到0.1cm，检尺位置为树干距上坡根颈1.3m高度（长度）处，并应长期固定。

(3) 对于附着在树干上的藤本、苔藓等附着物，检尺前应予以清除。

(4) 凡树干基部落在边界上的林木，应按等概原则取舍。一般取西、南边界上的林木，舍东、北边界上的林木。

(5) 胸高位置不得用锯子锯口或打钉，以防胸高位置生长树瘤而影响胸径测定。可以采用统一的标牌高度来固定胸径测量位置。在人为活动较频繁的地区，原则上不要在胸高位置画明显的红油漆线，以尽量避免造成人为特殊对待。

(6) 每木检尺记录，包括记录：样木号、林木类型、检尺类型。

1) 固定样地内的检尺样木均应编号，并长期保持不变。样木号以样地为单元进行编写，不得重号和漏号。固定样木被采伐或枯死后，原有编号原则上不再使用，新增样木（如进界木、漏测木）编号接前期最大号续编。当样木号超过999时，又从1号开始重新起编。

2) 区别林木、散生木、四旁树，用代码记载。

3) 按技术标准确定样木的检尺类型，用规定的代码记载。对于复测样地，原则上要求全部样木复位。如果样木标牌遭到破坏，应根据样木的位置、树种、树种名称和代码、胸径、采伐管理类型、林层、跨角地类序号、方位角、水平距离、备注等10项内容通过综合分析进行复位。

8. 其他因子调查

(1) 树高测量：对于乔木林样地，应根据样木平均胸径，选择主林层优势树种平均样木3~5株，用测高仪器或其他测量工具测定树高，记载到0.1m。

(2) 荒漠化/石漠化程度调查：根据样地的荒漠化或石漠化类型，调查相关评定因子的取值，按有关技术标准评定程度等级，再根据平均得分进行综合评定。

(3) 森林灾害情况调查：对于有林地样地，调查森林灾害类型、危害部位、受害样木株数，评定受害等级。

(4) 植被调查：调查林地样地上灌木、草本和地被物主要种类、高度与覆盖度。

(5) 更新调查：对于疏林地、灌木林地（国家特别规定灌木林地除外）、无立木林地和宜林地，应设置样方调查天然更新状况。样方的大小和位置由各省自行规定。

(6) 复查期内样地变化情况调查：调查记载样地前后期的地类、林种等变化情况，注明变化原因；确定样地有无特殊对待，并作出有关文字说明。

(7) 调查卡片记录：固定样地调查必须严格按《国家森林资源连续清查样地调查记录》格式进行调查记载。当条件允许时，应鼓励采用掌上电脑等新设备进行野外数据采集。

3.2.1.9 调查成果

1. 成果内容

森林资源连续清查成果包括：样地调查记录卡片、样地因子和样木因子数据库（含模拟数据库）、成果统计表、成果报告、内业统计说明书、相关图面材料（样地布点图、专

题分布图、遥感影像图等）和技术方案、工作方案、技术总结报告、工作总结报告、质量检查验收报告、外业调查操作细则及其相应的光盘文件等。

上报国务院林业主管部门的连续清查调查成果包括：

（1）森林资源连续清查成果报告一式三份及光盘文件一份。

（2）森林资源连续清查成果统计表一式三份及光盘文件一份。

（3）森林资源连续清查质量检查报告一式三份及光盘文件一份。

（4）森林资源连续清查数据库（含模拟数据库）光盘文件一份。

（5）其他需要上报的成果材料，包括内业统计说明书、专题分布图（森林分布图、植被类型分布图等）和图像资料（样地照片等）。

2. 成果要求

（1）成果报告应包括森林资源与生态状况现状、动态变化与分析，以及对森林资源与生态状况的评价与建议等内容，其中现状部分应对各类土地面积、各类林木蓄积、有林地资源（且分别天然林资源和人工林资源）及森林生态状况等进行阐述，动态部分应对主要地类面积变化、各类林木蓄积变化、森林资源结构变化、质量变化和消长变化及森林生态状况变化进行分析。成果报告由区域森林资源监测中心牵头，与连续清查复查省共同完成。

（2）质量检查报告应包括工作开展概况、质量检查情况、主要质量问题及产生原因与处理意见、对今后工作的建议等内容，并应附加外业调查质量检查统计表、卡片验收质量检查统计表和外业检查不合格样地一览表。连续清查复查省和区域森林资源监测中心都应提交质量检查报告。

（3）工作总结报告应包括工作开展概况、本期复查工作特点、经验问题与建议等内容。工作总结报告由连续清查复查省牵头，与区域森林资源监测中心共同完成。

（4）技术总结报告应包括工作开展概况、技术指导与质量检查情况、新技术应用特点、存在问题与建议等内容。技术总结报告由连续清查复查省牵头，与区域森林资源监测中心共同完成。

（5）各省的连续清查成果图一般按 1∶500000 比例尺产出，具体要求另行规定。

各省森林资源连续清查成果材料应统一按 A4 版面印刷。成果材料一般应包括 5 个部分：工作概况、成果报告、成果统计表、质量检查报告、附件（包括技术方案、工作方案、技术总结报告、工作总结报告及国务院林业主管部门与省林业局和区域森林资源监测中心的有关重要文件等），并应附上参加连续清查工作人员名单。

3.2.1.10　调查历史

从 1977 年开始，在全国各省（自治区、直辖市）先后建立了森林资源连续清查体系，从初建清查体系后，实行每隔 5 年复查一次的制度，从而形成全国范畴的国家森林资源监测体系。

从新中国成立以来到 2003 年止，我国已先后完成了 1 次全国森林资源整理统计汇总、连续 6 次进行了全国森林资源清查。各次全国森林资源清查成果，都不同程度地客观反映了当时全国森林资源现状，尤其从第二次全国森林资源清查后，我国建立了全国森林资源连续清查体系，开展了全国森林资源监测，取得的成果为国家及时掌握森林资源现状、森林资源消长变化动态，预测森林资源发展趋势，为进行林业科学决策提供了丰富的信息和可靠依据。

1962年林业部组织全国各省（自治区、直辖市）开展全国森林资源整理统计工作，对1950～1962年12年间所开展的各种森林资源调查资料进行整理、统计，最后进行全国汇总。此次调查前后跨12年之久，调查地区仅涉及全国近300万km^2范围，加之受当时的历史条件、技术水平限制，汇总的结果不能准确、完整地反映当时全国森林资源状况，但毕竟这是新中国成立以来首次通过大面积森林资源调查成果进行的统计汇总，可以基本反映当时全国的森林资源概貌。

1. 第一次全国森林资源清查

1973年农林部部署全国各省（自治区、直辖市）开展按行政区县（局）为单位的森林资源清查工作，这是新中国成立以来第一次在全国范围（台湾省暂缺），在比较统一的时间内进行较全面的森林资源清查，这次清查主要是侧重于查清全国森林资源现状，整个清查工作到1976年完成，并于1977年完成了全国森林资源统计汇总工作。

2. 第二次全国森林资源清查

全国森林资源的动态监测从这次清查开始。由于以往森林资源清查均侧重于查清资源现状，每次调查只是独立的一次性调查，不能客观估测资源消长变化动态。1977年农林部为进行森林资源清查的技术改革，在江西省组织了全国森林资源连续清查试点工作，在取得初步经验的基础上，于1978年开始先后在全国各省（自治区、直辖市）全面推广，陆续建立了以省（自治区、直辖市）为总体的森林资源连续清查体系，开展了连续清查的初查工作，于1981年完成全国清查工作。全国森林资源连续清查体系的建立，是我国森林资源清查工作体系、技术体系建设的重大转折，为以后开展全国森林资源的动态监测打下了良好基础。1982年林业部对全国各省（自治区、直辖市）清查成果组织了统计汇总和资源分析。

3. 第三次全国森林资源清查

从1984年开始，全国各省（自治区、直辖市）先后开展了森林资源连续清查第一次复查工作［个别省（自治区、直辖市）为第二次复查］，全国复查工作于1988年结束，1989年完成全国森林资源统计分析，当年林业部正式对外公布了我国最新森林资源数据成果。通过这次全国连清复查，进一步证明了连续清查是最为有效的森林资源动态监测方法，它有较好的同一时态性，较高的可比性，对加强资源宏观管理工作起到很大作用。

4. 第四次全国森林资源清查

从1989年开始，各省（自治区、直辖市）相继开展了森林资源连续清查第二次复查工作。一些省（自治区、直辖市）在复查中进一步完善了技术方案，采用了新技术，提高了样地、样木复位率。如西藏自治区、青海省和吉林省西部地区采用了航天遥感技术与地面样地调查相结合的方法，宁夏回族自治区采用了彩红外像片与地面样地调查相结合的调查方法，均收到了较好的效果。据统计，这次清查全国固定样地复位率达90%以上。在全国范围内，除成片大面积沙漠、戈壁滩、草原及乔灌木生长界限以上的高山外，基本上都进行了调查。这次清查的覆盖面更趋全面，技术标准、调查方法更趋一致和规范，在质量要求上更加严格，使成果更为客观，提供信息更为丰富。整个清查工作于1993年结束。

5. 第五次全国森林资源清查

第五次全国森林资源清查工作于1994年开始实施。这次清查按林业部于当年颁布的《国家森林资源连续清查主要技术规定》(林资通字〔1994〕42号)要求实施,于1998年全部完成全国森林资源清查工作。清查的外业调查由各省(自治区、直辖市)林业勘察设计院负责完成,国家林业局各直属调查规划设计院负责监测区内各省清查方案的审查、技术指导、外业质量检查和内业统计分析工作。这次清查共调查地面样地184479个,卫片、航片成数判读样地90227个。覆盖面积575.15万km^2。全国有2万余人参加了这次清查。

修订后的《森林资源规划调查主要技术规定》(国家林业局,2003年4月)与第四次全国森林资源清查相比,技术标准变化主要有:①森林郁闭度标准由郁闭度0.30(不含0.30)以上改为0.20以上(含0.20),2000年1月颁布的《中华人民共和国森林法实施条例》(中华人民共和国国务院第278号令,2000年1月29日)对这一标准予以确认;②按保存株数判定为人工林的标准,由每公顷保存株数大于或等于造林设计株数的85%改为80%;③判定为未成林造林地的标准,由每公顷保存株数大于或等于造林设计株数的41%改为80%;④灌木林地的覆盖度标准由大于40%改为大于30%(含30%)。除技术标准有所变化外,第五次清查还科学、合理地规范了各省(自治区、直辖市)地面样地的数量;增加了统计成果产出的信息量;逐步引入了遥感、地理信息系统、全球定位技术等高新技术,为全面提高调查工作的效率和调查成果的精度奠定了基础。

这次森林资源清查成果的内业统计分析采用全国统一的数据库格式、统一的统计计算程序,保证了清查成果的客观性、连续性和可比性。

在全国森林资源统计分析中,新疆、甘肃、青海、四川等省(自治区、直辖市)样地未覆盖的少林地区的森林资源数据采用了统计数据。西藏我国实际控制线以内部分采用数学模型更新数据,实际控制线以外部分仍沿用1977年公布的数据;台湾省采用1993年完成的台湾省第三次森林资源及土地利用调查数据;香港特别行政区和澳门特别行政区数据暂缺。

6. 第六次全国森林资源清查

第六次全国森林资源清查从1999年开始,到2003年结束,历时5年。参与本次清查的技术人员2万余人,投入资金6.1亿元。本次清查全国共调查地面固定样地41.50万个,遥感判读样地284.44万个,对全国除港、澳、台以外31个省(自治区、直辖市)国土范围内的森林资源进行了全覆盖调查。调查广泛运用了遥感(RS)、地理信息系统(GIS)、全球定位系统(GPS)"3S"技术,适时增加了林木权属、林木生活力、病虫害等级、经济林集约经营等级等调查因子,以及天然林保护工程区森林区划分类因子和全国各大流域信息,建立健全了工作管理和成果审查机制,加强了汇总分析评价工作,进一步增强了清查成果的空间分布信息,丰富了成果内容,提高了清查工作效率和成果质量,使清查数据更加全面、翔实、准确,清查结果更加客观、科学、可靠。

7. 第七次全国森林资源清查

第七次全国森林资源清查工作已于2004年开始实施,于2008年结束。

3.2.2 规划设计调查

森林资源规划设计调查,简称二类调查。为规范森林资源规划设计工作,1982年国家林业部颁布了《森林资源规划设计调查主要技术规定》(以下简称《技术规定》)。1994

年作了一次修改。随后随着《中华人民共和国森林法》(1998年)和《中华人民共和国森林法实施条例》的颁布，以及林业指导思想实现由以木材生产为主向以生态建设为主的历史性转变，《森林资源规划设计调查主要技术规定》(林资发〔2003〕61号)的一些内容已难以适应新形势的要求。为了适应林业发展的新形势，规范森林资源规划设计调查工作，解决基层资源调查存在的实际问题，从2000年开始，国家林业局资源司组织对《森森资源规划设计调查主要技术规定》(林业部，1982)再行修订，经过多次征求有关专家意见和反复修改，2003年2月通过了国家林业局资源司组织的专家论证，同年4月颁发实施修改后的《森林资源规划设计调查主要技术规定》(国家林业局，2003年4月)，较好地体现了新时期林业定位和新时期林业工作的指导思想，符合《中华人民共和国森林法》、《中华人民共和国森林法实施条例》等法律法规的要求，进一步贯彻了森林分类经营思想；注重与森林资源连续清查、专业调查和作业设计调查等有关技术规定相衔接，对卫星遥感技术、地理信息系统和数据库技术等先进实用的技术和方法在规划设计调查中的应用作出了比较详细的规定，具有更强的科学性、实用性、可操作性新规定的颁布实施对于进一步规范规划设计调查工作，提高调查效率和精度，促进森林资源的科学经营管理发挥重要作用(陈雪峰，2004)。本节所述的森林资源规划设计调查体现“技术规定”最新修改结果。

3.2.2.1 调查目的与任务

为了统一全国森林资源规划设计调查的技术标准，规范调查范围、内容、程序、方法、深度和成果等技术要求，依据《中华人民共和国森林法》第十四条、《中华人民共和国森林法实施条例》第十一条、第十二条等制定本规定。

森林资源规划设计调查是以国有林业局(场)、自然保护区、森林公园等森林经营单位或县级行政区域为调查单位，以满足森林经营方案、总体设计、林业区划与规划设计需要而进行的森林资源调查。其主要任务是查清森林、林地和林木资源的种类、数量、质量与分布，客观反映调查区域自然、社会经济条件，综合分析与评价森林资源与经营管理现状，提出对森林资源培育、保护与利用意见。调查成果是建立或更新森林资源档案，制订森林采伐限额，进行林业工程规划设计和森林资源管理的基础，也是制订区域国民经济发展规划和林业发展规划，实行森林生态效益补偿和森林资源资产化管理，指导和规范森林科学经营的重要依据。

3.2.2.2 调查范围与内容

1. 调查范围

森林经营单位应调查该单位所有和经营管理的土地；县级行政单位应调查县级行政范围内所有的森林、林木和林地。

2. 调查内容

(1) 调查基本内容包括：

1) 核对森林经营单位的境界线，并在经营管理范围内进行或调整(复查)经营区划。

2) 调查各类林地的面积。

3) 调查各类森林、林木蓄积。

4) 调查与森林资源有关的自然地理环境和生态环境因素。

5）调查森林经营条件、前期主要经营措施与经营成效。

（2）下列调查内容以及调查的详细程度，应依据森林资源特点、经营目标和调查目的以及以往资源调查成果的可利用程度，由调查会议具体确定。调查内容包括：

1）森林生长量和消耗量调查。

2）森林土壤调查。

3）森林更新调查。

4）森林病虫害调查。

5）森林火灾调查。

6）野生动植物资源调查。

7）生物量调查。

8）湿地资源调查。

9）荒漠化土地资源调查。

10）森林景观资源调查。

11）森林生态因子调查。

12）森林多种效益计量与评价调查。

13）林业经济与森林经营情况调查。

14）提出森林经营、保护和利用建议。

15）其他专项调查。

3.2.2.3 调查间隔期

森林资源规划设计调查间隔期一般为10年。在间隔期内可根据需要重新调查或进行补充调查。

3.2.2.4 技术标准

1. 地类

森林资源规划设计调查的土地类型分为林地和非林地两大地类。其中，林地划分为8个地类，如表3.1所示。

表3.1 林地分类系统表

序号	一级	二级	三级
1	有林地	乔木林	纯林
			混交林
		红树林	
		竹林	
2	疏林地		
3	灌木林地	国家特别规定灌木林	
		其他灌木林	
4	未成林造林地	人工造林未成林地	
		封育未成林地	

续表

序号	一级	二级	三级
5	苗圃地		
6	无立木林地	采伐迹地	
		火烧迹地	
		其他无立木林地	
7	宜林地	宜林荒山荒地	
		宜林沙荒地	
		其他宜林地	
8	辅助生产林地		

2. 林种

有林地、疏林地和灌木林地根据经营目标的不同分为5个林种、23个亚林种，分类系统如表3.2所示。

表3.2　　林种分类系统表

森林类别	林种	亚林种
生态公益林（地）	防护林	水源涵养林
		水土保持林
		防风固沙林
		农田牧场防护林
		护岸林
		护路林
		其他防护林
	特种用途林	国防林
		实验林
		母树林
		环境保护林
		风景林
		名胜古迹和革命纪念林
		自然保护区林
商品林（地）	用材林	短轮伐期工业原料用材林
		速生丰产用材林
		一般用材林
	薪炭林	薪炭林
	经济林	果树林
		食用原料林
		林化工业原料林
		药用林
		其他经济林

3.2.2.5 森林经营区划

1. 经营区划系统

(1) 经营单位区划系统。

1) 林业局(场)。

林业(管理)局→林场(管理站)→林班或林业(管理)局→林场(管理站)→营林区(作业区、工区、功能区)→林班。

2) 自然保护区(森林公园)。

管理局(处)→管理站(所)→功能区(景区)→林班。

(2) 县级行政单位区划系统。

“县→乡→村”或“县→乡→村→林班”。

经营区划应同行政界线保持一致。对过去已区划的界线,应相对固定,无特殊情况不宜更改。

2. 林班区划

林班区划原则上采用自然区划或综合区划,地形平坦等地物点不明显的地区,可以采用人工区划。林班面积一般为100~500hm^2。自然保护区、东北与内蒙古国有林区、西南高山林区和生态公益林集中地区的林班面积根据需要可适当放大。

林班区划线应相对固定,无特殊情况不宜更改。国有林业局、国有林场和林业经营水平较高的集体林区,应在有关境界线上树立不同的标牌、标桩等标志。对于自然区划界线不太明显或人工区划的林班线应现地伐开或设立明显标志,并在林班线的交叉点上埋设林班标桩。

3. 小班划分

(1) 小班是森林资源规划设计调查、统计和经营管理的基本单位,小班划分应尽量以明显地形地物界线为界,同时兼顾资源调查和经营管理的需要考虑下列基本条件:

1) 权属不同。

2) 森林类别及林种不同。

3) 生态公益林的事权与保护等级不同。

4) 林业工程类别不同。

5) 地类不同。

6) 起源不同。

7) 优势树种(组)比例相差二成以上。

8) Ⅵ龄级以下相差一个龄级,Ⅶ龄级以上相差二个龄级。

9) 商品林郁闭度相差0.20以上,公益林相差一个郁闭度级,灌木林相差一个覆盖度级。

10) 立地类型(或林型)不同。

(2) 森林资源复查时,应尽量沿用原有的小班界线。但对上期划分不合理、因经营活动等原因造成界线发生变化的小班,应根据小班划分条件重新区划。

(3) 小班最小面积和最大面积依据林种、绘制基本图所用的地形图比例尺和经营集约度而定。最小小班面积在地形图上不小于4mm^2,对于面积在0.067hm^{2}以上而不满足最小小班面积要求的，仍应按小班调查要求调查、记载，在图上并入相邻小班。南方集体林区商品林最大小班面积一般不超过15hm²，其他地区一般不超过25hm²。

(4) 国家生态公益林小班，应尽量利用明显的地形、地物等自然界线作为小班界线或在小班线上设立明显标志，使小班位置固定下来，作为地藉小班统一编码管理。

(5) 无林地小班、非林地小班面积不限。

4. 森林分类区划

森林分类区划是在综合考虑国家和区域生态、社会和经济需求后，依据国民经济发展规划、林业发展规划、林业区划等宏观规划成果进行的区划。森林分类区划以小班为单位，原则上与已有森林分类区划成果保持一致。国家公益林界线不得擅自变动；其他类别如以往划分不合理、区划条件发生变化，或因经营活动等原因造成界线变更时，应根据地方人民政府关于生态公益林划分的有关规定重新划分和审批。

3.2.2.6 调查方法与步骤

1. 调查数表准备

森林资源规划设计调查应提前准备和检验当地适用的立木材积表、形高表（或树高—断面积—蓄积量表）、立地类型表、森林经营类型表、森林经营措施类型表、造林典型设计表等林业数表。为了提高调查质量和成果水平，可根据条件编制、收集或补充修订立木生物量表、地位指数表（或地位级表）、林木生长率表、材种出材率表、收获表（生长过程表）等。

2. 小班调绘

(1) 根据实际情况，可分别采用以下方法进行小班调绘。

1) 采用由测绘部门绘制的当地最新的比例尺为1∶10000～1∶25000的地形图到现地进行勾绘。对于没有上述比例尺的地区可采用由1∶50000放大到1∶25000的地形图。

2) 使用近期拍摄的（以不超过两年为宜）、比例尺不小于1∶25000或由1∶50000放大到1∶25000的航片、1∶100000放大到1∶25000的侧视雷达图片在室内进行小班勾绘，然后到现地核对，或直接到现地调绘。

3) 使用近期（以不超过1年为宜）经计算机几何校正及影像增强的比例尺1∶25000的卫片（空间分辨率10m以内）在室内进行小班勾绘，然后到现地核对。

(2) 空间分辨率10m以上的卫片只能作为调绘辅助用图，不能直接用于小班勾绘。

(3) 现地小班调绘、小班核对以及为林分因子调查或总体蓄积量精度控制调查而布设样地时，可用GPS确定小班界线和样地位置。

3. 小班调查

(1) 根据调查单位的森林资源特点、调查技术水平、调查目的和调查等级，可采用不同的调查方法进行小班调查。

(2) 小班调查应充分利用上期调查成果和小班经营档案，以提高小班调查精度和效率，保持调查的连续性。

(3) 小班测树因子调查方法。

1) 标准地调查法，详见3.3.1小节。

2) 目测调查法，详见3.3.1小节。

3）回归估测法，详见3.3.1小节。各种小班调查方法允许调查的小班测树因子如表3.3所示。

表3.3　　不同调查方法应调查的小班测树因子表

调查法 / 测树因子	样地法	目测法	回归估测法	
林层	√	√	√	
起源	√	√	√	√
优势树种（组）	√	√	√	√
树种组成	√	√		
平均年龄（龄组）	√	√	√	√
平均树高	√	√	√	
平均胸径	√	√	√	
优势木平均高	√	√	√	
郁闭度	√	√	√	√
每公顷株数	√	√	√	
散生木蓄积量	√	√		
每公顷蓄积量	√	√	√	√
枯倒木蓄积量	√	√		
天然更新	√	√		
下木覆盖度	√	√		

（4）小班调查因子记载。

1）小班调查因子。商品林和生态公益林小班分别按不同地类记载调查因子，如表3.4所示。

表3.4　　不同地类小班调查因子表

地类 / 调查项目	乔木林	竹林	疏林地	国家特别规定灌木林	其他灌木林	人工造林未成林地	封育未成林地	苗圃地	采伐迹地	火烧迹地	宜林地	其他无立木林地	辅助生产林地
空间位置	1，2	1，2	1，2	1，2	1，2	1，2	1，2	1，2	1，2	1，2	1，2	1，2	1，2
权属	1，2	1，2	1，2	1，2	1，2	1，2	1，2	1，2	1，2	1，2	1，2	1，2	1，2
地类	1，2	1，2	1，2	1，2	1，2	1，2	1，2	1，2	1，2	1，2	1，2	1，2	1，2
工程类别	1，2	1，2	1，2	1，2	1，2	1，2	1，2		1，2	1，2	1，2	1，2	
事权	2	2	2	2	2	2	2		2	2	2	2	
保护等级	2		2	2	2	2	2		2	2	2	2	
地形地势	1，2	1，2	1，2	1，2	1，2	1，2	1，2		1，2	1，2	1，2	1，2	
土壤/腐殖质	1，2	1，2	1，2	1，2	1，2	1，2	1，2		1，2	1，2	1，2	1，2	
下木植被	1，2	1，2	1，2	1，2	1，2	1，2	1，2		1，2	1，2	1，2	1，2	

续表

地类 调查项目	乔木林	竹林	疏林地	国家特别规定灌木林	其他灌木林	人工造林未成林地	封育未成林地	苗圃地	采伐迹地	火烧迹地	宜林地	其他无立木林地	辅助生产林地
立地类型	1，2	1，2	1，2	1，2	1，2	1，2	1，2		1，2	1，2	1，2	1，2	
立地等级	1	1	1	1	1	1	1		1	1	1	1	
天然更新	1，2	1，2	1，2				1，2		1，2	1，2	1，2	1，2	
造林类型									1，2	1，2	1，2	1，2	
林种	1，2	1，2	1，2	1，2	1，2								
起源	1，2	1，2	1，2	1，2	1，2	1，2	1，2						
林层	1												
群落结构	2												
自然度	1，2	1，2	1，2	1，2	1，2								
优势树种（组）	1，2	1，2	1，2	1，2	1，2	1，2	1，2						
树种组成	1	1	1			1	1						
平均年龄	1，2		1，2	1		1，2	1，2						
平均树高	1，2	1，2	1，2	1，2	1，2	1，2	1，2						
平均胸径	1，2	1，2	1，2										
优势木平均高	1												
郁闭/覆盖度	1，2	1，2	1，2	1，2	1，2								
每公顷株数	1	1	1			1，2	1，2						
散生木				1，2	1，2	1，2	1，2		1，2	1，2	1，2	1，2	
每公顷蓄积量	1，2	1，2	1，2										
枯倒木蓄积量	1，2		1，2										
健康状况	1，2	1，2	1，2	1，2	1，2	1，2	1，2						
调查日期	1，2	1，2	1，2	1，2	1，2	1，2	1，2	1，2	1，2	1，2	1，2	1，2	1，2
调查员姓名	1，2	1，2	1，2	1，2	1，2	1，2	1，2	1，2	1，2	1，2	1，2	1，2	1，2

注 1为商品林，2为公益林。

2）其他应调查记载项目。其他应调查记载项目包括：用材林近成过熟林小班、择伐林小班、人工幼林、未成林人工造林地小班、竹林小班、经济林小班、一般生态公益林小班、红树林小班、辅助生产林地小班等调查记载项目。

（5）林网、四旁树调查。

1）林网调查。达到有林地标准的农田牧场林带、护路林带、护岸林带等不划分小班，但应统一编号，在图上反映，除按照生态公益林的要求进行调查外，还要调查记载林带的行数、行距。

2）城镇林、四旁树调查。达到有林地标准的城镇林、四旁林视其森林类别分别按照商品林或生态公益林的调查要求进行调查。在宅旁、村旁、路旁、水旁等地栽植的达不到有林地标准的各种竹丛、林木，包括平原农区达不到有林地标准的农田林网树，以街道、

行政村为单位，街段、户为样本单元进行抽样调查，具体要求由各省（自治区、直辖市）根据当地情况确定。

（6）散生木调查。散生木应按小班进行全面调查、单独记载。

3.2.2.7　调查成果

1. 统计报表

（1）各类土地面积统计表。

（2）各类森林、林木面积蓄积统计表。

（3）林种统计表。

（4）乔木林面积蓄积按龄组统计表。

（5）生态公益林（地）统计表。

（6）红树林资源统计表。

（7）用材林面积蓄积按龄级统计表。

（8）用材林近成过熟林面积蓄积按可及度、出材等级统计表。

（9）用材林近成过熟林各树种株数、材积按径级组、林木质量统计表。

（10）用材林与一般公益林中异龄林面积蓄积按大径木比等级统计表。

（11）经济林统计表。

（12）竹林统计表。

（13）灌木林统计表。

2. 图件

（1）基本图。基本图主要反映调查单位自然地理、社会经济要素和调查测绘成果。它是求算面积和编制林相图及其他林业专题图的基础资料。

1）基本图按国际分幅编制。

2）根据调查单位的面积大小和林地分布情况，基本图的比例尺可采用1∶5000；1∶10000；1∶25000等不同比例尺。

3）基本图的成图方法

a. 基本图的底图。

（a）计算机成图：直接利用调查单位所在地的国土规划部门测绘的基础地理信息数据绘制基本图的底图，或将符合精度要求的最新地形图输入计算机，并矢量化，编制基本图的底图。

（b）手工成图：用符合精度要求的最新地形图手工绘制基本图的底图。

b. 基本图编制。将调绘手图（包括航片、卫片）上的小班界、林网转绘或叠加到基本图的底图上，在此基础上编制基本图。转绘误差不超过0.5mm。

注：基本图的编图要素包括各种境界线（行政区域界、国有林业局、林场、营林区、林班、小班）、道路、居民点、独立地物、地貌（山脊、山峰、陡崖等）、水系、地类、林班注记、小班注记。

（2）林相图。以林场（或乡、村）为单位，用基本图为底图进行绘制，比例尺与基本图一致。林相图根据小班主要调查因子注记与着色。凡有林地小班，应进行全小班着色，按优势树种确定色标，按龄组确定色层。其他小班仅注记小班号及地类符号。

(3) 森林分布图。以经营单位或县级行政区域为单位，用林相图缩小绘制。比例尺一般为1∶50000～1∶100000。其绘制方法是将林相图上的小班进行适当综合。凡在森林分布图上大于$4mm^2$的非有林地小班界均需绘出。但大于$4mm^2$的有林地小班，则不绘出小班界，仅根据林相图着色区分。

(4) 森林分类区划图。以经营单位或县级行政区域为单位，用林相图缩小绘制。比例尺一般为1∶50000～1∶100000。该图分别按工程区、森林类别、生态公益林保护等级和事权等级着色。

(5) 其他专题图。以反映专项调查内容为主的各种专题图，其图种和比例尺根据经营管理需要，由调查会议具体确定，但要符合林业专业调查技术规定（或技术细则）的要求。

3.2.3　森林资源作业设计调查

森林资源作业设计调查，简称三类调查，是以某一特定范围或作业地段为单位进行的作业性调查，一般采用实测或抽样调查方法，对每个作业地段的森林资源、立地条件及更新状况等进行详细调查，目的是满足林业基层生产单位安排具体生产作业（如主伐、抚育伐、更新造林等）需要而进行的一种调查，一般在生产作业开展的前一年进行。其调查成果直接服务于调查目的，例如林业上常见的伐区作业设计调查、造林作业设计调查等。

3.3　森林资源信息获取技术

森林资源原始数据主要依靠各类调查来获取。这个过程指对森林资源及其环境状态进行调查并对量测结果进行登记保存，因此叫做数据采集。调查的对象包括：林木、林地和林区内野生植物、动物以及其他，自然环境因素和社会、经济、管理状态。通过各种调查掌握森林资源（包括宜林土地）数量、质量，总结变化规律，客观反映自然、经济条件，进行综合评价，提出全面的、准确的森林资源调查材料、图面材料和调查报告。

前面给出了森林资源管理所需要的多种数据，这些数据类型不同、来源不同，获取的方式方法也不相同。

3.3.1　地面调查

1. 基本情况调查

搜集当地的已有调查、观测材料；询问当地的技术人员、居民；对重点项目和因素的调查，可采取组织专业调查组的方式进行现场观测。

2. 森林资源调查

森林资源调查是一种林分调查，可以采用：

(1) 目测调查法。在森林状况比较简单，且调查人员通过目测调查考核的情况下可采用此法。

目测调查的考核方法是，调查员在25块以上的标准地中进行目测调查，当各项调查因子的测试数据80%以上项次达到规定的精度时（不同调查因子的精度要求不同），则认

为通过考核。

目测调查的观测点数依小班面积而不同，具体要求如表 3.5（亢新刚，2001）所示。

表 3.5　　目测调查观测点

小班面积（hm^2）	<3	4～7	8～12	>13
观测点数（个）	1～2	2～3	3～4	5

（2）标准地调查法。标准地调查法是在调查的地域范围内，用标准地调查的结果推算总体值的方法。标准地的形状一般为矩形、带状等。标准地调查法的实施步骤是，设立标准地，然后进行实测，用其结果推算小班单位面积和整个小班范围内的蓄积量等因子。使用标准地调查法减少误差的关键是所选标准地尽可能的“标准”，即标准地的状况要具有调查总体的平均水平。另外，标准地面积必须保证一定的数量，如果面积过小，则难以保证所选标准地的代表性，推算总体时将会产生较大的偏差。但是，标准地面积过大会使工作量加大，增加调查时间和工作成本。还有，布设标准地时应尽量避免产生系统误差（亢新刚，2001）。

（3）角规调查法。用角规进行每公顷断面积等因子的调查，具有工作效率高的特点，在立地条件不复杂、林分面积不大、透视条件好，调查员有相关经验的情况下，可采用此法。角规常数的选择应视林木大小而定。角规点的布设应遵循随机原则，避免系统误差和林缘误差。近熟林以上林分的角规测点数如表 3.6 所示。幼龄林和中龄林的角规点数可适当减少。杆式角规，如图 3.2 所示。

表 3.6　　近熟林以上小班调查角规点数量

小班面积（hm^2）	1	2	3	4	5	6	7～8	9～10	11～15	16～20
角规点数（个）	3	5	7	8	9	10	11	12	13	14

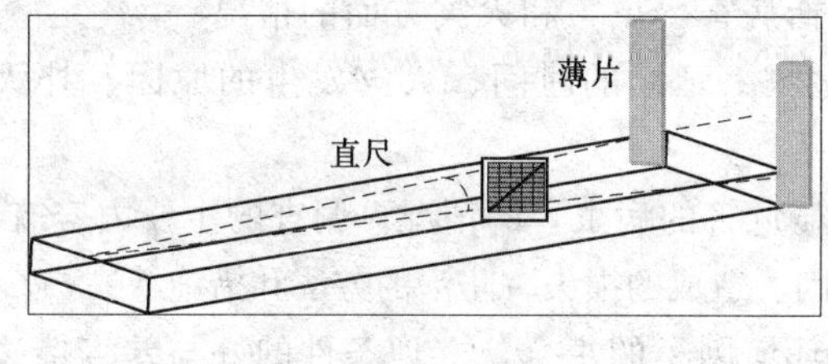

图 3.2　杆式角规

（4）样地调查法。在调查地域范围内，使用随机抽样、机械抽样或其他抽样方式，进行小班调查的方法。样地形状多为圆形、矩形等。在样地内实测各项林分调查因子，并按照数理统计学的方法，用样地测定值估算总体相应值后，计算抽样误差、精度等因子。样地的数量根据可靠性、观测值变动系数、误差要求等因子确定。

（5）回归估计法。用其他方法的测定值与小班实测值建立回归关系，推算小班单位面积上的蓄积量等因子的数量值，称为回归估计法。回归估计法有多种，最常用的是利用航空像片或高分辨率卫片判读值与小班实测调查值建立回归关系的回归估计法。此种方法的工作步骤如下。

1）选择近期拍摄的大比例尺遥感图片（1∶25000 以上）。

2）小班判读，在图片上勾绘出林中地类和小班边界。

3）小班的转绘与求积。

4）判读各小班蓄积量。

5）按照随机原则抽取一定数量的小班（也可用机械抽样方式抽取实测小班）进行实测。

6）测小班时，凡被抽中的小班，应在全部范围内采用全林每木检尺方法测定蓄积量。但在现实中．在小班范围内进行全林每木检尺，外业工作量太大，难以实施，因此常用强精度抽样估计小班蓄积量，取代全林每木检尺。

小班内强精度抽样的样点数量，最小应满足大样本（$n>50$）的要求，每个样本单元的面积可在0.01～0.02hm^2。

7）建立回归方程。将判读值与实测值建立回归方程的方法步骤为：

a. 在坐标纸上绘制判读值与实测值的散点图，分析分布趋势，确定回归方程的类型，然后用实测小班的判读值与实测值，估计回归方程中的参数。

b. 若有现成的回归估计软件，也可直接将判读值与实测值输入，找出回归方程类型和参数值。

8）计算总体每公顷蓄积量的估计值、方差估计值、误差限、精度、估计区间等。

3. 专业调查

专业调查即是对土壤、立地条件、生长量、病虫害、消耗量、野生动物以及森林游憩等多资源项目进行的单项或几项内容的调查。

（1）生长量调查。森林的各种生长量，尤其是蓄积生长量是森林经营决策的重要依据，对掌握资源的消长动态，合理安排采伐等都具有十分重要的作用。生长量的调查应分别优势树种、龄级（组）进行。其方法主要采用标准地、标准木、解析木、生长表法、固定标准地连续清查等方式。

（2）消耗量调查。调查内容主要有主伐、间伐、补充主伐的采伐量，薪材采伐量和其他各种生产、生活灾害过程中消耗的木材量。

（3）森林保护调查。此方面的调查主要包括病害、虫害和火灾方面的情况。

1）火灾调查：火灾的种类、发生时间、次数、延续的时间、火灾发生的原因、扑灭火害的方法、设施等。

2）病虫害调查：主要指对森林资源产生明显危害的病虫害的情况。调查的主要内容有：病虫害的种类、数量、危害程度、发生发展的原因、造成的损失、防治的方法和措施等。

（4）立地条件调查。立地条件是森林生长环境因子的集合，立地条件的好与差直接关系到森林经营的各个方面，如生产效率、经济效益、采伐收获、森林培育的方向与速度等。立地条件因子主要包括气候、土壤、植被、地形和地势等因子。

（5）出材量调查。主要是调查各树种在一定年龄、直径、树高情况下，林木蓄积产生商品材的数量和比重，这在用材林经营中是一项重要的工作。

（6）苗圃调查。苗圃育苗状况直接关系到造林、人工更新和人工促进天然更新的成败。苗圃调查的内容主要有：苗圃的面积、种类、育苗种类、苗木生长状况、苗木年产量、成本、效益、设备、管理制度等。

（7）抚育间伐调查。抚育间伐是森林经营中必不可少的一个环节，其主要目的是使保留林木生长的更好，能使林地单位面积年均生产力最高。抚育间伐调查的内容主要有：各

树种林分的类型、间伐条件、方法、强度、间隔期、工艺过程、出材量等。

在上述专业调查项目中，多数项目的调查采用标准地、解析木、样方和标准木的方式，有的项目调查用其中一种，有的需要几种方式结合使用。

3.3.2　RS技术

所谓遥感技术（Remote Sensing，RS）是指不接触物体而探测物体有关信息的技术。遥感技术是森林资源信息采集的重要手段和信息源之一。传统监测和调查方法速度慢、周期长，采集、汇总、上报耗费时间多，数据滞后于变化过程，所获结果信息已失去现势性，难于及时、全面地反映生态环境变化，而遥感，以其观察地域的广泛性、时空的连续性、较高的空间分辨率和宽的光谱范围，可提供丰富的地物信息，弥补常规资料的不足，提供对自然资源与环境的宏观、综合、动态和快速观测，有效地获取各类统计及分析数据，较为客观地了解资源与环境现状和变化。但另一方面，遥感又受到光谱波段的限制，有很多地物特性不可遥感。目前遥感技术在采集宏观、动态信息方面具有很大优势，例如通过卫星遥感图像监测火灾或病虫害发生、变化情况等。

3.3.2.1　遥感的基本原理

遥感是通过非直接接触来判定、测量并分析目标性质的技术。任何地物都具有发射、反射和吸收电磁波的性质，而不同类型的地物反射与发射电磁波能量的大小不同，同一类型的地物在不同时间反射与发射电磁波能量的大小也不同。遥感的基本原理就是通过分析传感器采集到的某一时间、某一区域内地物的平均电磁波辐射水平数值，按其值大小与变化规律来有效地识别地物。目标地物是遥感的信息源，而目标地物电磁波的相互作用所构成的目标地物的电磁波特性，就是遥感探测的依据。

接收、记录目标地物电磁波特征的仪器称为传感器或遥感器，如扫描仪、雷达、摄影机、摄像机、辐射计等。装载传感器的平台称为遥感平台。遥感平台可划分为地面平台（如遥感车、手提平台、地面观测台等）、空中平台（如飞机、气球、其他航空器等）和空间平台（如人造地球卫星、火箭、宇宙飞船、空间实验室、航天飞机等）。传感器接收到目标地物的电磁波信息，记录在数字磁介质或胶片上。胶片可由人或回收舱送至地面回收站，数字磁介质记录的信息则可由卫星上的微波天线传输给地面的卫星接收站。地面接收站接收到遥感卫星发送来的数字信息，记录在高密度的磁介质上（如高密度磁带或光盘等），并进行信息恢复、辐射校正、卫星姿态校正、投影变换等一系列处理，在转换通用数据格式或转换成模拟信号供用户使用。用户还可以根据需要进行精校正和专题信息处理、分类等。

通过各类传感器所获得的信息是以图像形式记录在相应的介质上的，这些图像称作遥感图像或遥感影像。遥感图像分为模拟和数字两种。遥感图像经过光学或数字图像处理后可以解译出三方面的信息：目标地物的大小、形状及空间分布特点；目标地物的属性特点；目标地物的变化动态特点。随着计算机技术的发展，现在的遥感图像主要是数字图像。采用数字图像的好处是便于处理、保存和传输。

3.3.2.2　遥感分类及应用

遥感的分类方法很多，按照遥感平台的不同可划分为传感器设置在地面上的地面遥感（车载、手提、固定或活动高价平台等），传感器设置于飞机、气球等航空器上的航空遥感，传感器设置于航天器上的航天遥感（人造地球卫星、航天飞机等），以及传感器设置于星际飞船上的航宇遥感；按传感器的探测波段可划分为紫外遥感（探测波段在0.05～0.38μm之间）、可见光遥感（探测波段在0.38～0.76μm之间）、红外遥感（探测波段在0.76～1000μm之间）、微波遥感（探测波段在1mm～10m之间）和多波段遥感（探测波段在可见光波段和红外波段范围内再分成若干窄波段探测目标）；按传感器的工作方式可划分为主动遥感和被动遥感；按成像与否可划分为成像遥感与非成像遥感；按应用领域可划分成资源遥感、环境遥感、农业遥感、林业遥感、渔业遥感、地质遥感、气象遥感、城市遥感、工程遥感军事遥感等。这当中最常用的分类方法是按照遥感平台分类。

林业是我国应用遥感技术最早的行业之一。在我国的各大林区都应用过遥感影像制作森林分布图、宜林地分布图等，并对林地的面积变化进行动态监测。遥感在林业领域的应用主要集中在资源调查和航测制图和资源监测等方面。

1. 航空遥感应用

自20世纪50年代开始，我国广泛应用航空遥感，主要用于制图和森林资源林分调查。我国的林业多处于偏远山区，山高林密，交通不便，气候多变，在70年代以前国有林区大多为国家测图的空白区，而测绘部门无力承担林区的测量预测图工作。早在1953年林业部就成立了森林航测队，使用航空遥感技术在东北林区进行森林航测，用航空像片完成摄影地区的森林资源调查和编制林业专用图。1955年在我国民用部门首次试制出第一幅相片平面图，面积约80km^2。1956年起开始大面积编制相片平面图和水系图。1958年开始采用立体测量技术，并试制生产出一幅1：25000的地形图。1962～1976年期间，由于测绘部门在部分林区设置了大地控制网，测制出了1：50000或1：100000的地形图。1977年后引进了相关设备成功实现了观测、计算自动记录、粗差检测、计算与自控展点、纠正点投影差计算等工序的联机自动作业技术。与此同时，利用航空相片广泛开展了林分判读研究与应用，已经探索出了规范化的林分类型、树种组成、林龄、平均高、平均直径、郁闭度、蓄积量等林分因子，高、直径、材积等林木因子等的量测。同时和抽样方法结合，探索了多层、多阶调查方法。

2. 航天遥感分类与应用

（1）航天遥感分类。在资源卫星系列中，Landsat应用最广，自1972年以来已经发射了6颗，Landsat—7是Landsat计划中的最后一颗卫星。Landsat每16～18天覆盖地球一次（重复覆盖周期），图像的覆盖范围为185km×185km（Landsat—7为185km×170km），传感器所具有的空间分辨率在不断提高，由80m提高到30m，ETM又提高到15m。1972年7月23日美国发射第一颗地球资源卫星ERTs—1。它是在“雨云”号气象卫星（Nimbus）的基础上改装而成的。1975年美国发射ERTs—2时改名为Landsat—2，1978年又发射了Landsat—3。3颗卫星的星体形状和结构基本相同。1982年美国在Landsat—1～Landsat—3的基础上，改进设计并成功发射了Landsat—4卫星。1984年美国发射的Landsat—5卫星与Landsat—4完全一样。Landsat4/5卫星仪器舱装有TM传感器、MSS多光谱扫描仪等。1993年美国发射Landsat—6卫星，以替代Landsat4/5的工作，其轨道参数和特征与Landsat4/5相近，只是传感器改型成ETM（增强型专题制图

仪)。Landsat—6 由于卫星上天后发生故障而陨落。

SPOT 是由法国主持设计制造的，是主要用于地球资源遥感的卫星。1986 年 2 月法国发射 SPOT—1，1989 年发射了 SPOT—2，1993 年发射了 SPOT—3，1998 年发射了 SPOT—4，2002 年发射了 SPOT—5。较之陆地卫星，其最大优势是最高空间分辨率达 10m，并且 SPOT 卫星的传感器带有可定向的发射镜，使仪器具有偏离天底点（倾斜）观察的能力，获得垂直和倾斜的图像。因而其重复观察能力由 26 天提高到 1～5 天，并在不同轨道扫描重叠产生立体像对，可以提供立体测地、描绘等高线、进行立体测图和立体显示的可能性。

1999 年 9 月美国 IKONOS—2（IKONOS—1 于 1999 年 4 月发射失败）的成功发射使陆地卫星系列中又增加了高空间分辨率的数据源。IKONOS 使用线性阵列技术获得 4 个波段的 4m 分辨率多光谱数据和一个波段的 1m 分辨率的全色数据。由于卫星设计为易于调整和操纵，几秒钟内就可以调整到指向新位置。这样很容易根据用户的需要取得新的数据。全景图像可达 11km×11km，实际图像的大小可以根据用户的要求拼接和调整。比较 IKONOS 和 TM 数据可以发现，IKONOS 的多光谱波段就是 TM 的前 4 个波段。但从空间分辨率来说，相比 TM 的 30m，IKONOS 大大提高了数据的空间分辨特性。4m 彩色和 1m 全色可以和航空像片媲美。几乎在与 IKONOS 发射同时，又出现了载有高分辨率传感器的快鸟（Quickbird）等卫星。其传感器的光谱波段都与 IKONOS 相同，只是在图像覆盖尺度和传感器倾斜角度上有些差别。

（2）航天遥感应用。我国从 20 世纪 70 年代开始应用航天遥感技术，主要应用宏观森林资源调查和监测。1972 年美国发射了陆地资源卫星，从此，利用太空所收集的这种对地观察卫星数据进行地球资源调查和环境监测的应用研究相继展开。1976 年我国林业上采用美国多光谱影像（MSS）编制了将西北部卫星影像森林分布图。1977 年我国采用 1/500000 的 MSS 影像，结合地面调查绘制了西藏地区森林分布图，量算了有林地面积，计算出了总蓄积量，填补了这一地区的森林资源数据空白。80 年代又和测绘部门及农业部门一起利用 1/500000MSS 假彩色图像完成了全国土地资源调查和成图，用较短的时间和较少的经费完成了全国范围的土地利用现状调查，取得了各类土地资源数据和相应图件。1987 年大兴安岭特大森林火灾发生，我国利用 NOAA 气象卫星资料准确提供了火情信息，起到了辅助决策的作用。灾后，又利用 MSS 和 TM 影像为大兴安岭地区编制了带有公里网格和地理信息的 1/200000 的卫星影像图，该图可用于生产管理。1987 年长白山林区发生风灾，灾后的 TM 图像经计算机处理、分析，对风灾造成的损失做出了准确评估，指导了救灾工作。1987～1990 年间全面开展了“三北”防护林遥感综合调查，采用了陆地卫星 TM 影像、国土卫星影像和试点区航空遥感影像进行解译，制作了林地分布、立地条件、土地利用、土地类型等多种专题图，典型地区建立了资源与环境信息系统。结果表明，我国“三北”防护林建设取得了重大成就，森林覆盖率提高，农田生态环境得到部分改善。通过调查还对防护树种结构等问题提出了改进意见。为“三北”防护林建设的科学决策提供了依据，有效地促进了遥感的实用化。

3.3.2.3 遥感图像解译

“解译”或者“判读”（Interpretation）是对遥感图像上的各种特征进行综合分析、比较、推理和判断，最后提取出感兴趣的信息。遥感图像解译是从遥感图像上获取目标地物信息的过程，分为目视解译（目视判读或目视判译），即专业人员通过直接观察或借助辅助判读仪器在遥感图像上获取特定目标地物信息的过程：遥感图像计算机解译，即以计算机系统为支撑环境，利用模式识别技术与人工智能技术相结合，实现对遥感图像的理解和解译。传统的方法是采用目视判读，这是一种人工提取信息的方法，使用眼睛目视观察(也可借助一些光学仪器)，凭借人的经验、知识和手头的相关资料，通过人脑的分析、推理和判断，提取有用的信息。目视判读需要的设备少，简单方便，可以随时从遥感图像中获取许多专题信息，因此是地学工作者研究工作中必不可少的一项基本功。目前发展起来的计算机自动判读是利用计算机，通过一定的数学方法（如统计学、模糊数学等），即所谓“模式识别”的方法来提取有用信息。遥感图像处理和计算机解译的结果，需要运用目视解译的方法进行抽样核实或检验。忽视目视解译在遥感图像处理和计算机解译中的重要作用，不了解计算机处理过程中的有关图像的地学意义或物理意义，单纯强调计算机解译或遥感图像解译，很有可能导致错误的结果。可以说，目视解译是遥感图像计算机解译发展的基础和起点（李建新，2006)。

1. 遥感图像目视解译

由于地物种类的繁多，造成景物特性复杂变化和判读上的困难。从大的种类之间来看，种类的不同，构成了光谱特征的不同及空间特征的差别，这给判读时区分地物类别带来了方便。但同一大的类别中有许多亚类、子亚类，它们无论在空间特征还是光谱特征上很相似或相近，这会给判读带来困难。同一种地物，由于各种内在或外部因素的影响使其出现不同的光谱特征或空间特征，有时甚至差别很大。因此常常在像片上发现不同类别地物出现相似或相同的判读标志，而同一类别又会出现不同的判读标志。我们可以用分级结构的概念来处理地物类别的复杂性（见图 3.3)。

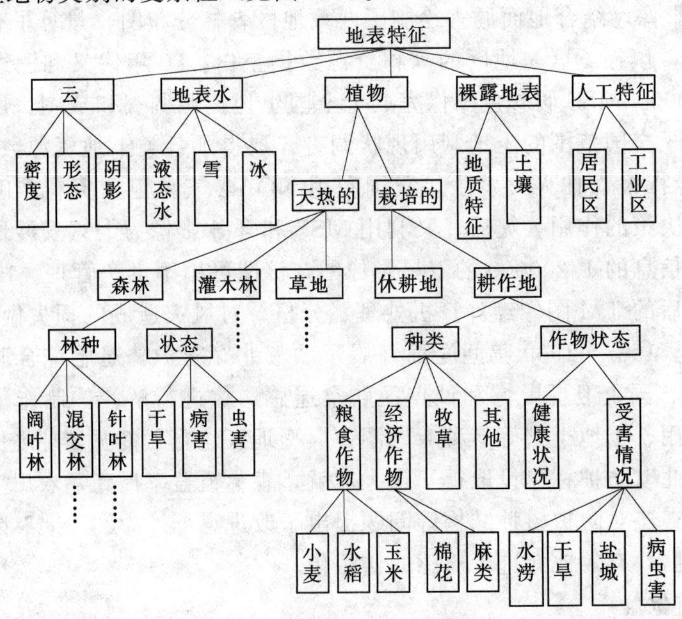

图 3.3　各种地物类别的信息树

遥感影像目视解译的常用方法有：①直接判读法；②对比分析法；③信息复合法；④综合推理法；⑤地理相关分析法。各种方法的具体内容请参阅有关遥感书籍。

遥感图像目视解译的常规步骤：①目视解译准备工作阶段，包括明确解译任务与要求、判读员的训练、收集与分析有关资料、选择合适波段与恰当时相的遥感影像等；②初步解译与判读区的野外考察；③室内详细判读；④野外验证与补判；⑤清绘各种专题图。具体要求请参阅有关遥感书籍。

2. 遥感图像计算机解译

目视解译法既要图像目视判读者具有丰富的地学知识和目视判读经验，又要花费大量的时间，劳动强度大，信息获取周期长，遥感图像解译质量受目视判读者的经验、对解译区域的熟悉程度等各种因素制约，具有很大的主观性（桂预风等，2004）。为了解决这些问题，自20世纪80年代以来，许多研究人员开始研究如何用计算机对遥感图像进行自动化或半自动化解译。

20世纪80年代初，主要是研究利用统计模式识别方法对遥感影像进行计算机自动识别。如利用最大似然法对遥感影像数据进行分类；运用光谱特征，对多波段卫星影像进行分类，从中获取森林资源信息。这种方法的特点是根据影像中的地物多光谱特征，对遥感影像中的地物进行分类。

20世纪80年代后期，D. Goodenough（1988）与 M. Ehlers（1999）等人提出遥感与地理信息系统综合解译法。在国内，一些研究者注意到地理数据、地学专题数据和遥感数据的结合，可以增加信息量，为遥感解译增加了辅助性的背景数据，提高了分类精度。然而，由于遥感影像解译的复杂性及地理数据的多样性，如何有效地把地学信息与遥感信息结合起来，这个问题至今仍没有严密的数学描述。

20世纪90年代，随着研究的发展，人们利用知识工程和专家系统来解决分类问题研究遥感解译知识的获取、表示、搜索策略和推理机制，并将解译专家系统用于遥感影像解译的研究工作。如 Middlekoop、LHans 提出利用知识进行遥感影像分类。这种基于知识和专家系统的解译方法，在一定程度上可提高计算机解译精度，但还远未达到实用阶段的水平。

目前人工神经网络（ANN）已经用于遥感影像的自动分类（李燕等，2012；魏勇等，2011；任军号等，2011）以实现遥感影像各专题信息提取等领域，根据遥感影像中地物间的光谱特征差异及空间梯度变化，遥感影像分类大致可以分为频率域和空间域两种类型。在 ANN 遥感影像地学理解模型支持下，可以建立通用的软件模块进行这两种类型的影像分类工作。目前，神经网络技术在遥感图像分类处理中应用的最为广泛和深入，从单一的 backpropagation，反向传播（BP）网络发展到模糊神经网络、多层感知机、学习向量分层—2 网络、Kohonen 自组织特征分类器、Hybrid 学习向量分层网络等多种分类器，应用范围从土地覆盖、森林、农作物分类到台风云系识别等。实践表明，神经网络在数据处理速度和地物分类精度上均优于最大似然分类方法的处理速度和分类精度。特别是当数据资料明显偏离假设的高斯分布时，其优势更为突出。但当数据维数增大时，神经网络在判别相似类别的差异时，容易造成误分。

3.3.3　GPS 技术

GPS（Global Positioning System）技术是一种利用卫星进行定位、导航、测量的技术。GPS 是美国第二代卫星导航系统，具有在海、陆、空进行全方位实时三维导航与定位能力。GPS 由空间部分、地面监控部分和 GPS 信号接收机三大部分组成。

1. GPS 的组成部分

（1）空间部分：使用 24 颗高度约 2.02 万 km 的卫星组成卫星星座。24 颗卫星均为近圆形轨道，运行周期约为 11 小时 58 分，分布在 6 个轨道面上（每轨道面四颗），轨道倾角为 55°。卫星的分布使得在全球的任何地方，任何时间都可观测到 4 颗以上的卫星，并能保持良好定位解算精度的几何图形（DOP）。这就提供了在时间上连续的全球导航能力。

（2）地面监控部分：包括 4 个监控间、1 个上行注入站和 1 个主控站。监控站设有 GPS 用户接收机、原子钟、收集当地气象数据的传感器和进行数据初步处理的计算机。监控站的主要任务是取得卫星观测数据并将这些数据传送至主控站。主控站对地面实行全面控制。其主要任务是收集各监控站对 GPS 卫星的全部观测数据，利用这些数据计算每颗 GPS 卫星的轨道和卫星钟改正值。上行注入站也设在范登堡空军基地。它的任务主要是在每颗卫星运行至上空时把这类导航数据及主控站的指令注入卫星。这种注入对每颗 GPS 卫星每天进行一次，并在卫星离开注入站作用范围之前进行最后的注入。

（3）GPS 信号接收机：能够捕获到按一定卫星高度截止角所选择的待测卫星的信号，并跟踪这些卫星的运行，对所接收到的 GPS 信号进行变换、放大和处理，以便测量出 GPS 信号从卫星到接收机天线的传播时间，解译出 GPS 卫星所发送的导航电文，实时地计算出测站的三维位置，甚至三维速度和时间。

按定位方式，GPS 定位分为单点定位和相对定位（差分定位）。单点定位就是根据一台接收机的观测数据来确定接收机位置的方式，它只能采用伪距观测，可用于车船等的概略导航定位。相对定位（差分定位）是根据两台以上接收机的观测数据来确定观测点之间的相对位置的方法，它既可采用伪距观测也可采用相位观测，大地测量或工程测量均应采用相位观测值进行相对定位。

2. GPS 的应用

我国测绘等部门经过近 10 年的使用表明，GPS 以全天候、高精度、自动化、高效益等显著特点，赢得广大测绘工作者的信赖，并成功地应用于大地测量、工程测量、航空摄影测量、运载工具导航和管制、地壳运动监测、工程变形监测、资源勘察、地球动力学、林业管理等多种学科，从而给测绘领域带来一场深刻的技术革命。

在森林资源管理中，GPS 技术在确定林区面积，估算木材量，计算可采伐森林面积，确定原始森林、道路位置，对森林火灾周边测量，寻找水源和测定地区界线等方面可以发挥其独特的重要的作用。而 GPS 定位技术可以发挥它的优越性，精确测定森林位置和面积，绘制精确的森林分布图，解决了林中常规测量的困难。

应用实例一：测定森林分布区域

美国林业局是根据林区的面积和区内树木的密度来销售木材。对所售木材面积的测量

闭合差必须小于1%。在一块用经纬仪测量过面积的林区，采用GPS沿林区周边及拐角处进行了GPS定位测量并进行偏差纠正，得到的结果与已测面积误差为0.03%，这一实验证明了测量人员只要利用GPS技术和相应的软件沿林区周边使用直升机就可以对林区的面积进行测量。过去测定所出售木材的面积要求用测定面积的各拐角和沿周边测量两种方法计算面积，使用GPS进行测量时，沿周边每点上都进行了测量，而且测量的精度很高很可靠。

应用实例二：GPS技术用于森林防火

利用实时差分GPS技术，美国林业局与加利福尼亚州的喷气推进器实验室共同制订了"FRIREFLY"计划。它是在飞机的环动仪上安装热红外系统和GPS接收机，使用这些机载设备来确定火灾位置，并迅速向地面站报告。另一计划是使用直升机或轻型固定翼飞机沿火灾周边飞行并记录位置数据，在飞机降落后对数据进行处理并把火灾的周边绘成图形，以便进一步采取消除森林火灾的措施。

3.4　森林资源信息分类编码

3.4.1　森林资源信息分类

大量的森林资源数据采集之后需要进行合理分类并根据一定规则进行编码，为后期数据存储做好准备。森林资源信息可以按数据来源、使用目的、数据特征等多种方式分类。考虑到目前宏观决策和微观管理的实际需要，采用以信息的特点和产生阶段为标志的分类方法较为适宜。根据信息的特点和在林业生产管理活动中产生的阶段，森林资源信息可分为公共基础数据等5个基本类型。在基本类型的基础上划分大类（表3.7）（张茂震等，2005）。

基本类型和大类是一个森林资源数据类型划分的基本框架，在此框架下进行信息实体类型以及实体时态特征的划分，同一实体来自不同采集时间或处于不同处理状态的信息应属于不同信息类型。

表3.7　森林资源信息大类划分*

序号	门　类	大　类
1	公共基础数据	基础地理数据、气象数据、社会经济、行政区划等数据
2	调查监测数据	1类、2类、3类森林资源调查及其他监测数据
3	设计实施数据	采伐作业设计、造林作业设计、森林公园、自然保护区、重点林业生态工程、森林资源采伐限额编制以及其他设计实施数据
4	管理数据	营（造）林、种苗、森保、野保、林政、防火及其他管理数
5	其他数据	调查设计方法、科学研究及其他数据

*　包括空间数据。除基础地理数据以外，其他数据都有时间特征。

3.4.2　森林资源信息编码

3.4.2.1　编码原则

（1）唯一性：每一编码对象仅被赋予1个代码，在整个系统中，1个代码唯一表示1

个对象。

（2）简单性：代码结构应尽量简短，以节省机器存储空间和减少代码的差错率，提高机器处理效率。

（3）可扩展性：代码结构必须能适应同类编码对象不断增加的需要，必须给新的编码对象留有足够的备用码，以适应不断扩充的需要。

（4）规范性：在一个信息编码标准中，代码的结构、类型以及编写格式必须统一。保证同类信息的代码长度相同。

（5）适用性：代码要尽可能地反映分类对象的特点，易识别，便于记忆，便于填写。同时，代码结构要与分类体系相适应，空间信息编码应兼顾制图与GIS空间分析。

除以上原则外，还必须考虑编码必须能反映数据的级别、时态、状态等信息。

3.4.2.2　属性数据编码

森林资源属性数据编码的结构可定为3段：大类码、实体码、数据特征码，即代码结构为大类码＋实体码＋数据特征码。前两段在系统中可唯一标识实体，最后一段是实体属性特征，即实体取值的枚举，如权属是一个实体，其属性特征为国有、集体、个人等（张茂震，2005）。

（1）类型编码。数据类型编码是数据的标识码，一个类型编码唯一确定一类数据，它在数据的存储、查询和处理等操作中有着至关重要的作用。在数据库中，首先要找到数据实体的标识，然后才能找到数据，数据的标识又需通过数据的标识码来查找。

森林资源数据类型标识码由大类码和实体类型码两部分组成。大类码统一编制（表3.7），表3.8所示实体类型码由于不同大类的实体类型的划分标准和依据不同而分别编制。

表3.8　森林资源信息大类编码

1级	2级	代码	1级	2级	代码
公共基础数据		10	调查监测数据		20
	基础地理数据	11		1类调查数据	21
	气象数据	12		2类调查数据	22
	社会经济数据	13		3类调查数据	23
	行政区划数据	14		其他调查数据	24
⋮	⋮	⋮	⋮	⋮	⋮

由于数据共享与安全要求，类型划分的基础上还必须区分数据的时态、级别、安全性、格式等方面的不同特征。这些特征作为扩展编码，与大类码共同组成森林资源数据基本类型。

森林资源实体类型/属性类型是森林资源信息最小基本类型或基本类型组。森林资源信息基本类型编码需要的位数可根据各大类中的最大实体类型数确定。目前，森林资源实体类型最多的是1类调查数据，有74个项目。因此，实体类型编码需采用2位码。对于数据库系统来说，完整的森林资源（类型）实体标识码是表3.8、表3.9编码以及数据状态码的组合。

表 3.9 **森林资源实体/属性类型编码**

序号	类型名称	编码	子类数	特征总数*	子类说明
1	地类	A	0	24	
2	植被（森林）类型	B	0	42	
3	湿地类型	C	5	38	近海及海岸、河流、湖泊、沼泽、人工湿地
4	土地退化	D	3	22	沙化、荒漠化、石漠化、侵蚀
⋮	⋮	⋮	⋮	⋮	⋮
19	其他数据	Z	4	33	工程类型、公益林事权、保护等级、地类变化原因

* 目前全国森林资源调查类型划分的最大集。

根据表 3.9，可得到由类型编码和子类顺序码构成的森林资源实体类型代码。如湿地类型为 C，近海及海岸湿地为 C1，河流湿地为 C2，…。没有子类时，此位编码为 0，如地类编码为 A0。

（2）实体特征编码。森林资源数据特征编码是在森林资源（类型）数据标识码的基础上，对每个类型实体的非数值型特征进行编码。如一类调查数据中的有林地、无林地等，它们都是地类这一实体的特征，每个特征需要有一个在实体内能唯一标识的编码。在森林资源调查中，这种编码称为森林资源代码。与森林资源实体类型数据标识码编码方法一样，森林资源特征数据编码也采用线性的十进制方法进行编制。由于各类实体所具有的特征数量不同，代码位数各不相同。但考虑到便于记忆和调查记录的填写速度等实用因素，代码长度确定在 2～3 位数字为宜。树（草）种（组）数据是森林资源信息类型中的一个较大的实体类，分成 5 个实体子类后的特征数量仍然很大。下面以树（草）种特征码（树种代码）为例说明（表 3.10）。

表 3.10 **树（草）种（组）代码空间划分及编码**

实体代码	树种组	数量（种/组）	代码空间	编码例子
J1	乔木	328	010～499	
J1	针叶林	132	010～199	冷杉 010、云杉 020、铁杉 030、……
J1	阔叶林	196	200～499	栎类 240、桦木 250、白桦 260、……
J1	红树林	5	500～599	白骨壤 501、桐花树 502、……
J1	竹林	32	600～699	毛竹 610、散生杂竹类 62、其他竹类 630、……
J1	灌木林	107	700～899	
J1	灌木（经济）林	59	700～799	果树 710、食用原料树 720、药材树 730、……
J1	其他灌木林	48	800～899	梭梭 811、白刺 812、杜鹃 821、……
J1	草本	191	A00～C99	芨芨草 A01、酸竹 A02、五节芒 A03、……

（3）类型扩展编码。为实现数据共享，兼顾多源数据整合的要求，必须在类型和特征编码的基础上增加反映信息安全、级别以及数据结构、格式等信息的编码，称之为类型扩展编码。类型扩展编码可用一个 4 位数的代码表示，其中信息级别、安全特征等项各占 1 位（表 3.11）。

扩展编码还要考虑时态特征，不同时间采集和处理的数据是不同的类型。信息时态特征可用采集或处理的时间表示，时间单位为年，即4位数字。

由于扩展编码的对象是数据集，而不是具体的数据，所以它一般只在数据库和数据集级别上使用，即表3.11的代码随表3.8的代码一起使用。

表3.11 属性扩展编码

实体类型	特征划分数	特征编码（顺序编码）
信息级别	6	国家、省、市（地）、县（市、局）、乡（镇、场）、村
信息安全特征	3	公开、部门共享、依法专用
信息状态	5	原始数据、中国数据、分析数据、更新数据预测数据

3.4.2.3 空间数据编码

（1）现有标准扩展。森林资源空间数据主要来源于中比例尺地形图。一般森林资源调查采用1∶50000地形图原图放大到1∶25000作为调绘手图，最后的基本图和森林分布图等专题图一般都与外业调绘手图比例尺相同。近年来，由于对森林资源信息需求提升，森林资源调查所用地形图的基本比例尺规定为1∶10000。森林资源基础地理信息分类编码执行《1∶10000 1∶50000 1∶100000 地形图要素分类与代码》（GB 15560—95）。

GB 15560—95将地形要素分为9大类，地形要素分类代码由4级（4位数字）代码构成，其结构为：大类码＋小类码＋1级代码＋2级代码。其中，植被为9000、地类界9100，耕地9200、森林为9300，在森林下划分林业用地的各种地类。由于GB 15560—95对林业地类划分标准与实际林业行业的标准不同，而且留给森林资源调地类编码的空间只有两位，不能满足直接扩充要求，因而有必要对GB 15560—95中植被这一大类的编码进行改造。除植被以外，其他编码均可在GB 15560—95基础上直接扩充。

（2）空间附加编码。以上编码方法较好地表达了地形要素的分类特性，但对构成地形要素的图形实体的特征体现得不够，在GIS分析和制图时，它往往不能很好地满足要求。例如，无法给特定的线赋以特定的线型，无法提取用于GIS分析的图形实体等。林业基本图制图过程中经常碰到诸如哪条河该绘制成双线河、哪条单线河等问题。如果在编码中引入主结构线和辅结构线，并给两者规定不同线型编码，则双线河与单线河表示会随比例尺的变化而自动变化，即数据库中只有表示河流中心的主结构线，图上显示只有辅结构线，在比例尺较大的时候，辅结构线在主结构线两边，是双线；当比例尺缩小到一定程度，主结构线两边的辅结构线会缩为单线，并与主结构线重合。因此，为了林业满足制图和GIS分析的需要，必须在地形要素分类扩展的基础上增加空间附加代码（梁军等，2001）。

构成地形要素的图形实体可分为点、线、面和注记。林业基础地理信息分类编码应该由地形要素分类码和地形要素实体代码构成，其结构为：地形要素分类码＋地形要素实体代码，编码共6位数字，其中地形要素分类码采用GB 15560—95的4位数字编码，地形要素实体代码采用两位数字，其构成为实体分类码（1位）＋实体特征码（1位）。

实体分类码主要用于区别图形实体的类型和主次结构，如点、线和面，主结构线和辅结构线。实体特征码主要用于区分实体符号化的图形特征如实线、点线等。

3.5 森林资源信息输入

根据前面所述，森林资源信息按属性划分可以分为属性信息和空间信息。已采集的信息用于后期的处理和输出，因此需要将它们按一定的格式输入计算机中进行存储，下面分别介绍属性信息输入和空间信息输入。

3.5.1 森林资源属性信息输入

森林资源属性信息常通过键盘、条形码扫描器、文字扫描仪等设备输入到计算机中。键盘是最常用的输入设备，常用于字符信息的输入。条形码扫描器则用于输入条形码信息。文字扫描仪可用于打印文字的输入，同时输入之后还可以结合一些文字识别软件将扫描后的文字转换成字符方式。随着科学的发展将来还可以使用一些语音识别设备，自动或者半自动地将与森林资源管理有关的语音信息转换成字符方式，以提高属性信息的输入效率。

3.5.2 森林资源空间信息输入

空间数据，无论是来源于数字数据还是来源于模拟数据，都需要与所使用的 GIS 相兼容。模拟数据需经过数字化才能输入到 GIS 中，常用的模拟数据输入方法包括手工数字化、自动数字化（包括扫描）和键盘输入。数字数据已经以计算机可阅读的方式存储于磁盘、磁带、CD 或计算机网络中，如果现有的数字数据使用的数据格式与所用的 GIS 一致，它们可以直接输入到 GIS 中，否则要经过数据格式的转换才能输入（亢新刚，2001）。

3.5.2.1 手工数字化处理

手工数字化（manual digitizing）是最简单、最便宜、使用最普遍的从地图或解译的遥感相片上获取和输入矢量数据的方法。由于手工数字化是通过跟踪地图或相片上地理实体分布的几何图形进行的，可以记录线划的方向，因此，有利于建立地理实体之间的拓扑关系。

手工数字化使用手扶跟踪数字化仪，简称数字化仪。数字化仪有不同的形式和幅面规格。数字化的典型精度在 0.075～0.25mm 之间。小型数字化仪的有效幅面在 30cm×60cm 左右，只适合于数字化小幅面的地图或相片。大型数字化仪的有效幅面可达 90cm×120cm，用于数字化大幅面的地图和影像。数字化仪由数字化台面、电磁感应板、游标（cursor）和相应的电子电路组成。

数字化台面用于固定待数字化的地图或影像，游标可在数字化台面上自由移动。游标上的一组按钮具有预先设置的功能，允许用户向计算机发出有关数字化指令，如开始数字化、记录一个点位、终止数字化等。当数字化操作员将游标上的十字丝交点对准图形上某个选定的点位时，按动记录点位的按钮，数字化仪即将该点的坐标（x，y）记录下来传送给计算机。数字化仪由软件控制，通常数字化仪控制软件是 GIS 软件系统的一个模块。

数字化仪的使用比较简单，只需经过很短时间的训练即可掌握其操作技术。然而，要高质量、高效率地数字化一幅地图，需要积累一定的经验，并充分了解数字化过程中可能出现的问题。一般地，使用手扶跟踪数字化仪进行地图数字化需经过如下6个基本步骤：

（1）准备数字化原图。①检查原图内容的完整性；②在岛屿多边形（即不与其他多边形相接的多边形）上标出一个起始顶点；③在原图上选择和标出4个或4个以上的控制点或参照点。

（2）定义数字化规则。包括确定如何将原图包含的要素划分成若干图层，每一个图层应当包含同一实体类型（点、线或面）、同一主题要素，数字化应当按图层进行，即一个图层数字化完毕以后，再数字化另一个图层要素。此外，数字化之前，还应当确定图形选取和概括的规则，以控制地图或地理数据综合的程度。

（3）数字化控制点。将数字化仪游标上的十字丝交点对准在原图上标识好的控制点，一一记录它们的点位坐标，然后由键盘输入它们的实地坐标。数字化仪记录的点位坐标是相对于数字化台面坐标原点（台面左下角）的平面直角坐标（以厘米为单位），控制点的实地坐标用于将数字化台面坐标转换成在地面的实际坐标。在数字化仪控制软件接收到控制点的实地和数字化台面坐标以后，它计算出一个坐标转换矩阵，并将这个转换矩阵自动地应用于后续数字化采集的坐标数据，将它们转换成地面实际坐标，然后输入GIS。控制点的数字化必须尽可能地精确，因为它决定了坐标数据转换的精度。

（4）数字化地理实体的几何图形。图形数字化实际上是获取构成点、线或面的所有特征点或顶点的坐标。点状实体数字化为一个点；线状实体数字化为一个有序点集，GIS显示软件将所有点按顺序以直线段相连，形成弧或线段链，点的顺序标志着弧的方向，从而可以建立实体的拓扑关系。面状实体或多边形实体可被数字化为首末同点的有序点集，也可被数字化为一系列的弧段以避免重复数字化相邻多边形的共同边界。每个实体数字化以后，数字化仪控制软件都会自动赋给它们每一个唯一的标识码，用于输入或连接它们的属性数据。

（5）检查和修正数字化错误。手工数字化是一项费时、费力的工作，数字化过程中难免有错误发生。因此在数字化工作完成以后，必须检查和纠正数字化错误。比较简便的方法是用软件识别几何错误（如多边形不闭合、线段不相交等），绘出数字化图形，将它与原图叠加在一起通过比较找出错误。

（6）输入属性数据。每一个数字化地理实体的属性数据一般由键盘以数据库表格的形式输入，然后以第（4）点产生的实体标识码为关键字，将属性数据表与数字化的坐标数据相连。在一些GIS软件中，多边形实体的属性数据往往连接到多边形中心点（centroid），常称为多边形标识点（lable point）。多边形标识点可在数字化多边形后通过手工数字化获取，或在GIS软件将数字化的弧段形成多边形时自动产生。

3.5.2.2 自动数字化处理

自动数字化（automatic digitizing）主要有两种方法：扫描和自动跟踪数字化。

扫描数字化是使用扫描仪获取栅格数据的主要方法。扫描仪是通过对地图原图或遥感像片做进级扫描，将采集到的原图资料上图形的反射光强度转换成数字信息，以栅格数据格式输出地图或相片的数字影像。

扫描数字化数据在GIS中主要有两个用途：第一，扫描输出的地图和相片数字影像按照一定的地表坐标参照系统定位（geo-referencing），可用作显示矢量数据的背景；第

二，经扫描以栅格数据格式输出的地图和遥感相片经过一个矢量化过程，可转换成矢量数据。

另一种自动数字化方法是自动跟踪数字化。它使用具有激光和光敏器件的自动跟踪数字化仪，模拟手工数字化方法自动跟踪地图上的线划。自动跟踪数字化仪输出的是矢量格式的（x，y）坐标串，但是它要求原图资料上的图形线划非常的清晰、容易区别，不适合于数字化以虚线描绘的图形和不连续的线划。而且，数字化后需要做大量的数据检验和编辑工作。因此，作为一种自动数字化方法，它不如扫描数字化普遍。

3.5.2.3 数据转换

除了通过使用上述方法采集和输入地理数据以外，GIS的另一个重要数据源为数字数据。通常，在一个GIS项目中，在用户需求分析和项目设计之后，首要的任务之一就是调查所需要的数据中，哪些可来自数字数据，哪些仅来自模拟数据。对于数字数据，还需了解它们的数据格式。如果所需的数字数据的格式与所用的GIS相兼容，那么就可以将它们直接输入，否则，需要作数据格式的转换。由于许多GIS软件系统使用其专卖数据格式，且地理数据格式繁多，它们之间的转换有时并非易事。专卖数据格式需要专门的格式解译程序（traslator），非专卖数据格式，又称中立数据格式（neutral format）或公开数据格式（public format），也要求GIS系统具有相应的格式解译程序。地理数据格式的转换有直接和间接两种方式。

1. 直接转换

直接转换是使用GIS软件系统中的格式解译程序将一种地理数据格式直接转换成另一种格式，这是在出现地理数据标准和开放式GIS（Open GIS）之前唯一的格式转换方式，但因为它简单、快速，大多数GIS用户仍然倾向于使用这种方式。有的GIS系统具有能直接转换多种地理数据格式的解译程序。例如，EsRI公司的ArcGIS可直接将ArcInfo的E00文件、MicroStation的DGN文件、AutoCAD公司的DXF文件和DWG文件，以及MapInfo的MIF文件转换成ArcView的Sbapefile格式。目前，许多GIS软件系统都能直接阅读和转换DWG、DXF、DGN、shapefile和多种栅格影像格式。

2. 间接转换

间接转换是将一种地理数据格式转换成一种中间数据格式，再将中间数据格式转换成另一种GIS可阅读的数据格式。这种方式主要用于转换一些复杂的数据格式，如美国的空间数据交换标准SDTS和英国国家数据交换格式NTF；或者在所用的GIS没有合适的格式解译程序的情况下，需利用第三者解译程序（third - party tanslator），将获得的数字数据转换到一种该GIS能解译的中间数据格式，再由其格式解译程序转换成所需的数据格式。

第4章 森林资源信息存储

4.1 森林资源信息存储概述

森林资源信息是通过森林资源数据来承载和表现的。由于森林资源数据的特点，决定了在森林资源信息管理过程中必须采用相应组织和存储技术。森林资源管理需要来自森林资源、环境（自然、社会、经济、人文）、科技（知识）、生产以及管理者等方面的多种基本信息源的数据资料。这些原始状态的数据需要合理的存储和重新组织、加工、分析、综合，以便提炼出有价值的信息供管理使用。因此，数据的存储、组织是森林资源信息管理的基础环节（方陆明，2003）。

森林资源数据与一般企业管理应用的数据相比：①表现为属性数据与定位数据相结合的地理数据；②涉及范围更广；③数据量更大。森林资源数据的存储、组织方式最终表现为地理数据的存储、组织方式。地理数据在计算机中的表示方式可归结为3种类型：栅格、矢量和面向对象。地理数据的存储则通过地理数据库实现。

4.2 地理数据在计算机中的表示

作为地理数据表示的传统方法，地图以图形符号来记载和表示地理数据，以便于人们阅读、分析、理解和应用。然而，GIS则要求以数字形式记载和表示地理数据，以便于计算机识别、存储、组织和操作。地理数据在计算机中有3种表示方法：栅格（raster）表示法、矢量（vector）表示法和面向对象（object-oriented）表示法。栅格法以规则网格描述地理实体，记录和表示地理数据；矢量法以点、线、面（多边形）描述地理实体，记录和表示地理数据；面向对象法则将每一个地理实体看成是一个对象（object），从实体的属性和操作运算方法两个方面来描述每一个对象以及对象之间的相互联系，以对象为单位记录和表示地理数据。这3种描述地理实体、表示地理数据的方法统称为地理数据模型，根据某一地理数据模型表示的地理数据在计算机内存储和组织的方式称为地理数据结构。地理数据模型和数据结构决定了GIS获取、存储、处理和使用地理数据的方法（朱选，2006）。

4.2.1 栅格表示法

栅格数据模型是一个由大小相同的像元组成的矩阵，这个矩阵作为整体用来描述专题数据、光谱数据和照片数据。栅格数据可以描述任何事物，从地表属性数据如高程和植被数据，到卫星影像数据、扫描地图和照片数据。栅格数据格式非常简单但是它却支持种类很多的数据类型。下面将讨论用栅格数据模型描述地理数据的方法。

4.2.1.1　栅格数据模型

栅格数据模型视地球表面为平面，将其分割为一定大小、形状规则的格网（grid），以网格（cell）为单元记录地理实体的分布位置和属性（表 4.1）。组成格网的网格可以是正方形、长方形、三角形或六边形，但通常使用正方形。使用这一地理数据模型，一个点状地理实体表示为一个单一的网格，一个线状地理实体表示为一串相连的网格，一个面状地理实体则由一组聚集在一起且相互连接的网格表示。每个地理实体的形状特征表现为由构成它的网格组成的形状特征。每个网格的位置由其所在的行列号表示（图 4.1），一般将格网定位为北下南，行平行于东西向，列平行于南北向。在格网左上角的地面坐标、网格形状、网格大小以及比例尺已知的情况下，我们可以计算出每个网格中心所处的地理位置，从而确定地理实体分布的地面位置，计算地理实体的几何特征（如长度、面积等）。

表 4.1　　栅格数据模型

实体类型 (feature type)		地图表示法 (map representation)	栅格表示法 (raster representation)	数据矩阵 (data array)
点状实体 (point feature)		居民区 (village)		1 0 0 0 1 0 0 0 0 0 0 0 0 1 0 0 0 0 0 0 0 0 0 0 0 0 0 0 0 0 0 0 0 0 0 0
线状实体 (line feature)		道路 (road)		1 0 0 0 0 1 0 1 0 1 1 0 0 1 1 0 0 0 1 0 0 0 0 0 0 0 0 0 0 0 0 0 0 0 0 0
面状实体 (area freture)	离散型 (discrete)	1　2　3 小班分布		1 1 1 1 3 3 1 1 1 3 3 3 1 1 2 3 3 3 2 2 2 3 3 3 2 2 2 2 3 3 2 2 2 2 3 3
	连续型 (continous)	高程 (elevation)		49 48 48 47 47 45 50 49 48 43 43 43 47 47 48 46 46 45 43 45 47 50 50 48 41 44 47 50 50 47 41 44 46 47 49 47

根据表 4.1 可知，栅格数据可以表示为一组数据矩阵，每个数据称为网格值，代表相应网格内地理实体的属性，根据属性值编码方案的不同，网格值可为整数或浮点数，有些

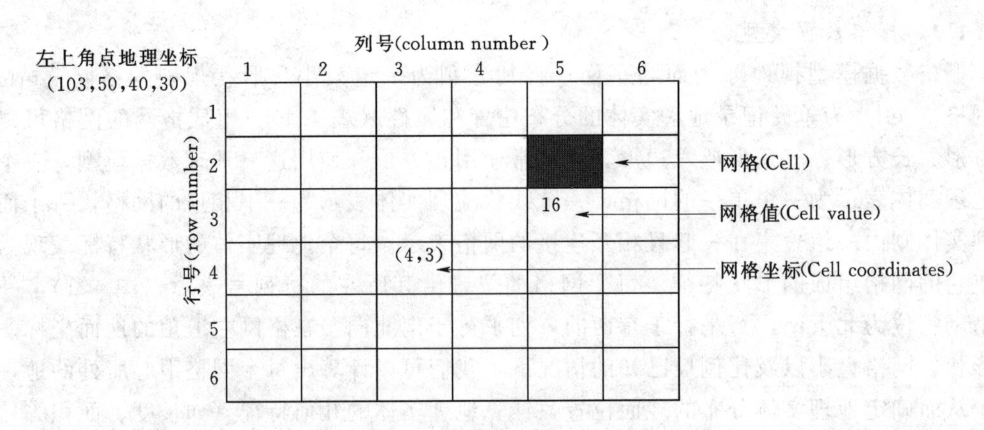

图 4.1 栅格数据模型的基本要素

GIS 还允许以文字作为网格值。在最简单的情况下，网格值为 0 或 1，表示某一地理实体的存在与否。如在表示道路网分布时，凡是那些有道路经过的网格赋予 1，没有道路经过的网格都赋予 0。在表示高程时，往往采用浮点数为网格值。当表示土地利用类型时，可以采用土地利用类型代码以整数表示，或用土地利用类型的名称以文字表示。

栅格数据不明确地表示地理实体的拓扑特性，但这些特性可以通过计算获得。例如，当已知一个网格的行列坐标，就可以很容易地找到与它相邻的网格。类似地，根据网格的行列坐标和网格值，可以搜寻包含在一个面状实体内的另一个地理实体。有关栅格数据的处理和分析将在后面章节中详细讨论。

栅格数据的精度在很大程度上取决于网格的大小。网格越大，精度越低；反之，网格越小，精度越高。栅格数据的精度决定了地理实体几何形状特征表示的详细性和精确性，从而影响到量测、计算和分析的精度。图 4.2 显示了以不同网格大小表示的同一地区的道路网。可以看出，以较大网格表示的道路丢失了许多小的弯道。然而，不管网格有多小，由于每个网格只能拥有一个数值，因此，每个网格内有关地理实体属性变化的细节会全部丢失。而且，栅格数据总会在某种程度上歪曲地理实体的细部特征，特别是在表示线状地理实体时。例如，一条宽度一致的公路会表示成一条宽度不一致的、锯齿状的，甚至有时看上去是不连续的一条线段。此外，当一个网格包括两种或两种以上不同类型的地理实体时，只能将它表示为其中一种类型。在这种情况下，我们通常使用如下两种规则之一给网格赋值。第一种规则称作面积占优法，即将网格表示为占有面积最大的地理实体那一类。第二种规则为中心位置法，即以仅次于网格中心的地理实体作为该网格的类型。图 4.3 表

图 4.2 以不同精度的网格数据表示道路网

示了这两种规则。

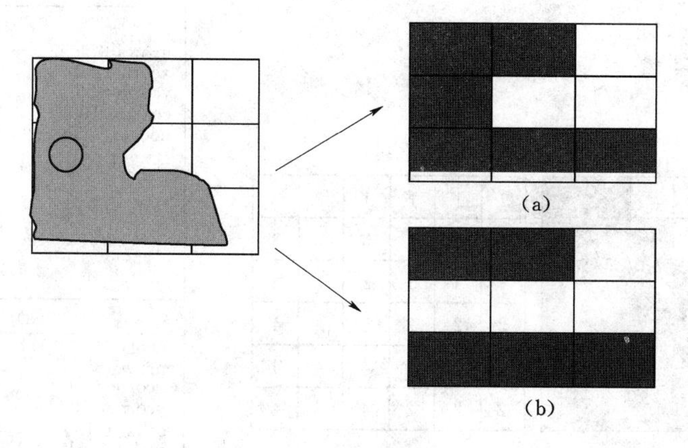

图 4.3　网格赋值规则

(a) 面积占优法；(b) 中心位置法

尽管栅格数据具有如上所述的缺点，但是它们易于理解，便于计算机存取、操作、运算和显示。此外，卫星数字影像可以栅格数据模型输入 GIS，从而有利于遥感数据与地图数据的结合。

4.2.1.2　栅格数据结构

栅格数据在计算机中可以用多种方式存储，主要包括栅格矩阵、游程编码（run－length encoding)、链编码（chain coding)、四叉树（quadtree）等。

1. 栅格矩阵

这种数据结构是最简单的栅格数据存储方法，它是将网格值按照网格的行、列顺序直接以一个数据矩阵存储在一个计算机数据文件中。通常，这个文件具有一个文件标头（file header）部分，用以存放有关栅格数据模型基本要素方面的数据，包括行数、列数、网格大小、格网左上角或左下角的实际地面坐标等。这些数据也可单独存放到一个标头文件中。图 4.4（a）给出了一个例子。数字高程模型（网格中心代表高程点，网格值为高程值）和卫星数字影像主要采用这种数据结构。大多数使用栅格数据模型的 GIS 软件系统（如 ArcView Spatial Analyst，GRASS 和 IDRISI)，都可使用这种数据结构存储栅格数据。

栅格矩阵要求存储所有的网格值，其产生的数据文件的大小取决于格网的行数和列数。例如，以一个 m 行、n 列的格网表示一个地区的 40 种类型的土壤分布需要存储 $m \times n$ 个网格值，以同样的格网表示位于同一地区内的唯一的湖泊也要存储同样数目的网格值，因此，表示几十种类型土壤分布的栅格数据和表示一个单一类型的湖泊的栅格数据占有相同的计算机存储空间。实际上，这样存储的栅格数据包括了许多多余的数据，称为数据冗余。此外，网格的大小对栅格数据量有很大的影响。对于同一地区，采用的网格愈小，网格的数据愈多，栅格数据量就愈大，所需的计算机存储空间也就愈大。数据量随网格大小的改变呈平方变化。例如，将网格大小减小一半，其数据量将增加 4 倍。下面介绍的 3 种栅格数据结构都在某种程度上克服了这些缺点。

2. 游程编码

这种数据结构是逐行将网格按属性值分组，按从左到右的顺序，记录和存储每组的属

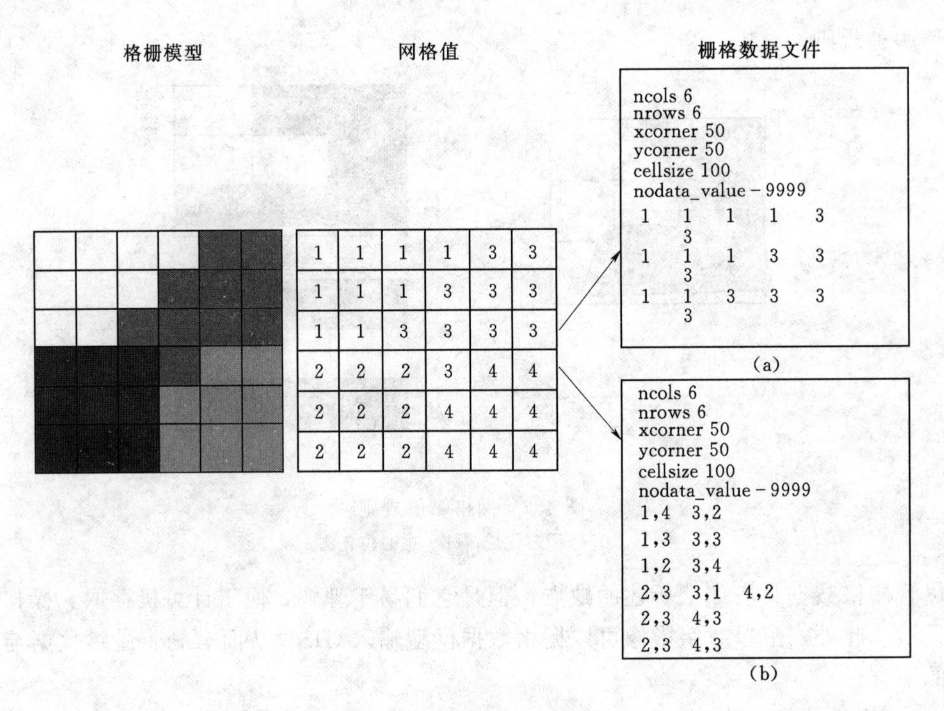

图 4.4 栅格数据结构

性值以及该组包含的网格数目。图 4.4（b）表示了这种编码方法。由于这种方法不需要记录每一个网格值，从而压缩了数据量，节省了计算机存储空间，许多 GIS 软件系统（如 GRASS 和 IDRISI）都可采用游程编码的方法存储栅格和数字影像数据。

3. 链编码

链编码是用一系列的按顺序排列的网格表示一个面状实体的分布界线，用于面状实体的栅格数据表示和存储。运用这种数据结构时，首先在面状实体的边界上选择一个起点。图 4.5 显示了这种编码方法的使用。在此例中，起点为该实体左下角的网格，按顺时针方向行走，以 E、W、S、N 分别表示东、西、南、北，N2 表示向北移动两个网格，S3 表示向南移动 3 个网络，等等。

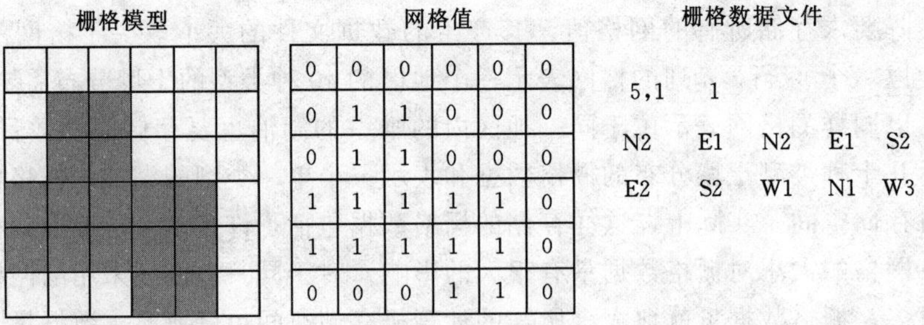

栅格模型　　网格值　　栅格数据文件

0	0	0	0	0	0
0	1	1	0	0	0
0	1	1	0	0	0
1	1	1	1	1	0
1	1	1	1	1	0
0	0	0	1	1	0

5,1　1

N2　E1　N2　E1　S2

E2　S2　W1　N1　W3

图 4.5 链编码

4. 四叉树结构

四叉树结构是将表示的区域反复地、逐步地以 4 个象限分割成网格形状和方向相同，

但大小不一的格网，在地理实体特征变化较大的地方，以较小的网格表示；在变化小的地方以较大的网格表示。以表示一个地区土壤类型分布为例来说明四叉树结构的原理。若整个地区只有一种类型的土壤，那么这个地区用一个网格表示就可以了。但若该地区具有两种或两种以上的土壤类型，就将整个区域分割成 4 个大小相等的网格（图 4.6)，把这 4 个网格看成 4 个象限，以 0 代表西北象限、1 代表东北象限、2 代表西南象限、3 代表东南象限，并以这些代号作为这 4 个网格的编码。在这 4 个网格中，将每个包含有两种或两种以上土壤类型的网格进一步分割成 4 个相等的部分或 4 个象限，新生成的网格的编码为它们所在的被分割网格的编码加上它们所在的象限代号。那些仅包含有一种土壤类型的网格不作进一步分割。然后，对所有的分割过程中新产生的较小网格作进一步判断，将包含有一种以上土壤类型的网格作进一步分割，并相应地给新产生的网格编号。这样的过程延续下去直到所有的网格只包含有单一地土壤类型，或最小的网格大小达到了预先规定的精度。最终形成的格网以一个四叉树结构表示。图 4.7 以一个简单的例子显示了四叉树结构的表示。在一个四叉树结构中，根结点表示整个区域，每一个可分割网格（即包含多种类型的网格）表示为一个中间结点，不可分割的网格（即包含单一类型的网格）表示为叶结点，每个叶结点由网格编号加以识别。网格位置编号有多种方法，这里所讨论的只是其中的一种称为层次编号法。这种编号方法有利于计算网格相对于格网原点的位置，从而便于确定网格的邻域、计算距离及其他地理实体的拓扑和几何特征。

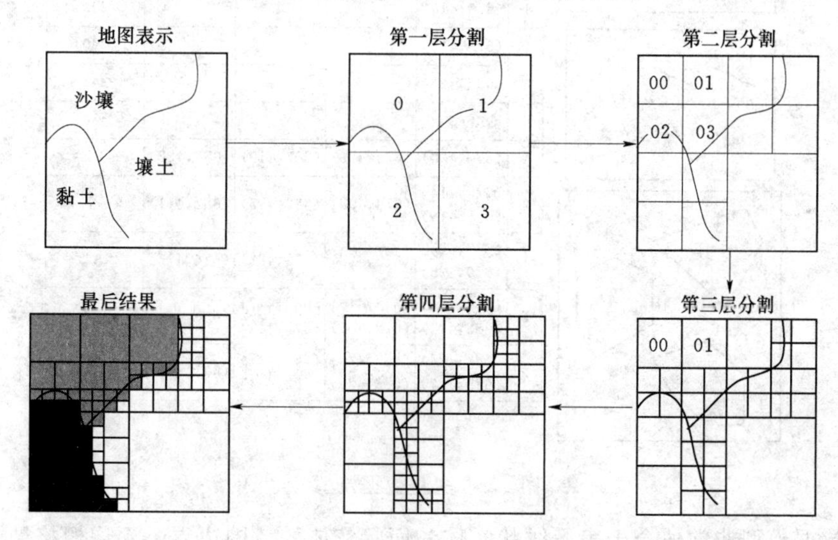

图 4.6 四叉树结构的建立过程

四叉树结构在数据存储与检索方面效率很高。用于四叉树建立、存储、检索及根据四叉树结构计算面积、周长等的算法已很成熟。目前，四叉树较多地用于数字影像处理。

4.2.2 矢量表示法

4.2.2.1 矢量数据模型

栅格数据模型以网格为单位表示地理数据，矢量数据模型以点为基本单位描述地理实体的分布特征，即将每一个地理实体都看作是由点组成的，每个点有一对（x，y）坐标表示。这里的（x，y）坐标可为地理坐标，也可为平面坐标。如图 4.8 所示，点状实体

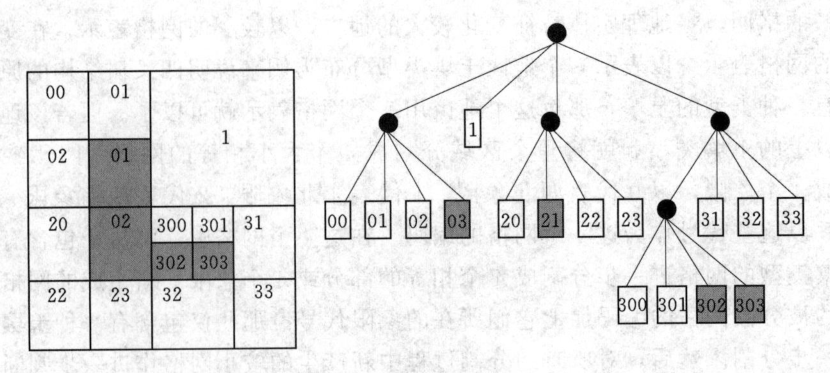

图 4.7　四叉树结构的表示

由一个单独的点表示；线状实体由一列有序点集表示，点的记录顺序称为线的“方向”；面状实体由一列首、尾同点的有序点集表示。线状和面状实体在显示时分别以直线段将组成它们的点连接成线段链（chain）和多边形（polygon）。

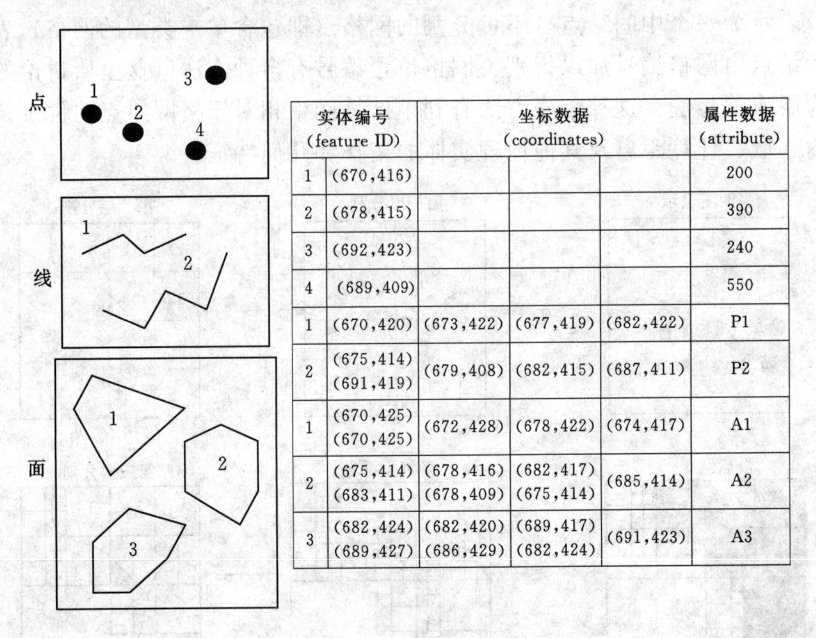

实体编号 (feature ID)	坐标数据 (coordinates)				属性数据 (attribute)
1	(670,416)				200
2	(678,415)				390
3	(692,423)				240
4	(689,409)				550
1	(670,420)	(673,422)	(677,419)	(682,422)	P1
2	(675,414) (691,419)	(679,408)	(682,415)	(687,411)	P2
1	(670,425) (670,425)	(672,428)	(678,422)	(674,417)	A1
2	(675,414) (683,411)	(678,416) (678,409)	(682,417) (675,414)	(685,414)	A2
3	(682,424) (689,427)	(682,420) (686,429)	(689,417) (682,424)	(691,423)	A3

图 4.8　矢量数据模型

矢量数据模型非常适合于表示线状实体和面状实体的范围边界。不像栅格数据模型那样要求记录和存储每个网格值，矢量数据模型只需要选取和记录反映地理实体分布性状和特征的点。例如，一个呈正方形的面状实体只需要记录 4 个角点，一条呈曲线的线状实体在弯曲处以较多的点表示，在较直的地方以较少的点表示。地理实体形状特征愈复杂，所需记录的点就愈多。在使用矢量数据模型时，点的选取以及点的数量是影响地理实体描述精度、数据获取的时间以及数据量的大小的一个重要因素。对于某一线状或面状实体，选取的点太少，就会歪曲它的形状特征，降低集合量测的精度；选取的点太多，会不必要的增加数据获取所需的时间以及数据量。图 4.9 显示了以不同数量的点描述同一个面状实体所产生的不同表示效果。GIS 研究人员已设计了好几种方法用于确定表示一个线状或面状

实体所需点的最佳数量。Douglas - Peucker 算法就是其中一种，它是通过将那些不影响实体总体形状的点去掉来获取反映实体形状特征的最佳数据的点。

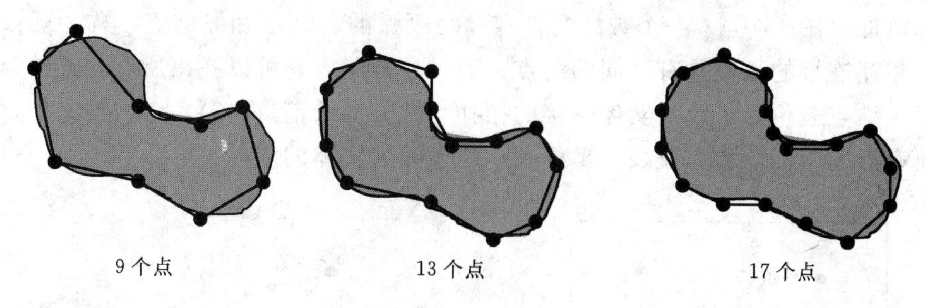

图 4.9 点的数量对地理实体表示的影响

4.2.2.2 矢量数据结构

与栅格数据结构相比，以矢量数据结构记录和存储的地理数据精度高，存储效率高（即数据的冗余度低），而且有些矢量数据结构可以存储地理实体的拓扑特性。常用的矢量数据结构包括三种：简单矢量数据结构、拓扑数据结构（topological data structure）和不规则三角网（Triangulated Irregular Network ，TIN）。

1. 简单矢量数据结构

这种数据结构是以地理实体（点、线或面）为单位，将地理实体特征点的坐标存储到一个数据文件中。每个实体由其编号或识别码（ID）标识，实体的属性数据一般以表的形式存储在另一个数据文件中，当需要查询、显示或分析某一个实体的属性数据时，GIS 以实体编号为关键字从属性数据文件中将它们读取出来。图 4.8 所示就是这种结构，其特点是结构简单、存取便捷。每一个地理实体以其完整的坐标序列单独表示，地理实体可以堆积在一起存储，但他们之间没有任何联系，这种数据结构又称为 spaghetti 结构。正是由于这种特性，表示两个面状实体共同边界的数据需要数字化和存储两遍，从而导致数据的冗余和表示上的不一致。由于在对同一条曲线重复数字化时，不太可能准确地选择相同点，因此，两个具有共同边界的面状实体在显示时会由于边界的交叉而出现许多狭小的多边形，这些狭小多边形的存在会给某些应用带来很大的问题。例如，在地籍图上，两个相邻地块可能为不同的家庭或单位所有，如果将它们的共同边界数字化两遍，那么边界周围出现的狭小多边形就会引起地产所有权的纠纷。此外，由于没有反映地理实体的拓扑特性，寻找相邻或包含的地理实体、最佳路径分析等都不能有效地执行。尽管存在这些缺点，许多 GIS 软件系统仍然使用这种矢量数据结构，大多数系统允许用户以这种结构输入数据，但几乎所有 GIS 系统现在都能将输入数据转换成如下所述的拓扑数据结构。

2. 拓扑数据结构

除了存储地理实体的坐标数据以外，拓扑数据结构还以计算机可以识别的方式存储反映地理实体拓扑特性的数据，即实体之间的邻接、连接和包含关系。在拓扑数据结构中，点状实体仅以其编号和一对（x，y）坐标表示和存储。点状实体的坐标位置就足以表示它们之间在空间上的拓扑关系。线状实体则表示为线段链，又称为弧段（arc）。如图 4.10 所示，每条弧段都有两个端点，称为结点（node），弧段上其他点称为顶点（vertex），弧段起始点称为起结点（from - node），终点为终结点（t0 - node），沿弧段从起结点到终结点标示着弧段的方向。拓扑数据结构通常以两个数据文件分别存储组成弧段的结点和所有点的坐标数据（图 4.10）。一个数据文件存储每段弧的起结点和终结点，称为弧段—结点表。因为相互连接的弧段具有共同的结点，通过查询此表，可以找出所有相连的弧段。因此，弧段—结点表包含了线状实体连接的拓扑特性方面的信息。第二个数据文件存储组成弧段的所有点的坐标，称为弧段—坐标表，用于线状实体的定位。

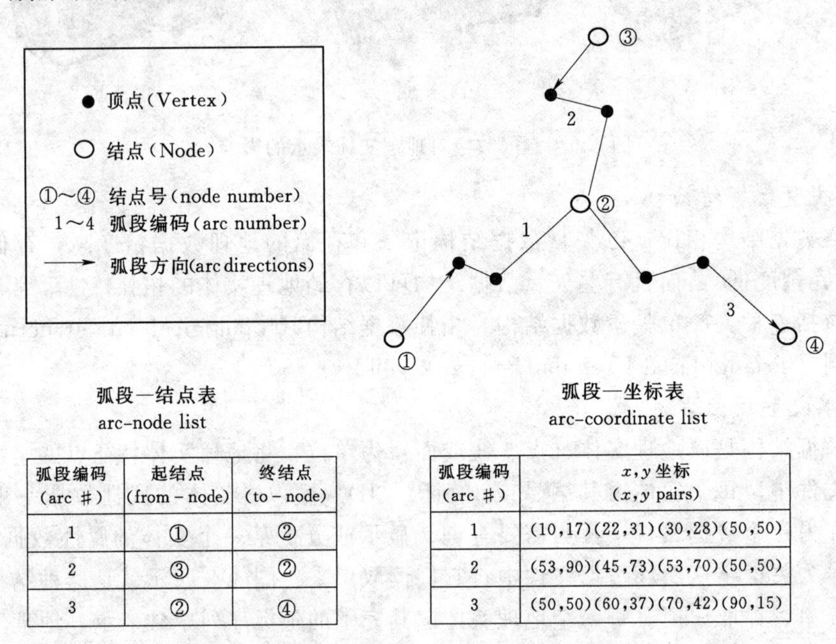

弧段—结点表
arc-node list

弧段编码 (arc ＃)	起结点 (from - node)	终结点 (to - node)
1	①	②
2	③	②
3	②	④

弧段—坐标表
arc-coordinate list

弧段编码 (arc ＃)	x,y 坐标 (x,y pairs)
1	(10,17)(22,31)(30,28)(50,50)
2	(53,90)(45,73)(53,70)(50,50)
3	(50,50)(60,37)(70,42)(90,15)

图 4.10　表示线状实体的拓扑数据结构

面状实体看成是由一系列的弧段组成的，图 4.11 显示了一表示离散型面状实体的拓扑数据结构。离散型面状实体表示为多边形。图 4.11 表示了 4 个多边形，整个区域以外的范围编号为 0。这个拓扑数据结构以 3 个数据文件分别存储组成各个多边形的弧段（多边形—弧段表），坐标数据（弧段—坐标表）以及各弧段与相邻多边形之间的关系（左—右多边形表）。根据多边形—弧段表，可以知道一个多边形是由哪些弧段组成的。例如，2 号多边形由 1、4、5 三个弧段组成。每一个弧段的坐标数据存储在弧段—坐标表中。尽管一个弧段在多边形—弧段表中可以多次出现，如 1 号弧段既用于定义 1 号多边形，又用来定义 2 号多边形，但每个弧段的实际坐标数据在弧段—坐标表中只存储一次，这样就克服了简单矢量数据结构中相邻多边形边界必须存储两次的问题，以及随之而产生的所有其他问题。左—右多边形表定义了每段弧沿着弧段方向位于其左、右两侧的多边形，从而可以推断出离散型面状实体邻接的拓扑特性。例如，2 号弧段的左多边形为 3 号多边形，右多边形为 1 号多边形，因此，1 号和 3 号多边形肯定是相邻的。根据多边形—弧段表和左—右多边形表还可推断出离散型面状实体包含的拓扑特性。例如，由多边形—弧段表可知，4 号多边形仅由一条弧段组成，即 7 号弧段，这表明 4 号多边形是一个“岛”，也即它包含于另一个多边形中，通过查询左—右多边形表可知，7 号弧段的左多边形为 3 号多边

形，右多边形为 4 号多边形，从而可以推断，4 号多边形包含在 3 号多边形之中。

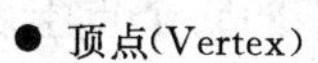

○ 结点(Node)

①～④ 结点号(node number)

1～4 弧段编码(arc number)

→ 弧段方向(arcdirections)

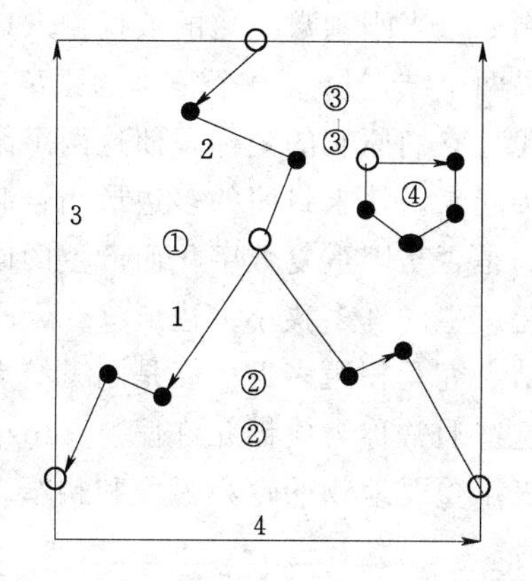

多边形—弧段表
(Polygon - arc list)

多边形编码 (Polygon #)	弧段编码 (arc #)
1	1,2,3
2	1,4,5
3	2,5,6
4	7

左—右多边形表
(left - right polygon list)

弧段编码 (arc #)	左多边形 (left - poly)	右多边形 (right - poly)
1	2	1
2	3	1
3	0	1
4	2	0
5	2	3
6	3	0
7	3	4

弧段—坐标表
(arc - coordinate list)

弧段编码 (arc #)	x,y 坐标 (x,y pairs)
1	(50,50) (30,28) (22,31) (10,17)
2	(53,90)(45,73)(53,70)(50,50)
3	(10,17)(10,90)(53,90)
4	(10,17)(10,10)(90,10) (90,15)
5	(50,50)(60,37)(70,42) (90,15)
6	(90,15) (90,90) (53,90)
7	(65,66)(78,66)(77,55)(71,51)(64,54)(65,66)

图 4.11　表示离散型面状实体的拓扑数据结构

与简单矢量数据结构一样，拓扑数据结构将每一地理实体的属性数据单独存放在另一个数据文件中，在需要时以地理实体的编号为关键字读取所需数据。属性数据文件可以是一个数据记录之间没有结构联系的展开文件（flat file），也可以是以一定数据库模型存储的数据库文件（详见第 4 章）。

拓扑数据结构表示地理实体的方法精确、数据存储效率高、地图输出质量好，因此已广泛应用于 GIS。然而不同的系统可能采用不同的拓扑数据结构，上面介绍的拓扑数据结构主要取自于 ARC/INFO 软件系统（ESRI，1991），其他著名的拓扑数据结构包括：POLYVRT（多边形转换器）、DIME（对偶独立地图编码法）、TIGER（地理编码和参照系统拓扑集成）。

拓扑数据结构除了在表示精度、存储效率和输出产品质量等方面比其他类型的地理数据结构优越以外，它在 GIS 中，还可应用于数据的错误检查、自动编辑和地理实体拓扑特性的分析。如果表示一个地区某类面状实体分布的所有多边形都闭合得很好，组成多边形的弧段在结点处没有空隙，就说这些多边形是拓扑完整的（topologically clean）。然而，由地图数字化获得的未经处理的数据常常不是这样的。图 4.12 给出了地图数字化数据中可能出现的几种错误，这些错误都可以通过建立多边形、弧段的拓扑关系自动识别，有些可以被自动消除。一个典型的使用拓扑数据结构的 GIS 使用未连接的弧段建立拓扑关系，检查多边形的拓扑完整性。例如，当刚刚数字化的数据输入以后，GIS 即检查每一个结点与其他结点相近的程度，如果两个结点位于一个很小的距离范围内，就求出它们（x，y）坐标的平均值，以平均坐标代替它们原有的坐标，使这两个结点位于同一个点上，从而使两个未连接在一起的弧段连接起来，使未封闭的多边形闭合起来。另外，检查所有具有两个相同结点的弧段，判断它们是否是因重复数字化而产生的同一弧段，如是，将其中一条删除，从而消除由重复数字化产生的许多狭小多边形（sliver）。然而，在错误自动识别与改正中，必须事先确定两个结点究竟相距多近才算是同一结点、一个由两条弧段组成的多边形多小多窄才应被删除，这些通常称为模糊允许偏差（fuzzy tolerance），这些允许偏差必须慎重选择，以避免那些表示重要地物的短小弧段和狭窄多边形被自动删除。

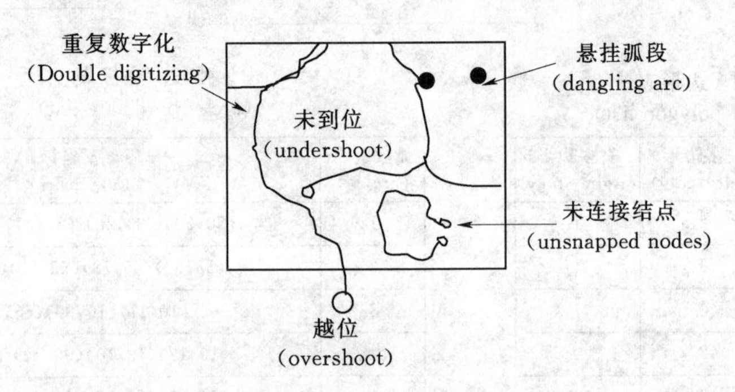

图 4.12　常见的数字化错误

此外，有些拓扑数据结构还将每段弧段的最大和最小的 x 坐标值和 y 坐标值（x_{max}，y_{max}），（x_{min}，y_{min}）存储起来作为弧段的拓扑特性之一，这些坐标值实际上定义了一个包围整个弧段的矩形范围，并可由此推算出每个多边形的矩形范围。弧段或多边形的矩形范围一般用一个以（x_{min}，y_{min}）为左下角、（x_{max}，y_{max}）为右上角的矩形表示，称为最小边界矩形（图 4.13）。最小边界矩形的定义使得 GIS 能在不使用大量的坐标数据的情况下进行许多数据的操作、分析和计算、尤其经常用在进行一项复杂运算之前作一些预判断。例如，要 GIS 判断一条河流经过哪几个地区，如图 4.13 所示，如果这条河流不与一个地区（多边形）的最小边界矩形相交，那么它就不可能流经这个地区，因而无需作进一步的判断和计算，从而节省了 GIS 的运算时间。

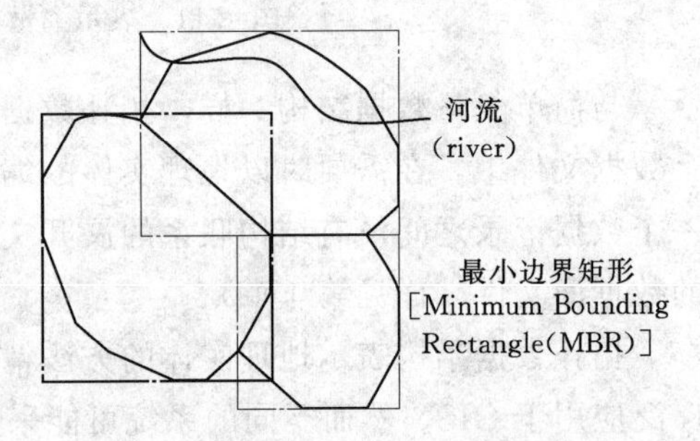

图 4.13　最小边界矩形

3. 不规则三角网（TIN）数据结构

上述的拓扑数据结构是表示和存储离散型面状实体的有效方法，然而，它们并不适合于表示连续型面状实体如地形、气温、土壤 pH 值等。目前在 GIS 中比较流行的用于表示和存储连续型面状实体的矢量数据结构为 TIN。TIN 是根据一系列不规则分布的数据点产生的，每个数据点由（x，y，z）表示，这里 x、y 为点的坐标，z 为所表示的地理实

体在该点的属性值，如高程值、温度值。TIN将数据点以直线相连形成一个不规则三角网，网中所有三角形相互邻接、互不交叉、互不重叠。图4.14显示的是由一组高程点构成的不规则三角网的一部分。

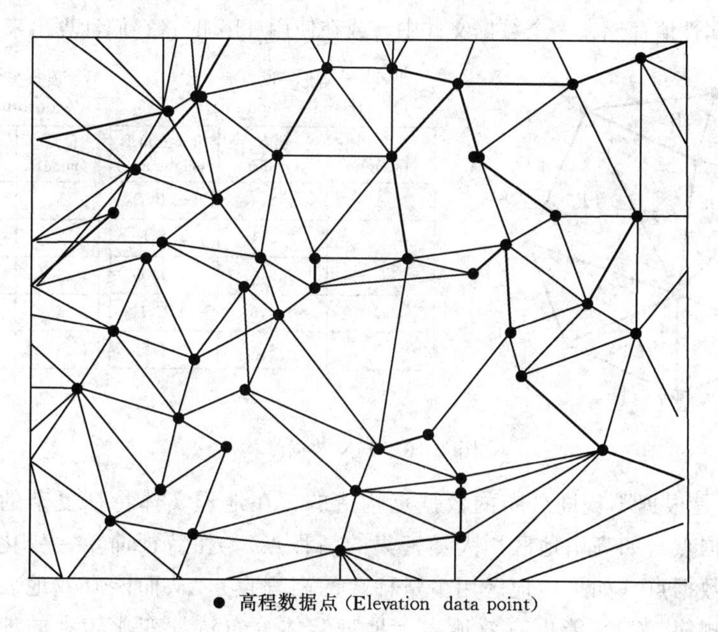

图4.14　由高程数据点构成所不规则三角形

将不规则分布的数据点连接成三角网的方法有好几种，其中最常用的为Delaunay三角构网法。根据此法，3个数据点只有当连接它们的圆不包含有任何其他数据点时才可连接成一个三角形。换句话说，使用Delaunay三角构网法形成的每一个三角形，它的外接圆不含有除三个顶点以外的其他数据点，而这个外接圆的圆心正是与该三角形三个顶点相对应的Voronoi（或Thiessen）多边形的公共顶点（图4.15）。一个Voronoi多边形仅包含一个数据点，该Voronoi多边形内的任何一点到此数据点的距离比到其他任何一个数据点的距离都要近。Delaunay三角构网可以通过Voronoi多边形进行。有关三角构网法的数学方法和算法可以参照Edelsbrunner（1987）和Heller（1990）的文章。

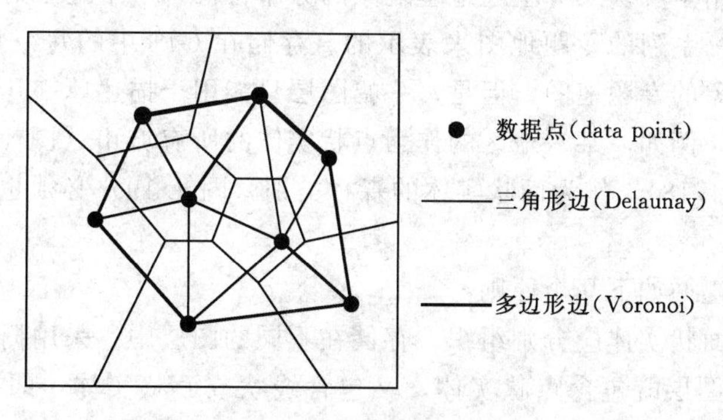

图4.15　Delaunay三角形和voronoi多边形

TIN是一种拓扑数据结构，它不仅存储每个数据点的（x，y，z）三维坐标值，而且存储三角网的拓扑特性，包括组成每个三角形的三个顶点（数据点）或边以及每个三角形的所有相邻三角形（图4.16）。每个三角形具有三个特性：面积，梯度（或坡度）和方位。这些特性可以作为TIN的属性值存储在一个数据文件中，或在使用TIN时将它们计算出来。

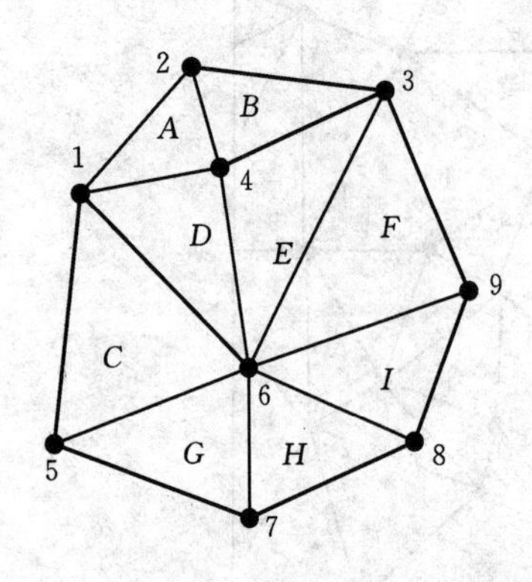

三角形—顶点表
(triangle - node list)

三角形 (triangle)	顶点 (node)	相邻三角形 (neighbours)
A	1,2,4	$-,B,D$
B	2,3,4	$-A,E$
C	1,5,6	$-,D,G$
D	1,4,6	A,C,E
⋮	⋮	⋮

顶点坐标序列
(coordinate list)

顶点 (node)	x,y,z
1	13,71,110
2	53,90,200
3	83,86,150
4	45,75,380
⋮	⋮

图4.16　TIN数据结构

由于TIN是根据不规则分布的数据点构造的，在地理实体特征复杂的地方可以使用较多较密的数据点（如高山地区用大量密集的高程点），在特征简单，变化不大的地方可以使用较少的数据点（如平坦地区用少量稀疏的高程点），从而能有效地表示地理实体特征的连续分布规律。TIN能更有效地表示地理实体分布特征变化较大的地区，而用栅格数据结构表示变化不大的地区效果较佳。

4.2.3　栅格和矢量数据的图层表示法

栅格法和矢量法是GIS表示地理数据最基本的两种方法。在运用栅格和矢量数据模型的GIS中，地理数据是以图层（map layer或coverage）为单位进行组织和存储的。一幅图层表示一种类型的地理实体，它包含了以一定的栅格或矢量数据结构组织的有关同一地区、同一类型地理实体的定位和属性数据，这些数据相互关联，存储在一起形成一个独立的数据集（dataset）。由于一幅图层反映某一特定的主题，它又称为专题数据层（thematic data layer）。图层表示法就是以图层为结构表示和存储综合反应某一地区的自然、人文现象的地理分布特征和过程的地理数据。这种方法实际上来源于传统的专题地图表示法。专题地图主要用于反映某一主题地理现象的分布特征，一个地区的自然和人文地理综合特征是通过使用一系列的专题地图来表示的。存储在GIS中的每一个图层可看作是一幅反映单一主题现象的专题地图。但是，一幅图层只能用于描述单一几何类型（点、线或面状）的地理实体。例如，某一地区的作为点状实体的所有城市（图4.17），作为线状实体的所有道路（图4.18），作为面状实体的森林类别（图4.19）必须也只能分别表示在3个不同的图层中。

图层的设计应遵循如下几个原则：

（1）点、线和面状实体应分别组织、存储在不同的图层中。采用栅格和矢量数据模型的GIS不允许一幅图层既包含点状实体，又包含线状或面状实体，即一幅图层不能表示两种或两种以上不同几何类型的地理实体。

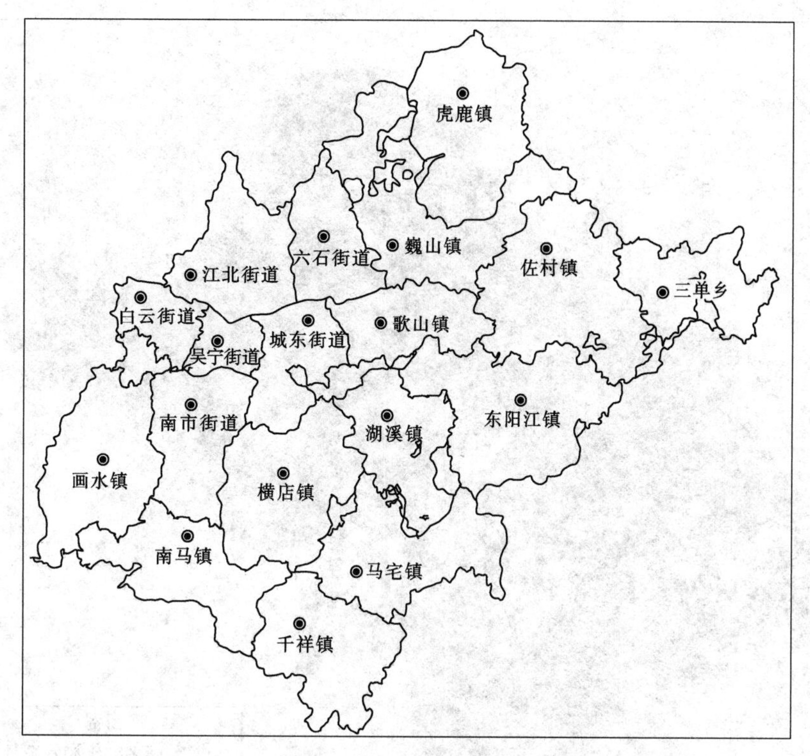

图 4.17 浙江省东阳市镇政府所在地分布图

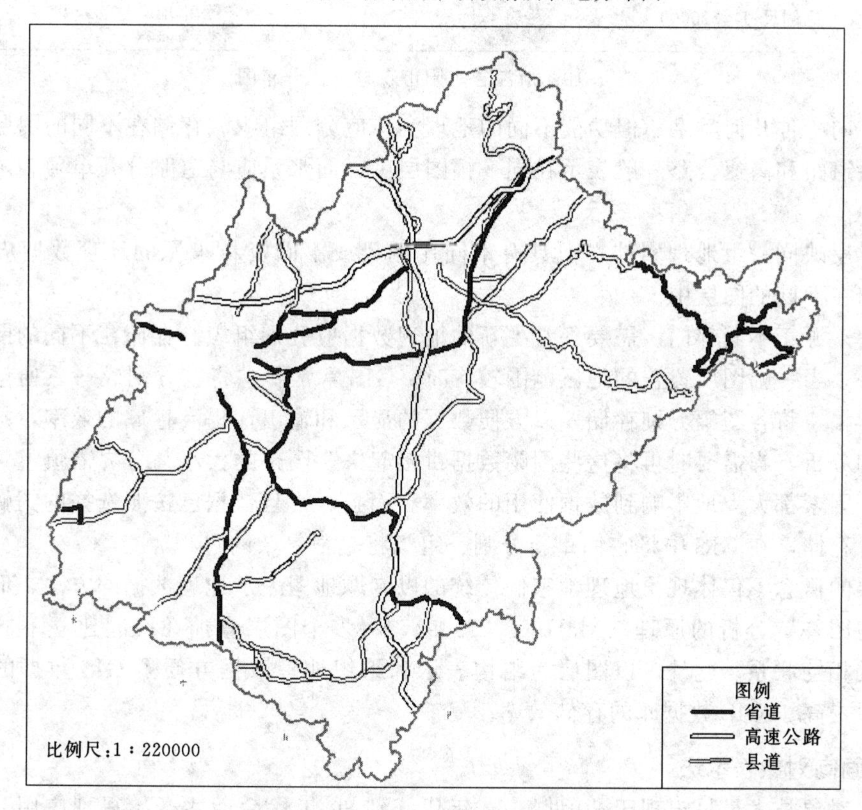

图 4.18 浙江省东阳市道路分布图

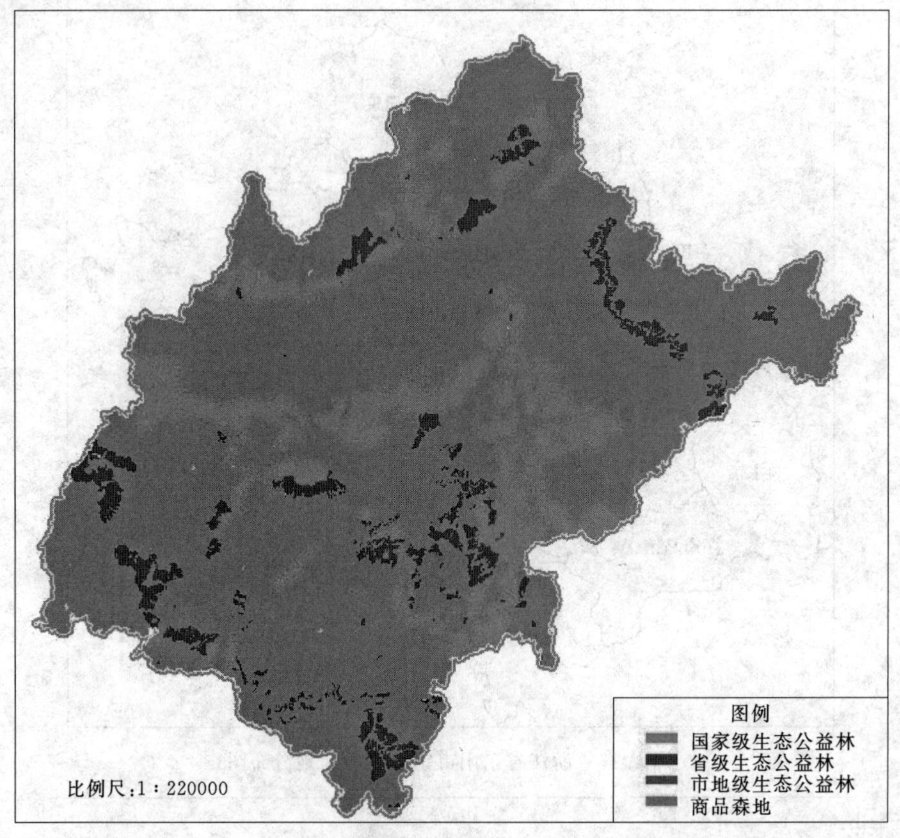

图 4.19　浙江省东阳市森林类别分布图

(2) 同一种几何类型、但功能不同的地理实体应分别组织、存储在不同的图层中。例如，普通道路和高速公路一般表示在同一幅图层中，而水系应与道路分开单独表示在另一幅图层中。

(3) 反映同一组地理实体，但具有不同比例尺或不同资料来源的地理数据应分别组织、存储在不同的图层中。

(4) 来源于不同部门、需要经常更新的地理数据应分别组织、存储在不同的图层中。

此外，当一幅图层覆盖的地区范围较广时，GIS 常常要求将它分割成一系列包含较小区域的图幅，将各图幅分别存储，以方便数据的显示和输出，提高存储的效率，加快数据的检索和分析，当需要时再将这些图幅数据拼接起来。图幅的大小与分界需慎重考虑，因为这两个因素都大大地影响到数据使用的效率。而且，一旦数据已按照选择的图幅分割方法组织、存储，在 GIS 中将它们重新分割、组织将是很复杂的过程。

图层的概念不仅体现了地理学家们传统的以专题地图表示地理数据的方法，而且有利于运用地图叠置分析的原理（McHarg，1969），将多个图层叠加在一起建立不同地理现象之间的相互联系。此外，以图层为结构表示和组织地理数据方便了 GIS 数据的输入与编辑，也提高了 GIS 数据库的存储效率。

4.2.4　面向对象表示法

面向对象技术最早出现于 20 世纪 60 年代，到 80 年代后期才开始得到应用。从那以

后，GIS研究与设计人员已将许多面向对象技术的方法应用于地理数据的表示、组织、存储以及GIS软件的开发和应用。这里介绍的是一些现代GIS中用于表示地理数据的面向对象数据模型。

面向对象数据模型是以对象为单位来描述和组织地理数据的。一个对象是指任何一个可以识别、可以描述的实体，因此，分布在地球表面的所有可以描述的地理实体，不管是点状、线状还是面状实体，都可以视为对象，河流、森林、流域、城市、房屋、商店、飞机航线、油井等都是对象。每一个对象都具有反映其状态（state）的若干属性。例如，一个城市对象可能具有这样一些属性：总城市人口、城市区域中心、地理位置、城区范围界限（以坐标定义）、占地面积、城市人口平均收入、各主要产业部门的年产值。每一个对象还可能具有某些对自身进行操作的行为（behavior）。例如，上述的城市对象可根据自己的属性计算其人口密度（总城市人口与占地面积之商），或者根据一定的比例尺将其范围界线以一个多边形显示在计算机屏幕上，这些数据操作和运算行为都称为对象的方法（method）。因此，可以说，面向对象数据模型是以对象的属性和方法来表示、记录和存储地理数据的，而且地理实体的定位特性（如几何和拓扑特性）与专题属性一样，都表示为对象的属性。

每一个对象都属于某一个类型，称为类（class）。例如浙江、福建、江苏等对象都属于“省”类，杭州、湖州、嘉兴、金华等对象都属于“市”类。同一类的对象具有共性，每一类定义了该类型所有对象普遍具有的共同特征和行为功能。在面向对象分析中，实际上类是比对象更为重要的概念，类被看成是对象的模板（template）。在设计一个面向对象数据模型时，设计人员根据属性和方法定义类以及类与类之间的相互关系，只有当数据模型用于建立数据库时，才根据类的定义产生对象，对象又称为类的实例（instance）。由类产生对象实际上是以具体的数据来描述一个具体对象的属性，并将这些数据和该类对象所允许的行为，即操作和运算数据的方法，包装在一起，将其中一些属性数据和方法隐藏起来不让外部对象访问、调用、修改和执行。外部对象只能发给它一个信息（message），让它根据其类型定义对数据进行一定的操作或运算。图4.20以“城市”类为例说明了这些概念。这种将对象的属性和方法包装在一起并加以隐藏的特性称为对象的封闭性（encapsulation）。

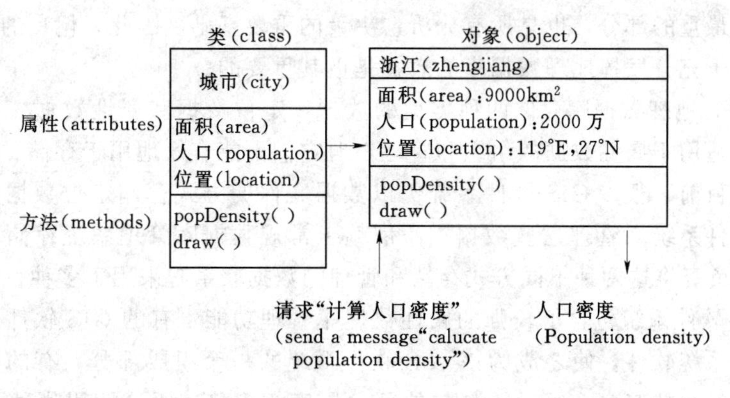

图4.20 “省”类与实例

具有相同特征的对象组成类，父类可组合成超类（superclass)。例如，城市和县都属于某一省份，因此，省是城市和县的超类，城市和县则称为省的子类（subclass)。如果再定义一个“国家”类，那么省就成为国家的子类，国家为省的超类。如此分类，描述一个地区各种地理实体的面向对象数据模型就形成了一个类层次结构（class hierarchy)。子类对象拥有超类对象所有的属性和方法，也就是说，超类对象将其特征传给了它的所有子类对象，这种特性称为继承性（inheritance)。利用这一特性，子类对象从其超类对象继承而来的属性和方法无需在子类中再次定义，子类只定义那些它所具有的其他属性和方法。

建立用于表示地理数据的面向对象数据模型一般遵循以下 3 个步骤：

(1) 识别对象，定义类别，建立类层次结构。

(2) 定义对象类的属性。

(3) 定义对象类的方法。

前面所讲的栅格和矢量数据模型是将地理实体根据其分布的几何形状和主题功能分类，以图层的方式将它们分别表示，各图层之间没有建立任何关系。然而，面向对象数据模型是将地理实体划分成不同的对象类，根据一定的类层次结构表示它们之间的相互关系，这种描述地理实体的方法更加接近于用自然语言对地理实体进行分类描述的方式。通过这种方式，面向对象数据模型可以更丰富、更具体地表达地理对象的特征以及它们相互间复杂的关系，从而使 GIS 能以综合方式分析和模拟地表上错综复杂的人文和自然现象。此外，面向对象数据模型将对象的属性和方法封装在一起，提高了 GIS 软件开发的效率。到目前为止，面向对象数据模型已应用于 Smallworld GIS、ESRI 公司的 ArcSDE（弧段空间数据引擎)、Oracle Spatial 以及 IBM 公司的 DB2 Spatial Extender。

4.3 地理数据库

大型地理信息系统都是建立在地理数据库基础之上的。通过数据库管理系统，地理数据库能有效地存储、组织、管理和维护地理数据，充分描述地理数据间的内在联系，提高地理数据的共享程度，确保地理数据的安全、可靠与完整。对于大型的 GIS 项目，地理数据库是投资最重的部分，也是所有分析、决策的重要基础。因此，优良的设计和有效的管理与维护对于充分发挥地理数据库的效益是极其重要的。

在 GIS 中，地理数据库存储两种类型的数据：定位数据和属性数据。常规的数据库管理系统主要适用于属性数据的组织和管理，但它们不能有效地用于存储、查询检索和管理定位数据。目前，很多 GIS 软件系统仍以数据文件的方式存储定位数据，通过计算机操作系统的文件系统来管理这些数据，而依赖于常规数据库管理系统存储和管理属性数据，GIS 软件负责将这两种不同方式存储和管理的数据联系起来用于多种目的的分析和显示。有的 GIS 软件系统包含了较强的属性数据库管理功能；有的 GIS 软件系统嫁接了常规数据库管理系统软件，使之成为该 GIS 软件系统的一个组成部分；有的则提供了与常规数据库管理系统的接口，通过接口与外部数据库相连接。无论使用哪种类型的 GIS 系统，理解数据库管理系统的基本原理以及地理数据库设计的基本原则，并能成功运用这些

基本原理建立地理数据库，对于充分实现 GIS 的分析和辅助决策能力，提高地理数据的实用价值都是很重要的。

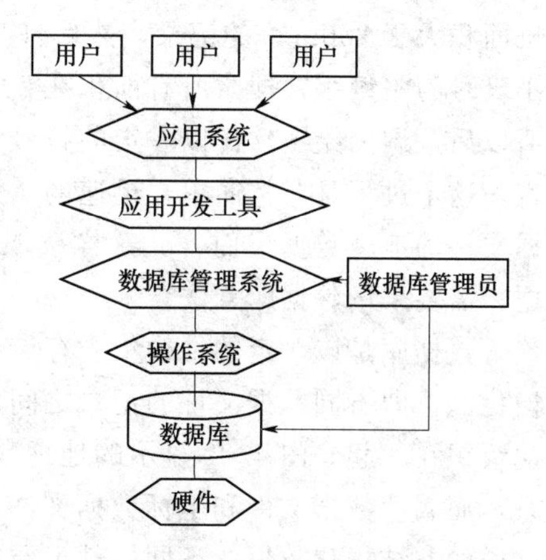

图 4.21 数据库系统结构

4.3.1 数据库系统概述

数据库系统（Database System，DBS）是采用了数据库技术的计算机系统，通常由数据库（database）、硬件（hardware）、软件（software）、用户（user）4 部分组成。数据库系统如图 4.21 所示（陆慧娟，2006）。

4.3.1.1 数据库的基本概念

通常来说一个数据库由多个表文件组成，一个表文件由多条记录组成，一条记录由多个字段（数据项）组成。标志实体属性的符号集叫字段或数据项。它是数据库中可以命名的最小逻辑数据单位，所以又叫数据元素。字段的命名应该体现出属性的具体含义。字段的有序集合称为记录。一般用一个记录描述一个实体，所以记录又可定义为能完整地描述一个实体的符号集。同一类记录的汇集称为文件。文件是描述实体集的，所以它又可定义为描述一个实体集的所有符号集。

图 4.22 所示的两个简单文件构成了典型的由文件组成的地理数据集。当要以地图符号显示所有大于 200hm² 的小班时，一个传统的方法就是为这类应用写一个专门的程序，这样的程序一般是首先打开并阅读属性数据文件，从文件的第一个记录开始寻找所有的小

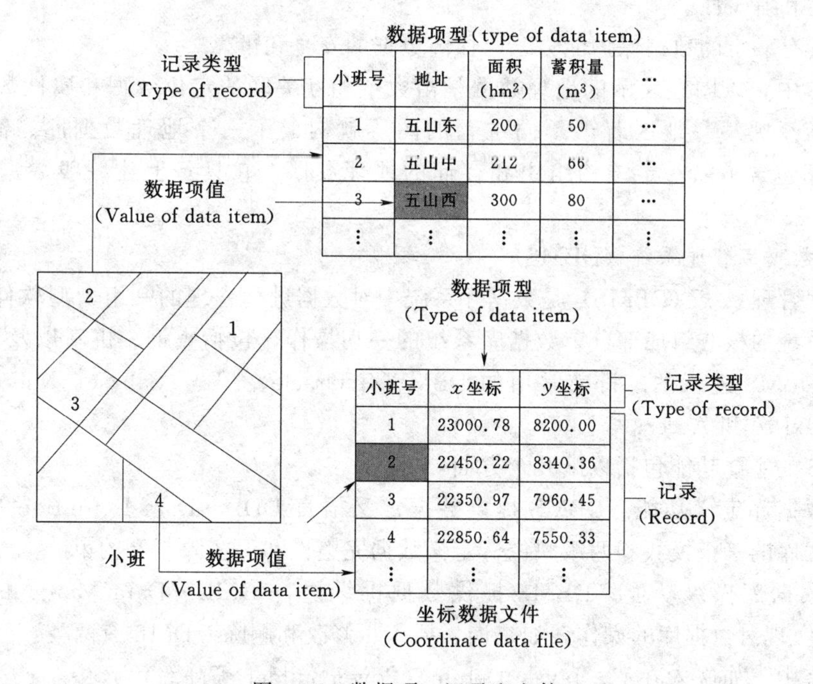

图 4.22 数据项、记录和文件

班面积大于 $200hm^2$ 的记录，然后打开和阅读坐标数据文件，从该文件的第一个记录起以小班号为关键字，搜索所有面积在 $200hm^2$ 以上的学校的 x、y 坐标值，在读取 x、y 坐标值以后，调用绘图软件以一定的符号将这些小班表示出来。对于仅有几个或几十个小班而言，这个过程是非常简单、迅速的，然而对于一个包含成千上万个地理实体，涉及大量数据文件的地理数据集而言，这样读取文件寻找记录的方法效率很低。处理大量的地理数据，需要采用数据库方法。

数据库是以一定的结构集中存储在一起的相关数据文件的集合。数据库中的数据是结构化的，即不同数据文件的记录之间建立了一定的联系，通过这些联系将相关的数据有机地组织在一起。图 4.22 显示的地理数据文件只考虑了同一文件记录内部数据项之间的联系，而属性数据文件和坐标数据文件是相互独立的，它们的记录之间是没有联系的。对于这样的非结构化数据，不同文件记录之间的联系必须根据数据应用的目的由应用程序来建立，一旦记录的逻辑结构发生变化，应用程序也必须作相应的修改。除了数据的结构化以外，数据库还具有如下特点：

(1) 对数据采取集中控制，统一管理，避免数据的重复存储，减少数据的冗余。集中控制、统一管理并不意味着所有的数据必须存储在同一个计算机系统中，现在的数据库可以由分布于计算机网络中位于不同地点、不同计算机系统中的数据文件组成，这样的数据库称为分布式数据库。

(2) 数据的存储独立于应用程序，由此，多种应用可以使用同一套数据，数据库中的数据是为众多用户共享、为满足众多用户的数据需求而建立的。

(3) 具有一套标准的、可控制的方法用于数据的输入、修改、更新、检索，以确保数据的完整性和有效性。

(4) 具有一定的数据保护能力，以保障数据的安全和可靠。

在 GIS 中，以图层表示的地理数据是由数个相互关联的定位数据和属性数据文件组成的。一组反映某一地区若干不同主题的图层就构成了一个地理数据库。简单地讲，地理数据库包含了以一定结构组织和存储的地理数据，它具备上述一般数据库的典型特点。

4.3.1.2　数据库管理系统（DBMS）

数据库管理系统（DBMS）是数据库系统中对数据进行管理的一组大型软件系统，它是数据库系统的核心组成部分。数据库系统的一切操作，包括查询、更新以及各种控制，都是通过 DBMS 进行的。目前常用的 DBMS 有 Oracle、DB2，Sabase、Microsoft SQL Server、FoxPro 和 Access 等。

DBMS 的主要功能包括以下几个方面：

(1) 数据库定义功能。DBMS 提供数据定义语言 DDL（Data Definition Language）来定义数据库的三级模式和两级映像，定义数据完整性和保密限制等约束。

(2) 数据库操纵功能。DBMS 提供数据操纵语言 DML（Data Manipulation Language）来实现对数据库的操作，如查询、插入、修改和删除。DML 有两类：一类是嵌入在宿主语言中，如嵌入在 C、Java、Delphi、PowerBuilder 等高级语言中，这类 DML 成为宿主型 DML；另一类是可以独立交互使用的 DML，成为自主型或自含型 DML，常用

的有 Transact—SQL、SQL Plus 等。

(3) 数据库保护功能。数据库中的数据是信息社会的战略资源，因此对数据库的保护是至关重要的。DBMS 对数据库的保护主要包括 4 个方面：数据安全性控制、数据完整性控制、数据并发性控制和数据库的恢复。

1) 数据安全性控制。数据安全性控制是对数据库的一种保护措施。它的作用是防止未被授权的用户破坏或存取数据库中的数据。用户首先必须向 DBMS 标识自己，在系统确定有权对指定的数据进行存取时才能存取数据。防止未被授权的用户蓄意或无意地修改数据是很重要的，否则会导致数据完整性的破坏，从而使企事业单位蒙受巨大损失。

2) 数据完整性控制。数据完整性控制是 DBMS 对数据库提供保护的另一个重要方面。完整性是数据的准确性和一致性的测度。当数据加入到数据库中时，对数据的一致性和合法性的检验将会提高数据的完整性程度。完整性控制的目的是保证进入数据库中的存储数据的语义的正确性和有效性，防止操作对数据造成违反其语义的改变。因此，DBMS 允许对数据库中各类数据定义若干语义完整性约束，由 DBMS 强制执行。

3) 并发控制。DBMS 一般允许多用户并发地访问数据库，即数据共享，但是多个用户同时对数据库进行访问可能会破坏数据的正确性，或者存储错误的数据，或者读取不正确的数据即所谓的“脏数据”。因此 DBMS 中必须具有并发控制机制，解决多用户下的并发冲突。

4) 恢复功能。恢复功能是保护数据库的又一个重要方面。数据库在运行中可能会出现各种故障：如停电、软硬件错误等，导致数据库的损坏或不一致。DBMS 必须把处于故障中的数据库恢复到以前的某个正确状态，保持数据库的一致性。

DBMS 的其他保护功能还有系统缓冲区管理以及数据存储的某些自适应调节机制。

(4) 数据库维护功能。DBMS 提供一系列的实用程序来完成数据库的初始数据的装入、转化功能，数据库的存储、恢复功能，数据库的重新组织功能和性能监视、分析功能等。

有了数据库管埋系统，GIS 可以不再像上述的简单例子那样，对数据文件作直接的操作，而是通过 DBMS 更为有效地存储、读取、检索和操作数据（图 4.23）。GIS 用户不仅可以通过 DBMS 提供的数据查询语言和交互式命令来操作地理数据库，也可以使用 GIS 数据处理和分析软件通过 DBMS 操作地理数据库。几乎所有大型地理数据库都是使用 DBMS 进行管理、操作和维护，以提高地理数据的使用效率和使用价值。

4.3.1.3 数据库系统的数据模型

所有的数据库系统都是根据一定的数据模型建立的。地理数据模型是 GIS 用于表示、操作和处理地理数据的形式框架，它们的重点在于表示地理实体的定位特性，而地理实体的专题属性数据及其文件之间的相互联系通常由数据库系统的数据模型表示。数据库系统数据模型主要包括：层次模型、网状模型、关系模型和面向对象模型。

1. 层次模型

层次模型是用树型结构表示实体及其之间联系的数据模型。层次模型是数据库发展史上最早出现的数据模型，其典型代表是 IBM 公司研制的曾经广泛使用的、第一个大型商用数据库管理系统 IMS（Information Management System）。

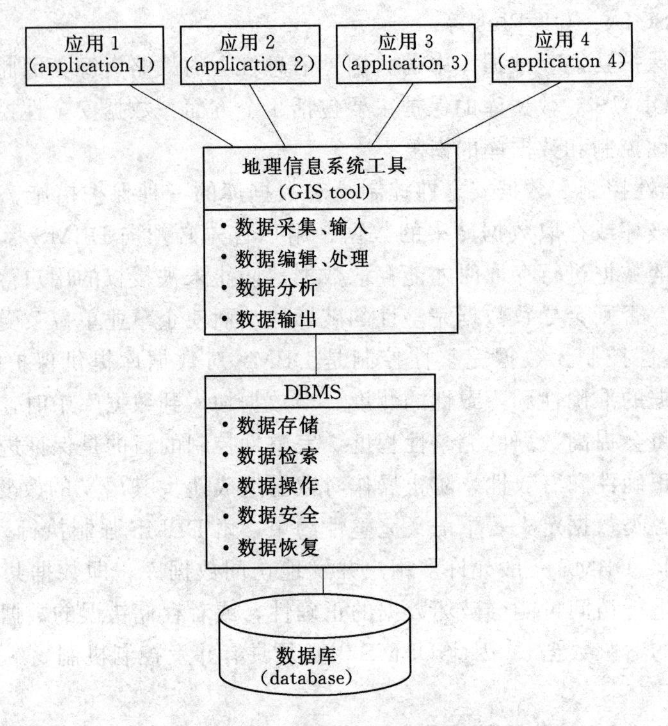

图4.23 地理数据处理的数据库方法

层次模型的定义：

(1) 有且仅有一个结点无父结点，这个结点称为根结点。

(2) 其他结点有且仅有一个父结点。

满足以上两个限制的基本层次联系的集合为层次模型。

在层次模型中，根结点在最上层，其他结点都有上一级结点作为其双亲结点，这些结点称为双亲结点的子女结点，同一双亲结点的子女结点互称为兄弟结点。没有子女的结点称为叶子结点。双亲结点和子女结点表示了实体间的一对多的关系。

2. 网状模型

网状模型是用网状结构表示实体及其之间联系的模型。网状模型的典型代表是1970年美国数据库系统语言协会（Conference On Data System Language）提出的DBTG系统。

网状模型的定义：

(1) 可以有一个以上结点无父结点。

(2) 至少有一个结点有一个以上父结点。

满足以上两个限制的基本层次联系的集合称为网状模型。

这样，在网状模型中，结点间的联系可以是任意的，任意两个结点间都能发生联系，更适于描述客观世界。

3. 关系模型

1970年IBM公司的研究员E. F. Codd首次提出了关系模型的概念，开创和建立了关系数据库的理论基础。关系模型是用二维表结构来表示实体及实体之间联系的数据模型。关系模型的数据结构是由“二维表框架”组成的集合，每个二维表又称为关系，因此关系

模型是“关系框架”组成的集合。关系模型是目前最重要的一种数据模型，当今国内外大多数数据库管理系统都是基于关系模型的。

按照 E. F. Codd 的观点，对用户来说，数据库系统可用一种称为“关系”的表来组织数据，而在背后可能是一个很复杂的数据结构，以保证对各种查询的快速响应；而通过高级语言来完成查询，又大大提高数据库开发人员的效率。

关系模型的优点主要有：

(1) 关系模型概念单一。无论是实体还是实体之间的联系都用关系表示。

(2) 关系模型是数学化的模型，它建立在严格的数学理论基础上，如集合论、数理逻辑、关系方法、规范化理论等。

(3) 关系模型的存取路径对用户是透明的。从而使关系模型具有较高的数据独立性，更好的安全保密性，大大减轻了用户的编程工作。

关系模型的缺点主要有：

(1) 由于存取路径对用户是透明的，使关系模型的查询效率往往不如非关系模型。

(2) 关系模型在处理如 CAD 数据和多媒体数据时就有了局限性，必须和其它的新技术相结合。

4. 面向对象数据模型

随着近年来面向对象技术的兴起，面向对象方法在数据库应用领域也日益显示出其强大的生命力，其中主要的原因在于对象模型能够更好地描述复杂的对象，更好地维护复杂的对象语义信息。由于多媒体数据的特殊性，模型对象数据库的这种机制正好满足了多媒体数据库在建模方面的要求。但我们必须指出，面向对象数据库并不等于多媒体数据库，它们在很多方面研究的侧重点是不同的。

4.3.2 地理关系数据库

自 20 世纪 80 年代以来，几乎所有的商品化数据库管理系统都是基于关系模型的。据估计，目前世界上 95%以上的数据库数据都是由关系数据库管理系统（RDBMS）建立、管理和维护的，关系数据库也是当今 GIS 的主流数据库，许多 GIS 软件系统直接与商品化的 RDBMS 相连接，有的则包含了自行设计的 RDBMS。许多的 RDMBS 都能支持标准的 SQL—2 语言对数据进行查询和操纵。

但 RBMS 和 SQL—2 只支持简单的数据类型和数据操作运算，不能有效地存储和处（理）GIS 中关键的定位数据，包括坐标数据和地理实体的拓扑关系数据。原则上讲，关系数据库同样可以存储定位数据，可是，在正常情况下，不同的线状实体和面状实体由不同数量的点组成，它们具有不同长度的坐标序列。因此，不能像使用标准的关系模型那样，以元组表示实体，以列表示属性的方式将每一个地理实体的坐标序列存储在关系表的一行中。一个符合规范化的存储方法是以一对（x，y）坐标为一行将组成一个线状实体或面状实体的点分行存储，图 4.24 表示了用于描述和存储点、线、多边形坐标数据的关系模式以及 3 个关系之间的联系。点关系模式有 3 个属性，即点标识码、x 坐标和 y 坐标，其中点标识码为主关键字。线关系模式的 3 个属性为线标识码、序号和点标识码，线标识码为其主关键字，因为点标识码为点关系的主关键字，因此，在线关系模式中，点标识码称为外部关键字（foreign key），序号为点在构成某一线状实体的点集中按顺序排列的位置。多边形关系模式类似于线关系模式，但它的第一个序号和最后一个序号指向同一点，即它们具有相同的点标识码。然而，GIS显示和分折线状实体和面状实体时，很少是针对一个坐标点的，而是需要一次读取组成一个实体的所有点的坐标，在涉及大量坐标数据的时候，这种数据存储、查询和读取的效率是很低的，因此，以上述关系模型表示和存储地理实体的定位数据不是一种有效的方法。此外，RDBMS和SQL不具备涉及空间分析的地理查询（geographical query）功能。例如，查询所有的年均收入在5万元以上且居住在距某一珠宝手镯店2km范围内的所有家庭，以便对附近中、高收入家庭做市场调查和分析。这一查询可分两步执行，第一步是查询年均收入在5万元以上的家庭，SQL可以很快执行这一步；第二步是在上一步查询的结果中寻找那些距珠宝手镯店2km范围内的家庭，这一步涉及距离的计算，SQL则不能执行。

由于这些关系数据库在地理数据存储和查询上的局限性，绝大多数GIS系统只采用RDBMS存储、管理、操作和查询地理实体的属性数据，而定位数据则根据一定的矢量或栅格数据结构，以特殊格式的数据文件存储，由GIS软件直接管理、查询和读取。定位数据和属性数据之间的联系也由G1S软件建立，而非通过RDBMS的连接运算。这种用矢量或栅格数据模型来表示和存储地理实体定位数据，用关系模型来表示和存储地理实体的属性数据，并将定位数据和属性数据分别管理的地理数据库模型称为地理关系模型（georelational model)。根据地理关系模型建立的地理数据库称为地理关系数据库。可以将地理关系数据库简单地分为3种类型：混合型矢量关系数据库，集成型矢量关系数据库和栅格关系数据库。

1. 混合型矢量关系数据库（hybrid vector relational database）

在混合型矢量关系数据库中，地理数据以图层方式组织，每一个图层表示同一主题、同一类型的地理实体，每个图层具有一个相应的属性表，通常称为主题或专题属性表（theme attribute table)。主题属性表存储在关系数据库中，由RDBMS管理和操作，主题属性表中的行或元组表示一个地理实体，列表示地理实体的一个属性，主题属性表与其他关系表的不同之处在于，它的每个元组都包含了与其相对应的地理实体的唯一标识码（Feature ID)，简称FID，GIS软件则根据FID将每个元组的属性数据与其相应的地理实体的定位数据连接起来用于多种GIS分析、运算和显示。表4.2为一个土地分类主题属性表，其中地理实体为地块，每个地块的属性包括FID、面积（area）和土地利用类型编码（code)。表4.3是一个描述各类土地分类的普通关系表，该表的数据与定位数据没有任何的联系，但它与表4.2有个相对应的属性编码（code)，RDBMS可将这两个表在属性编码（code）上连接起来，其连接结果如表4.4所示。这个由RDBMS连接起来的主题属性表再由GIS与定位数据相连接，可用于各种GIS分析应用。混合型矢量关系数据库就是以这种方式将地理实体的属性数据以多个表存储在关系数据库中，通过RDBMS查询地理实体的有关属性，将查询到的属性数据与主题属性表连接起来，然后通过GIS软件根据FID将主题属性表与相应的地理实体的定位数据连接起来进行各种GIS查询、分析和地图显示。不同的GIS软件系统以不同的矢量数据结构和数据格式存储定位数据，但它们连接定位数据和RDBMS中的属性数据的基本机制是一样的。图4.25显示了一个以拓扑数据结构存储定位数据、以关系表结构存储属性数据的混合型矢量关系数据库结构。

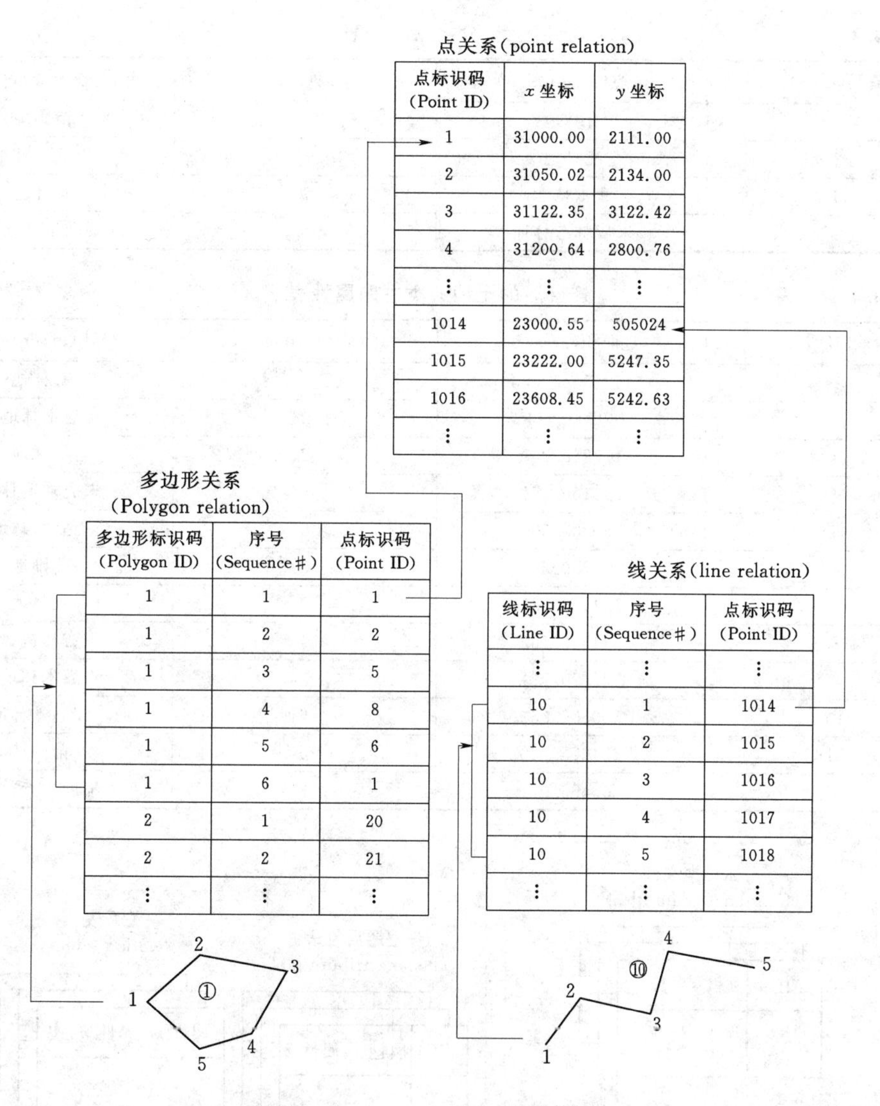

图 4.24 点、线、多边形数据关系模式

1—点的序号 (Sequence# of point)；①—实体编号 (Feature ID)

ESRI 公司的 ArcInfo 就采取了类似的数据库结构。

表 4.2　　土地分类主题属性表

FID	面积(area)	编码(code)	FID	面积(area)	编码(code)
1	14715583.000	1	7	124470.281	7
2	69593.594	3	8	644556.062	4
3	117248.250	2	9	120870.981	3
4	111156.156	4	10	500556.065	6
5	750208.500	6	11	124675.020	5
6	519739.594	5	12	700456.071	8

表 4.3　　土地分类关系表

编码(code)	描述(description)	编码(code)	描述(description)
1	有林地	5	苗圃地
2	疏林地	6	无立木林地
3	灌木林地	7	宜林地
4	未成林造林地	8	辅助生产林地

表 4.4　　连接后的土地分类主题属性表

FID	面积(area)	编码(code)	描述(description)
1	14715583.000	1	有林地
2	69593.594	3	灌木林地
3	117248.250	2	疏林地
4	111156.156	4	未成林造林地
5	750208.500	6	无立木林地
6	519739.594	5	苗圃地
7	124470.281	7	宜林地
8	644556.062	4	未成林造林地
9	120870.981	3	灌木林地
10	500556.065	6	无立木林地
11	124675.020	5	苗圃地
12	700456.071	8	辅助生产林地

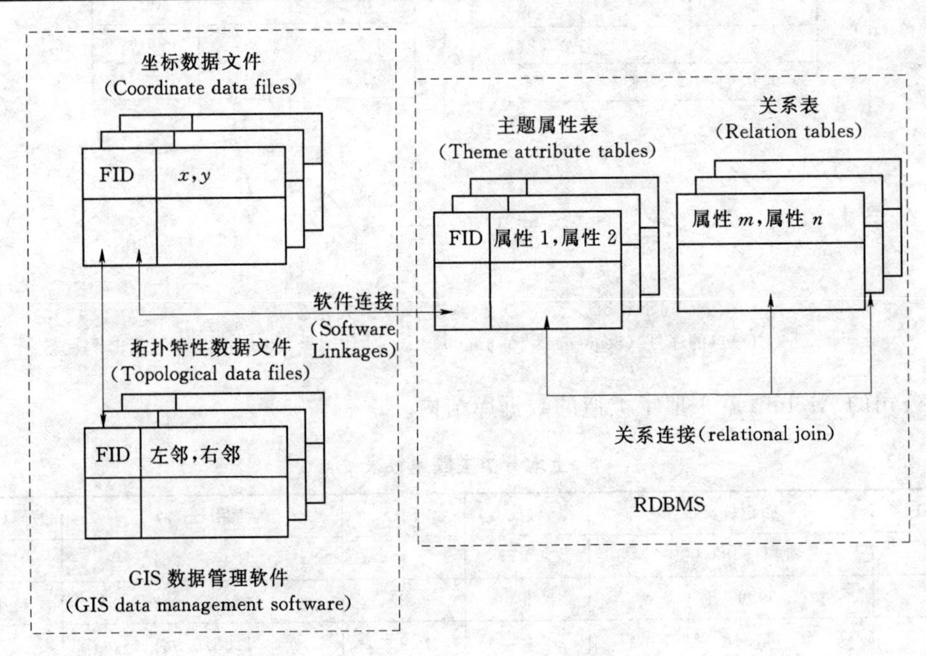

图 4.25　混合型矢量数据关系库

2. 集成型矢量关系数据库 (integrated vector relational database)

集成型矢量关系数据库是将定位数据和属性数据都存放在关系数据库中，一个关系表

示一个图层，关系中的每一行表示一个地理实体，每一列表示地理实体的一个属性，其中一列表示几何形体（geometry column），通常称为形状（shape）。形状列在关系数据库中为二进制大型对象（Binary Large Object，BLOB）数据类型，在下面要讲的对象关系数据库中为抽象数据类型。BLOB是RDBMS的一个扩展数据类型，Oracle、DB2、Informix和Microsoft SQL Server等RDBMS软件系统都支持这一数据类型。一个类型为BLOB的属性或列可以存储任何类型的二进制数据，包括文本文档、图像、音频、视频等数据。在集成型矢量关系数据库中，每一个地理实体的地位数据（包括坐标数据和拓扑特性数据）按照一定的矢量数据结构存储在一个二进制数据文件中，然后将这些数据文件以BLOB存放到形状列中。然而，RDBMS和SQL不能解释包含在BLOB中数据的结构，它们只知道数据文件的大小和存储地址，因此，存储在形状列中的定位数据还必须由GIS软件进行处理，ESRI公司的ArcSDE可以说是一个集成型矢量关系数据库引擎。

3. *栅格关系数据库*（raster relational database）

对于一个简单的栅格GIS，每个图层由一个网格矩阵构成，每个网格值为位于该网格内的地理实体的属性值，一个图层的所有网格值以一定的栅格数据结构存储在一个数据文件中，因此，无需使用RDBMS对图层的属性数据作单独存储和管理。但是，很少有真正的栅格GIS是这样的，大多数都涉及大量属性数据的处理与管理。在一个栅格关系数据库中，组成一个图层的网格值通常为地理实体的标志码，这些网格值以游程编码或四叉树结构存储为一个数据文件，称为网格数据文件，该图层表示的地理实体的属性以表的形式存储在关系数据库中，主题属性表的每一行表示一个地理实体，每一列表示一类属性，其中一列表示地理实体的标识码。主题属性表可以通过关系连接运算与数据库中其他关系表相连，它与网格数据文件的连接则通过地理实体标志码由GIS软件实现。图4.26为一个栅格关系数据库。

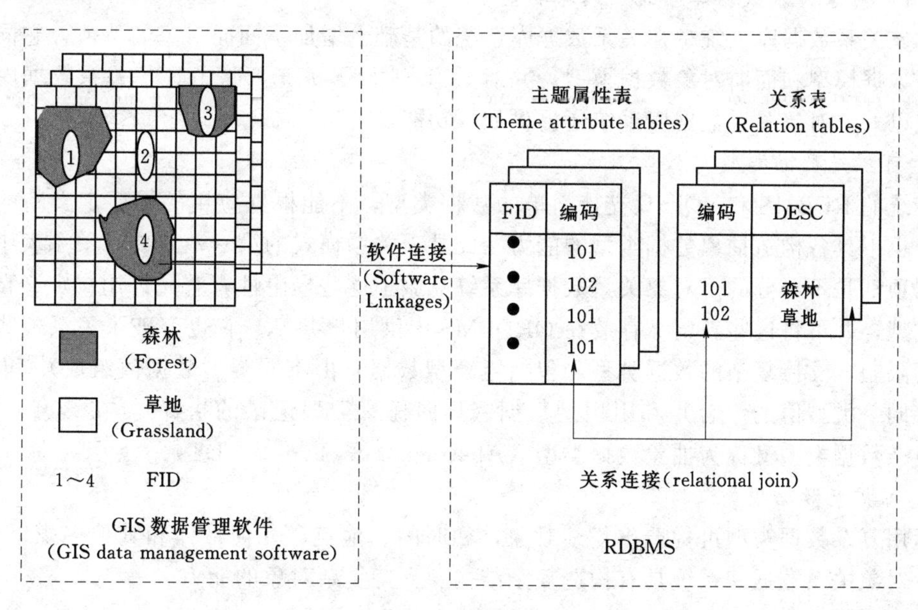

图4.26 栅格关系数据库

地理关系数据库将定位数据和属性数据分别以不同的数据模型表示，以 RDBMS 存储、管理和查询属性数据，但是定位数据则不能利用 RDBMS 的能力进行有效的存储、查询和维护。然而，地理关系数据库具有如下几个方面优点：

（1）地理实体的属性数据可以在 RDBMS 中独立地修改、更新、扩充，而无需修改定位数据。

（2）由于属性数据在存储上的这种独立性，他们可以与不同方式或地理数据结构表示的定位数据相连接，也易于与其他关系数据库中的数据相结合。

（3）将属性数据存储在关系数据库中，并通过软件与定位数据连接用于 GIS 分析应用，符合 GIS 以图层组织地理数据的原则。

（4）大多数地理关系数据库都采用商品化的 RDBMS，因而，能及时地吸收 RDBMS 最新的发展技术。

4.3.3 地理对象关系数据库

面向对象数据库技术为建立地理数据库提供了更为有效的新方法，它具备了表示、存储和处理地理对象的定位数据和属性数据的能力，从而可以统一地存储、管理和维护定位数据和属性数据。自 20 世纪 80 年代末期，面向对象数据库管理系统（OODBMS）有了较快的发展，相继出现了一些 OODBMS 产品。然而，迄今为止，OODBMS 的功能与 RDMBS 相比仍有很大差距，且关系数据库已拥有庞大的用户基础，因此，OODBMS 的应用尚未普及。目前许多数据库的厂商在标准的关系数据库管理系统软件的系统中加进了若干重要的面向对象数据库管理系统的功能，形成对象关系数据库系统（ORDBMS）。对象关系数据库管理系统仍以关系模型为基础，但支持面向对象的核心概念和对象管理与操作功能。地理数据库也正朝着这一方向发展。

4.3.3.1 对象关系数据库系统的基本特点

对象关系数据库系统是在关系数据库系统的基础上增加了面向对象的特征，它同时支持关系数据模型和面向对象数据模型，并对 SQL 进行了扩充。除了具备关系数据库系统的特点以外，对象关系数据库系统还提供如下功能：

1. 可扩充数据类型

传统的 RDBMS 和 SQL 只支持简单的数据类型，不能根据应用的需要定义新的数据类型，也不具备构造抽象数据类型的能力。此外，关系模式的第一范式要求关系表中每一个数据项都是不可分的。对象关系数据库系统克服了这些局限性，它允许用户定义自己的数据类型，并可将这些新定义存放在 ORDBMS 中供用户共享。它也突破了关系模式第一范式的限制，支持复杂的数据类型，包括组合型数据（由不同类型数据值组成）、集合型数据（同一类型值的组合）和引用型数据（指向任意类型记录的指针）。在 SQL—3 中，这些复杂数据类型又称为抽象数据类型（Abstract Data Type，ADT）。

2. 可扩充数据模型

运用复杂数据类型可构造出复杂对象，如时间、地点、几何形体和其他多媒体对象，因此，对象关系数据库系统具有构造复杂结构、支持复杂对象的能力。

3. 可扩充函数和操作符

对象关系数据库系统不仅提供了复杂数据类型用于构造复杂对象，还提供了用户自定

义函数和操作功能。用户可以用SQL或通用编程语言（如C或C++）定义函数或数据操作，如图形的放大、缩小、平移、旋转等，函数的参数可以是基本类型，也可以是复杂数据类型。

4. 支持面向对象的中心概念

对象关系数据库系统支持面向对象的中心概念，包括类、子类、超类、继承等，可实现子类对超类各种特性的继承，并利用继承能建立复杂的类层次结构。在对象关系数据库系统中，继承代替了关系数据库系统中外部关键字的概念，用户不需要显式地对父表和子表执行连接运算，从而提高了数据查询的效率。

4.3.3.2 SQL在地理数据类型上的扩充

ORDBMS的关键特点是它们通过对SQL—3的支持，实现用户自定义数据类型、函数和数据操作。GIS研究与开发人员已多次尝试着定义地理数据类型，以便在ORDBMS中表达、存储和操作地理实体的定位和属性数据。由国际上主要GIS软件开发商组成的开放GIS联合协会（Open GIS Consortium，OGC）于1999年为扩充SQL制订了地理几何形体对象分类标准以及对这些对象操作运算的技术规范（OGC，1999）。地理几何形体对象又称为空间对象（spatlal object）。图4.27表示了OGC空间对象类层次结构，每一类可以定义为SQL的一个抽象数据类型（ADT），统称为SQL地理数据类型。最抽象、最概括的空间对象类为几何形体，它不能实例化，但为其所有子类定义了一定的空间参照系（地理坐标系或地图投影系统）。几何形体类有4个子类：点、曲线、曲面和几何形体集。几何形体集分为3类：曲面集（由一组面状实体组成，如一组岛屿）、曲线集（由一组线状实体组成，如一组河流）、点集（由一组点状实体组成，如一组油井）。直线串为曲线的子类，对应于线段链或弧。每个空间对象类都有相应的方法或功能用于对象的操作，它们在SQL中可定义为函数和操作符，主要包括：

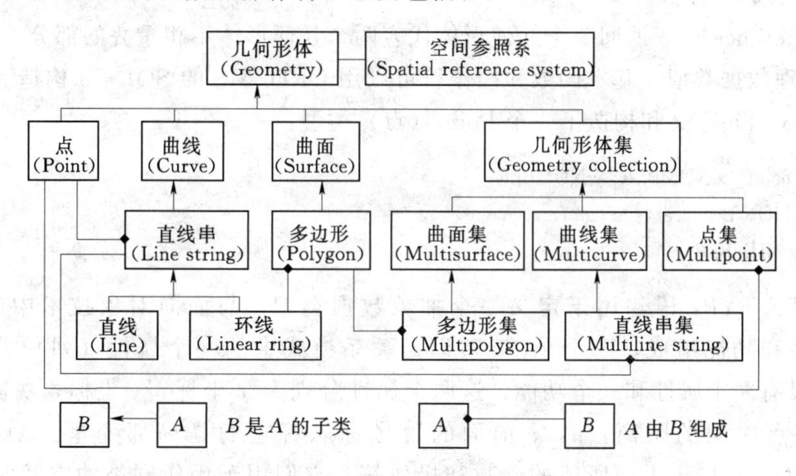

图4.27 空间对象类层次结构

1. 基本函数

SpatialReference（　　）——返回几何形体定义的空间坐标系统。

Envelope（　　）——返回空间对象的最小边界矩形。

Export（　　）——返回以一个不同格式表示的几何形体。

IsEmpty（　　）——判断一个空间对象是否为空值。

IsSimple（　　）——判断一个空间对象是否是一个简单的几何形体（不自相交）。

Boundary（　　）——返回一个几何形体的边界。

2. 空间对象拓扑关系分析操作符

Equal——判断两个几何形体是否相同。

Disjoint——判断两个几何形体是否具有一个共同点（即是否相交或相接于一点）。

Intersect——判断两个几何形体是否相交。

Touch——判断两个几何形体是否在边界处相接，但几何形体内部不相交。

Cross——判断一个曲面类几何形体是否与一个曲线类几何形体相交。

Within——判断一个几何形体是否位于另一几何形体之内。

Contain——判断一个几何形体是否完全包含了另一个几何形体。

Overlap——判断两个同维（same dimension）几何形体是否重叠。

3. 空间分析操作符

Distance——计算两个几何形体之间的最短距离。

Buffer——返回一个几何形体，其中任意一点与某一个指定几何形体之间的距离都小于或等于一个特定的距离值。

ConvexHull——返回一个包围某一几何形体的最小凸形多边形几何形体。

Intersection——返回一个几何形体代表两个几何形体相重叠的部分。

Union——返回一个几何形体代表两个几何形体的组合。

Difference——返回一个几何形体代表第一个几何形体中与第二个几何形体不相交的部分。

SymDifference ——返回一个几何形体代表两个几何形体不相重叠的部分。

上述地理数据类型、基本函数和操作符可以用 ORDBMS 的 SQL—3 构造。例如，下面的 SQL—3 语句定义和构造了一个 Point（点）类型：

```
create type point（x NUMBER，y NUMBER，
    FUNCTION Distance（：u point，：v point）
    returns NUMBER)；
```

CREATE TYPE 语句用于定义一个抽象数据类型，与面向对象技术中的类一样，ADT 由属性和功能组成，一个 ADT 可以是关系模式中的一个属性（列）类型。这里 Point 类型具有两个属性和一个功能，这两个属性分别为 x 坐标、y 坐标，功能 Distance 用于计算两点之间的距离。u，v 前面的冒号标志着它们是局部变量。ADT 的功能（FUNCTION）对应于上面所述的函数和操作符，它们用于操作同类的空间对象。有了 Point 数据类型，可以定义古树名木分布和村的关系模型或基本表：

```
Create table 古树名木（
    编号  VARCHAR（5）
    树种  VARCHAR（30）
```

树高 FLOAT
胸径 FLOAT
地址 VARCHAR (100)
几何形体 point)
Create table 村 (
编号 VARCHAR (5)
名称 VARCHAR (30)
地址 VARCHAR (100)
几何形体 point); //注：此处的 point 只表示村中心点。

下面两个语句将一条古树名木信息和一条村信息分别插入到上面的两个基本表中。

Insert into 古树名木 ['00001',' 银杏', 30.5, 20.2, 古名村东路, point (12345, 23456)];

Insert into 村 ['00001',' 古名',' 浙江省东西县南北镇', point (13456, 24678)];

这两个基本表，可以使用 SELECT 语句作地理查询。例如，可以查询编号为"00001"的古树名木与编号为"00001"的村庄中心点的距离：

SELECT 古树名木.编号 as 树编号，古树名木.树种，古树名木.地址 as 树地址，
村.编号 as 村编号，村.地址 as 村地址，
Distance（古树名木.几何形体，村.几何形体）as 距离
FROM 古树名木，村
Where 古树名木.编号=' 000001' and 村.编号=' 00001'

4.3.3.3 地理对象关系数据库系统的主要产品

对象关系数据库系统和相应的 SQL 允许用户自定义地理数据类型和地理查询与操作运算功能。然而，要在句法上和语义上使用 SQL，正确地定义复杂的地理数据类型和操作并非一项简单的工作。为减轻地理数据库应用人员的负担，一些数据库厂商在它们的 ORDBMS 产品中加入了对地理数据类型存储、查询和处理的支持，这些产品主要包括：Oracle 公司的 Oracle Spatial 和 Oracle Locator，IBM 公司的 DB2 Spatial Extender 和 Informix Spatial Datablade。为了节省篇幅，下面简要介绍一下 Oracle Spatial 和 DB2 Spatial Extender。

1. Oracle Spatial

Oracle Spatial 是 Oracle 数据库企业版的一个扩展模块，支持存储几何形体的对象关系模型。它主要包括 4 个组成部分：

(1) SQL——用于定义支持地理几何形体数据类型的数据库模式。

(2) 空间索引——用于快速查询地理数据。

(3) 一组空间函数和操作符——用于执行地理查询、空间拓扑分析和空间分析。

(4) 数据库管理功能 (administration utilities)。

Oracle Spatial 支持 9 种类型的几何形体（图 4.28），包括点 (point)、直线串 (line string)、多边形 (polygon)、弧线串 (arc line string)、弧线多边形 (arc polygon)、复合多边形 (compound polygon)、复合直线串 (compound line string)、圆 (circle) 和矩形

(rectangle)。这些空间对象都可存储于 Oracle 数据库表中，以 SDO-GEOMETRY 为数据类型。

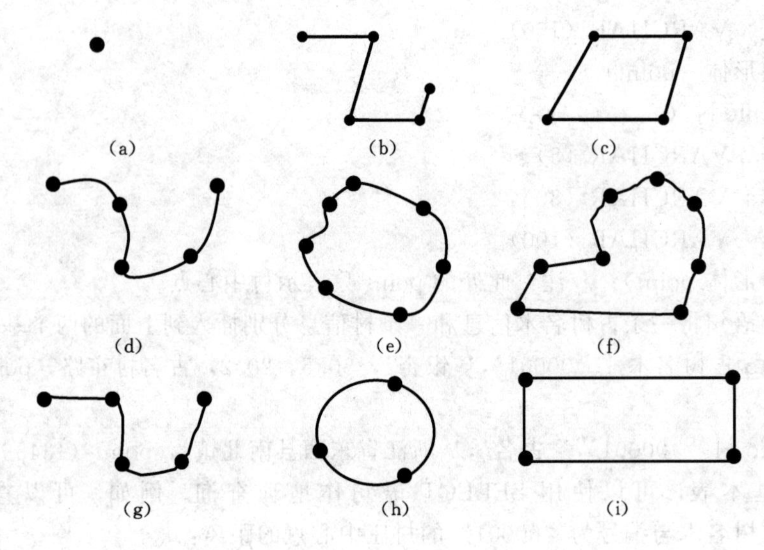

图 4.28 Oracle Sqatial 支持的几何形体类

(a) Point；(b) Line string；(c) Polygon；(d) Arc line string；(e) Are polygon；(f) Compound polygon；(g) Compound line string；(h) Circle；(i) Rectangle

Oracle Spatial 支持 OGC 标准定义的空间对象拓扑关系分析操作符（如 Contain、Overlap、Touch、Equal、Disjoint 等）和空间分析操作符（如 Buffer，ConvexHull、Intersection、Union 等），还可作坐标系统转换、计算几何形体的长度、面积和重心（centroid）等。另外，它还提供了用 java 语言编写的 Map Viewer 用于以地图显示空间对象。

2. DB2 Spatial Extender

DB2 Spatial Extender 是对 IBM 公司的 DB2 Universal Database 功能的扩展，它完全支持 SQL—3 以及 OGC 为 SQL 制定的地理几何形体对象分类标准和空间分析、拓扑分析函数与操作符的技术规范，提供有 100 多个空间对象的操作功能。在使用 DB2 Spatial Extender 时，图 4.28 中的每一个空间对象类型都可以用来定义一个关系表的列，用于存储地理对象的坐标数据，从而，可以将空间对象同常规数据（数字、字符等）一起存储在数据库表中。此外，DB2 Spatial Extender 支持 ESRI 公司的 ArcView、ArcInfo、ArcIMS 等 GIS 软件系统，当查询属于空间对象类的表列数据时，可用这些 GIS 软件以地图形式显示查询的结果。ESRI 公司还为 IBM 公司专门开发了用于显示 DB2 地理数据查询结果的 ArcExplor，免费供用户使用。

4.3.4 地理数据库设计

地理数据库设计是指根据应用的目的和要求，构造最优的地理数据库模式，建立地理数据库，使之能有效地存储和操作地理数据。典型的地理数据库设计包括 3 个方面：概念结构设计、逻辑结构设计和物理设计。

4.3.4.1 概念结构设计

概念结构设计的目的是要根据用户的要求建立一个反映用户观点的概念模型，包括确

定数据库的业务范围（如森林资源管理），分析用户单位在信息、数据处理、数据安全和完整性方面的需求，然后将这些需求加以抽象，以概念模型根据用户的观点来描述用户单位所关心的信息结构。对于地理数据库而言，概念模型描述的是地理实体及其相互间的联系，它是独立于计算机系统的数据模型。建立概念模型的有利工具是实体—联系模型（Entity-Relationship Model，E—R 模型），概念结构设计实际上就是 E—R 模型的设计。

E—R 模型使用实体——联系图（E—R 图）表示实体、实体的属性以及实体之间的联系。实体是指客观存在且能区别于其他事物的对象、可以是具体的对象，也可以是抽象的事件。例如，要建立一个地区林场资源数据库，存在于一个林场的实体可以包括林地、道路、河流、其他土地类型、珍稀树木等。每个实体都具有一定的属性，如一块林地的属性包括组成树种、优势树种、树龄、木材产量等。E—R 模型用矩形表示实体类型，用椭圆表示属性，多值属性用双线椭圆表示，属性与其相对应的实体类型之间用直线表示。图 4.29 显示了林地实体及其属性，其中带下划线的属性“林地编号”为该类实体的关键字、“组成树种”为多值属性，因为一块林地可能由多种树种组成。E—R 模型中实体之间的联系用菱形表示，并用直线将具有联系的实体相连，每个联系都以一个名称描述（图 4.30）。例如，我们可以用“管理”来描述林场场长与林场两个实体之间的联系。实体之间的联系分为 3 类：

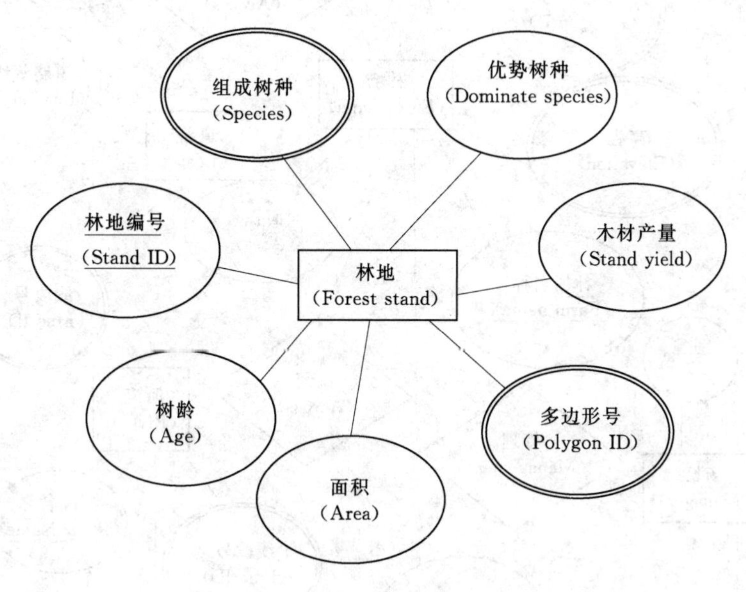

图 4.29 林地实体类及其属性

1. 对一联系（1：1）

如果对于某一类型的实体集 E1 中的每个实体，在另一类型的实体集 E2 中至多只有一个实体与之相关联，反之亦然，那么这两类实体之间的联系为一对一联系。例如，一个林场只有一个场长，一个场长只负责管理一个林场，因此，林场与场长两个实体之间的联系为一对一的联系。

2. 一对多联系（1：N）

如果对于某一类型的实体集 El 中的每个实体，在另一类型的实体集 E2 中有 0 到多个

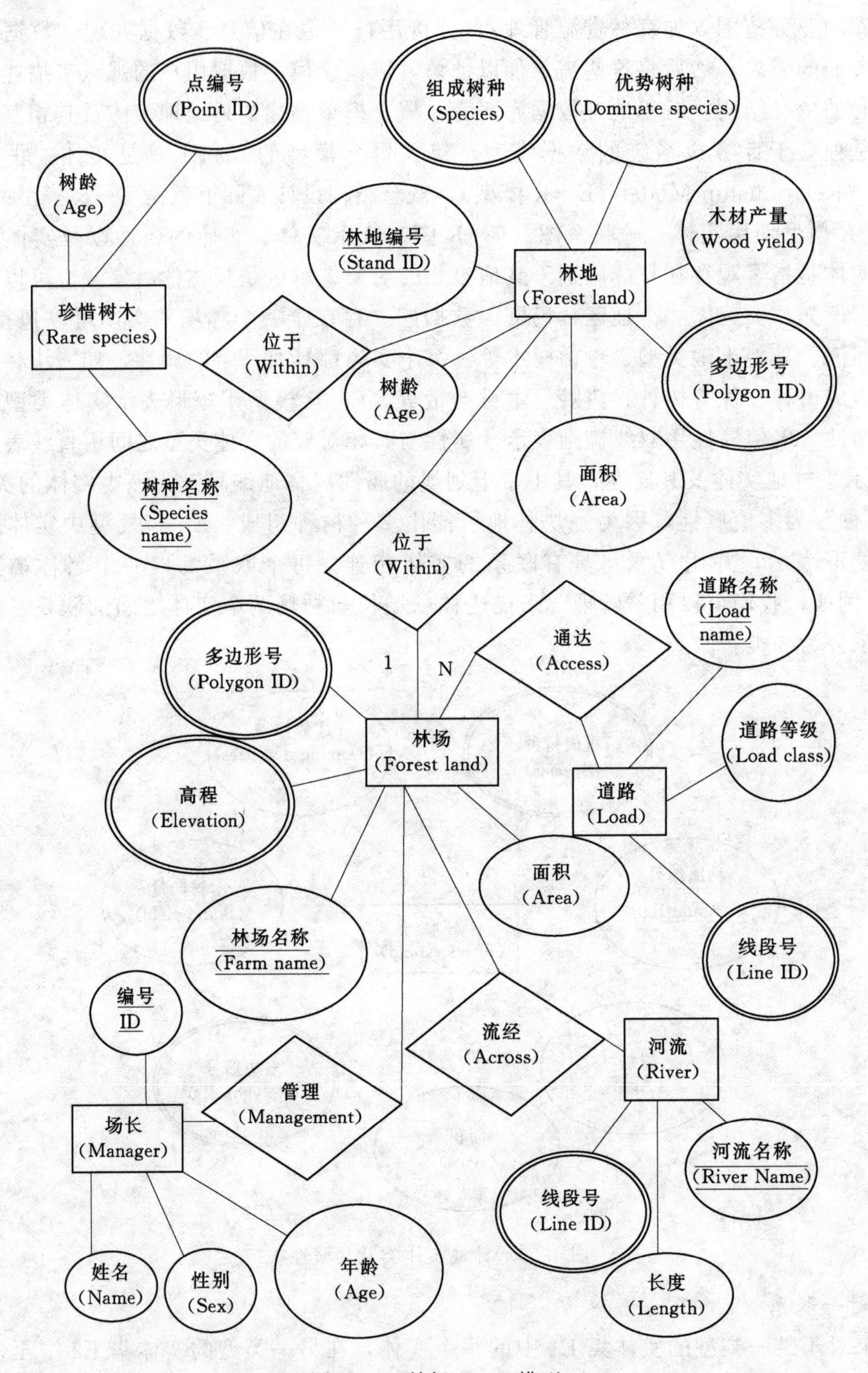

图 4.30　林场 E—R 模型

实体与之相关联，然而，E2 的每个实体至多和 El 中的一个实体相关联，那么 El 和 E2 之间为一对多联系。例如、一个林场有若干块林地，一块林地只属于一个林场，林场与林地之间为一对多的联系。

3. 多对多联系（M：N）

如果对于某一类型的实体集 E1 中的每个实体，在另一类型的实体集 E2 中有 0 到多个实体与之相关联，反之亦然，那么这两类实体之间的联系为多对多联系。例如，林地和道路之间具有多对多的联系，因为一条道路可以通向多个林地，一片林地也可连接多条道路。

4.3.4.2 逻辑结构设计

逻辑结构设计是地理数据库设计的第二步，其主要目的是根据 E—R 模型以及所选择的 DBMS 和 GIS 软件系统的特点，设计整个数据库的逻辑结构。目前，地理数据库系统普遍为地理关系数据库系统和地理对象关系数据库系统。这些数据库系统的逻辑结构设计主要涉及两个方面：

1. 选择地理数据模型

选择表示地理实体的定位数据模型（矢量和栅格）取决于计划使用的 GIS 软件系统的特点和应用的目的。如果 GIS 软件系统只支持矢量模型，那么定位数据应以矢量模型表示；若 GIS 软件系统只支持栅格模型，则应以栅格模型表示定位数据。对于那些要求精确定位和测量或涉及拓扑特性分析（如网络分析）的应用，最好使用矢量模型，而那些涉及大量要素的分析或连续型面状实体的分析且精度要求不很严格的应用，则应使用栅格模型。在地理数据库的逻辑结构设计阶段，还需定义定位数据使用的坐标系统。

2. 设计数据库关系模式

地理关系数据库和地理对象关系数据库逻辑结构设计的核心是根据 E—R 模型设计数据库中应包含的所有关系模式，包括定义每一个关系模式的名称、各个关系模式中每个属性的名称、数据类型、取值范围、主关键字等，即将 E—R 模型转换成关系模型，其转换规则请参阅有关数据库书籍。图 4.31 表示了由图 4.30 的林场 E—R 模型转换成的所有关系模式。

4.3.4.3 物理设计

物理设计是地理数据库设计的最后一步，它是根据数据库的逻辑结构设计，确定数据的存储结构和存取方法，主要包括如下几个方面：

(1) 确定数据存储的位置。例如数据应该存放在一个磁盘上还是多个磁盘上，哪些数据应存储在高速存储器上，哪些该存储在低速存储器上。地理数据库对存储容量的需求一般大于其他领域的数据库。

(2) 确定数据的存取方式。如定义缓冲区（计算机主存中一块指定的存储空间，用于计算机主存和外存之间交换数据）的大小和数目，确定数据块（外存与缓冲区之间交换数据的基本单位）的长度和块因子大小等等。这些都是通过使用 DBMS 提供的存储分配参数定义的。

(3) 选择适当的存取路径。如在关系数据库中，确定为哪些关系模式建立索引、定义索引关键字等。对于地理数据库而言，主要是选择合适的地理索引或空间索引（spatial index），以便有效地查询和检索地理数据。

空间索引是根据一定的规则将图层空间划分成一组区域（通常为矩形），将所有的地理实体分配给所处的区域，每一个区域内的地理实体都存储在一个或多个数据块内，由区

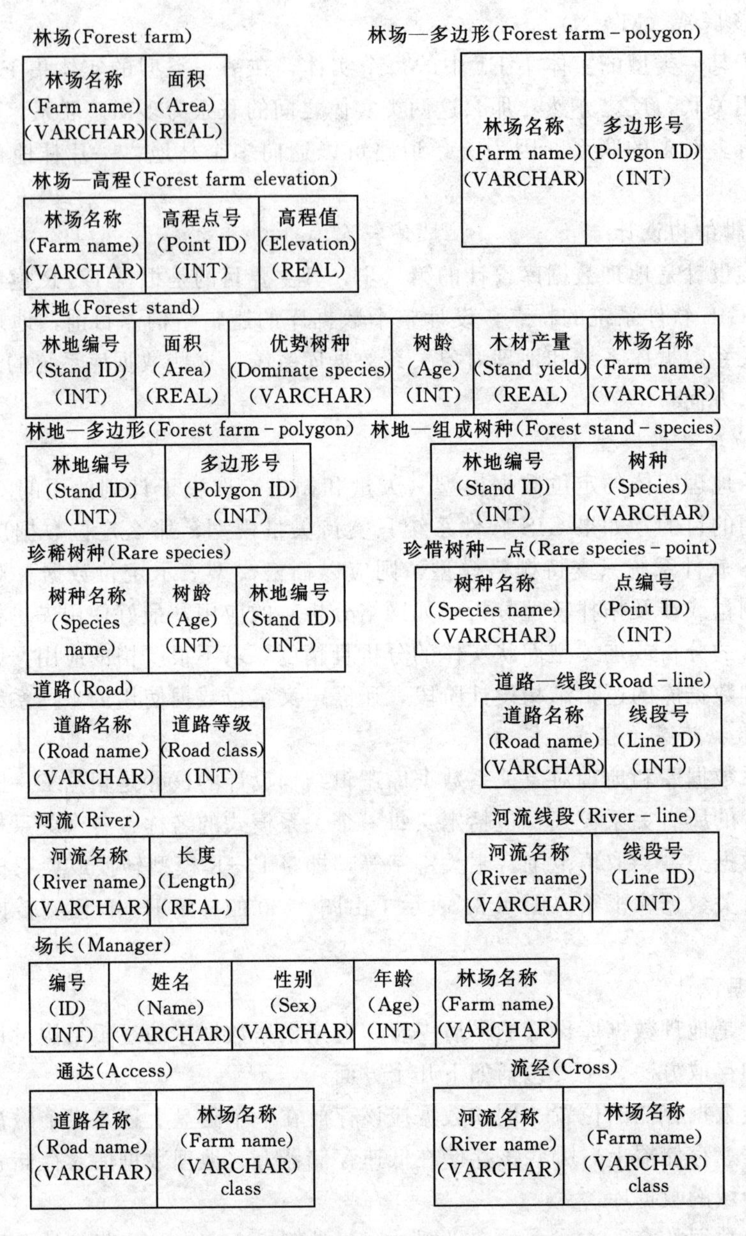

图 4.31 林场关系模式(括号内为数据类型)

域边界或区域位置和相应的数据块地址指针组成索引项，所有的索引项都存放在一个索引表中，当检索数据时，以索引表中的区域边界或位置为关键字快速检索一个区域内地理实体的数据记录。当分区过细、索引项很多时，索引表（简称索引）的体积会很大，从而导致检索效率降低。因此，通常将索引项按较大区域组合，建立高一层的索引，以提高查找效率。如需要，还可建立更高层索引。空间索引往往具有层次结构。最常用的建立空间索引的方法有两种：格网索引和 R—树。

（1）格网索引（grid index）。格网索引是将图层空间划分成规则网格，以网格的位置

作为索引表的主关键字检索地理数据。与栅格数据不同，格网索引中的网格为分隔空间，每个地理实体分配给一个网格，因此，每个网格可包含若干个表示位于其中的地理实体的数据记录（图 4.32）。网格位置通常以网格左下角的 x、y 坐标表示，由 x、y 坐标可生成一个组合数字作为检索网格内地理数据的主关键字。例如，一个网格的左下角坐标为 $x=5000$，$y=6800$，该网格的主关键字可为 $k=50006800$。通过建立一定的数学方法可将 k 转换成网格内数据记录存储的地址。例如，以 k 为自变量，构造一个 Hash 函数 $H(k)$ 或 Hash 算法，以 Hash 函数值为网格内数据记录存储的起始标号（包含一个或多个数据块）。要查询图层中位于某一矩形窗口内的所有地理实体的数据，只需要找出覆盖整个矩形窗口的所有网格关键字，然后计算出属于它们的数据记录存储地址，根据计算的地址从文件中读取这些网格所包含的地理数据。

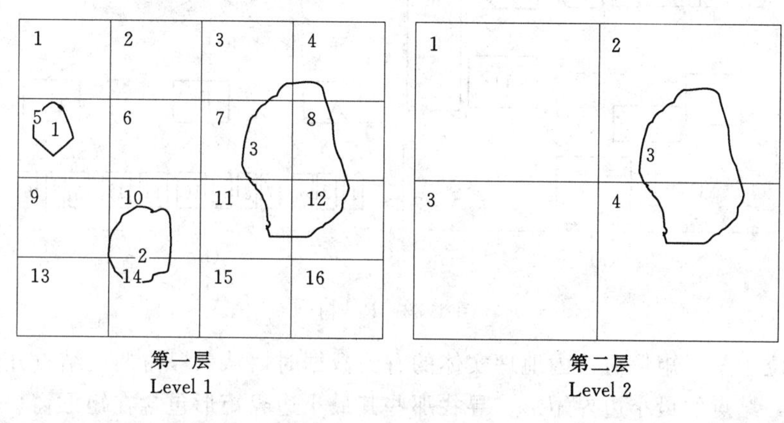

图 4.32 两层格网索引

使用格网索引查找数据的效率显然与网格的大小、地理实体的大小和分布密度有关。地理实体很少是均匀分布在一个地区的。因此，不同的网格不可避免地包含不同大小的地理数据量。相对于地理实体的大小，如果网格太大，提取出来的地理实体数目就很大，数据量也将会很大，从而会增加后续处理的时间；如果网格太小，大的地理实体就会延伸到许多个网格，从而降低它们的存储效率。对于地理实体分布密度有很大变化的图层，使用相同大小的网格会导致两个极端情形，即一次提取出的地理实体要么太多，要么就太少。建立分层格网索引是解决这一问题的简单方法，图 4.32 给出了一个两层格网索引的例子。如果一个地理实体位于 4 个网格以上，则可以用高一层的索引对它进行表示。在图 4.32 中，多边形 1 分配给位于第一层格网的第 5 个网格，多边形 2 存储在第一层格网的第 10 和 14 两个网格中，然而多边形 3 在第一层格网中位于 6 个网格（3、4、7、8、11、12）中，在第二层格网中位于两个网格中（2、4）。

格网索引是最简单的空间索引方法之一，具有易于建立、快速更新的特点，且能处理不同类型和密度的地理数据，广泛地应用于 GIS 商品化软件系统中。IBM 公司的 DB2 Spatial Extender 也采用格网索引的方法。

（2）R—树。R—树是根据地理实体的最小边界矩形建立空间索引树。树的结点存储一个或一组地理实体的最小边界矩形，叶结点存储单个地理实体的 J 最小边界矩形以及有关相应地理实体的数据记录的存储地址指针，所有的非叶结点都存储一个包含其所有子结点所包含的地理实体的最小边界矩形，以及子结点指针。图 4.33（a）表示一个包含有12 个地理实体的图层，图 4.33（b）表示了相应的 R—树索引。其中，R 代表整个图幅，图 4.33（a）中的每个实线矩形为单个地理实体的最小边界矩形，对应于图 4.33（b）中R—树的叶结点。图 4.33（a）中的虚线矩形则表示一组地理实体的最小边界矩形，对应于图 4.33（b）中 R—树的第二层结点。

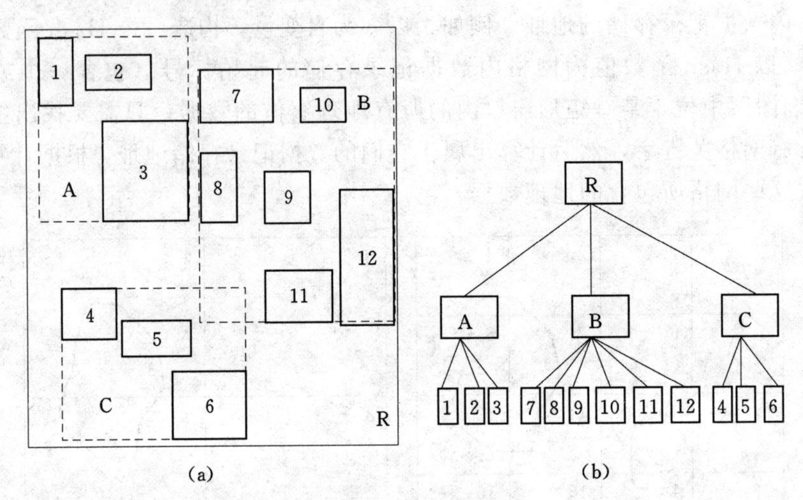

图 4.33 R—树

当查询位于某一矩形窗口内地理实体的有关数据时，从 R—树的根结点开始，比较矩形窗口与每一结点的最小边界矩形，寻找那些其最小边界矩形包含在矩形窗口或与矩形窗口重叠的结点，对这些结点的子结点重复上述判断，直到查找到叶结点，根据寻找到的叶结点的存储地址地针，读取位于矩形窗口内的数据。R—树存储结构灵活，查找效率高。Oracle Spatial 采用了 R—树建立数据库空间索引。

第5章 森林资源信息处理

5.1 多源信息集成技术

一种数据源常常只能较好地反映森林资源被测对象的某一方面，如地形图能较好地反映地形和高程的变化；遥感数据则能较好地区分各种地类，甚至能反映不同林种的变化；GPS能较好地确定某一目标的经、纬度；实地测量虽然能较准确测得树高、胸径、坡度和坡向等多种因子，但因地势、成本和效益等原因必须通过其他数据源加以补充。由此可见，森林资源多源数据提供的信息具有冗余性、互补性和协作性。进行多源数据融合与建模是一项十分有意义的工作，将可以更好地利用不同的数据源，更准确、更综合、更有效获取被测目标的信息（曲晓慧等，2003；石玉梅等，2003；Hall，d.l，Llinas，J.，1997）。

森林资源多源数据的融合主要表现在：互补信息和协同信息的融合、多源遥感数据的融合等方面。在数据融合处理中使用的主要方法有：图像处理、专家系统、多元统计、神经网络等。基于信息的互补性与协同性的融合，可采用多元统计、神经网络等方法，对已有多源数据或数据库进行数据特征分析与配准、特征提取与分类，并通过特征值之间的关系建立信息与知识表达模型（陈怀新等，2003；游松等，2001；谢平等，2001；张兆礼等，2001；袁强等，2000；Sharkey A J C.，1996）。

（1）多源信息集成技术主要包括5方面内容（图5.1）：

1）结合区域原有调查资料和森林资源调查数据，以小班为目标（对象），采集SPOT遥感图像、地图、GPS数据和其他调查数据，进行不同数据源特征分析，了解其相互之间的互补性与协同性，尤其空间数据的互补性和协同性。

2）将不同数据源送来的数据变换到一个统一的时空坐标系中。空间数据采用坐标配准和标志点定位，然后进行分层信息提取与融合；属性数据主要利用已有成果按时间序列和相关模型（如树木生长模型）取得某时间的数据。

3）数据挖掘与融合精度。首先对复杂数据进行粗选，即对复杂数据进行模式分类以查明复杂数据间的统计特征，然后对结果进行数据分类，每类数据都与同一源（目标或事件）关联，主要使用最近邻（KNN）方法进行数据文件特征提取与筛选，粗糙集理论的约减求解和主元分析（PCA）法挖掘关联或属性规则。其次，根据粗查所确定的分类结果进行数据预处理，以删去不必要的自变量为以后的建模和优化创造条件。并选择特殊目标对分类精度加以验证。

4）建立基于神经网络模型的信息与知识表达模型。采用优化的反向传播网络（BP网），即信息的正向传递与误差的反向传播。在正向传递过程中，输入信息从输入经隐含层逐层计算传向输出层，每一层神经元的状态只影响下一层神经元的状态。如果在输出层

没有得到期望的输出，则计算输出层的误差变化值，然后转向反向传播，通过网络将误差信号沿原来的连接通路反传回来修改各层神经元的权值直至达到期望目标。由此结果再确定是否使用神经网络集成，设计一个好的神经网络集成，首先是训练一批神经网络，然后对这些网络的输出结论以某种方式进行结合，构成神经网络集成，最终找出较为合适的信息与知识表达模型。

5）开发基于GIS的数据融合平台。采用MapInfo Professional创建空间数据MapInfo Table，以SQL server建立属性数据库。以Visual C++为编程工具，MapX组件作为系统开发工具。编制图像分割、数据配准、数据关联、状态估计、融合推理、数据管理等模块（方陆明，2006，浙江省自然科学基金）。

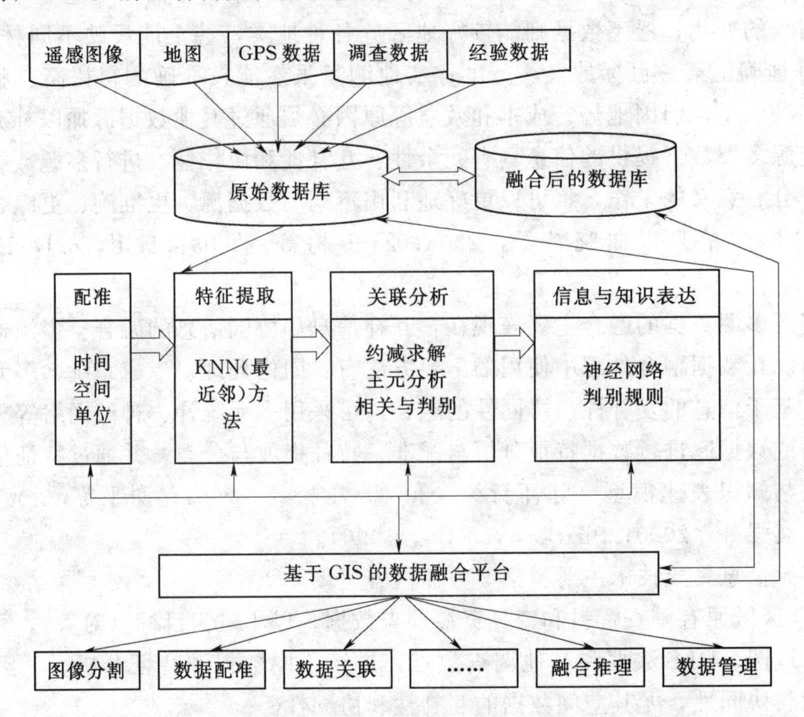

图5.1　基于信息互补性与协同性的森林资源多源信息融合

遥感数据在实现大尺度的森林资源信息直观显示及动态监测上起了很大的作用。多源多时相数据融合即是将多种遥感平台，多时相遥感数据之间以及遥感数据与非遥感数据之间的信息组合匹配的技术。多源数据弥补了单一传感器数据仅有多光谱特性或高分辨率特性的不足，多时相数据显示出空间特性在时间轴上的变化，有利于动态监测。在土地利用动态监测特别是城市郊区土地利用的变化中有较广泛且较成功的应用（张志等，2004），此外还在森林资源灾害监测，国土资源调查中有广泛应用（谷少鹏等，2004）。多源数据综合了来自不同传感器的多光谱数据与高分辨率数据，既获得了较好的光谱分辨率又有较高的空间分辨率，实现了优势互补。

（2）多源遥感数据融合的目的是：选择最佳的波段组合，表达丰富的信息量，减少数据冗余。典型的融合方法如下：

1）选择最佳波段融合法。TM/ETM影像是经常使用的多光谱数据，在7个波段中，

主要包括两类：可见光波段（TM1，TM2，TM3）和红外波段（TM4，TM5，TM7），第6波段分辨率较低故不予考虑，选择可见光波段中较典型的红色波段（TM3），红外波段中较典型的近红外波段（TM4），和短波红外波段（TM7，地质学家要求追加的波段），这7个波段的具体特征如表5.1所示。然后与SPOT5全色波段数据进行融合，一般采用代数运算的方法，将多光谱数据与高分辨率全色数据进行逐点相加、相减或相乘等运算，合成彩色图像。

表5.1　　TM各波段特征

通道	波长范围（μm）	地面分辨率（m）	特征
TM1	0.45～0.52（蓝）	30	这个波段的短波端相应于清洁水的峰值，长波端在叶绿素吸收区，该波段对针叶林的识别比Landset-1，2，3的能力更强
TM2	0.52～0.60（绿）	30	这个波段在两个叶绿素吸收带之间，因此相应于健康植物的绿色。波段1和2合成，相似于水溶性航空彩色胶片S0—224，它显示水体的蓝绿比值，能分辨可溶性有机物和浮游生物
TM3	0.63～0.69（红）	30	这个波段为红色区，在叶绿素吸收区内。在可见光中这个波段是识别土壤边界和地质界线的最有利的光谱区，在这个区段，表面特征经常展现出高的反差，大气朦雾的影响比其他可见光谱段低，影像的分辨能力较好
TM4	0.76～0.90（红外）	30	这个波段相应于植物的反射峰值，它对于植物的鉴别和评价十分有用。TM2和TM4的比值对绿色生物量和植物含水量敏感
TM5	1.55～1.75（红外）	30	在这个波段中页面反射强烈地依赖于叶湿度。一般地说，这个波段在对收成中干旱植物的监测和生物量的确定是有用的，另外，1.55～1.75μm区段水的吸收率很高，所以区分不同类型的岩石，区分云、地面冰和雪就十分有利。湿土和土壤的湿度从这个波段上也很容易看出
TM6	10.4～12.5（热红外）	120	这个波段对于植物分类和估算收成都很有用。在这个波段来自表面发射的辐射量，按照发射本领和温度（表面的）来测定，这个波段可用于地热图和热惯量制图实验
TM7	2.08～2.35（短波红外）	30	这个波段主要的价值是用于地质制图，特别是岩石制图。它同样可用于识别植物的长势
PAN	0.50～0.90（全色波段）	15	综合应用波段

2）主成分代换融合法。遥感数据占用较多的存储空间是众所周知的，而融合处理后的数据最终要成为地质灾害信息系统的数据源，因此在进行融合的过程中，还要考虑到数据存储量的问题，所以采用的方法既要获取足够的信息量，又要尽可能地减小数据冗余。K—IJ变换可以满足这一点。K—IJ变换，又称主成分变换，即通过一个变换矩阵，将TM/ETM影像中的所有波段进行变换，变换后，影像在几何意义上就是：多光谱空间坐标系发生了旋转，以简单的二维坐标系来说明，就是坐标轴方向变换到信息量最丰富的方向，将噪声分离出来，利用第一主成分，或前两个主成分就可以满足要求，用SPOT5将第一主成分替换，然后再实行K—IJ变换的逆变换，即可得到多光谱高分辨率复合影像

(梅安新等，2001)。

多时相遥感数据的融合。即不同时相数据通过融合对比，得出影像上变化的部分，通过二值化处理等方法突出变化的部分，可达到动态监测的目的。融合方法有如下几种（梅安新等，2001)：①彩色合成方法。通过颜色变化判断地物的发展状况及趋势；②差值方法。两幅影像逐像元进行差值运算，若差值为0，表明地物在空间上没有变化，否则发生变化；③比值方法。两幅影像逐像元进行比值运算，与1进行比较，获得滑坡体的变化状况。

5.2 统计数据的分类汇总技术

我国的一些林业部门通过长期的资源调查获得了大量的数据，面对如此多的海量历史数据，如何进行分类汇总，从中得到有价值的信息进行科学决策是林业管理部门急需解决的问题。数据仓库的出现为它提供了新的解决途径。数据仓库是一个面向主题、集成的、稳定的、不同时间的数据集合，用以支持经营管理中的决策制订过程。它能够实现把分散的不同数据通过数据抽取、转换和加载进入数据仓库（杨卫民，2004)。若建立了森林资源数据仓库，则可利用它有效地实现森林资源的统计分析。

森林资源数据仓库是数据仓库技术在森林资源中的应用。森林资源数据仓库的数据具有以下特点：

(1) 以二类调查数据为基础定义资源现状所应包含的信息。按照分步实施的原则，把调查数据分成森林林木面积、林种等主题建立数据集市。

(2) 森林资源某些数据具有空间特性，表现为空间分布上的渐变特征。

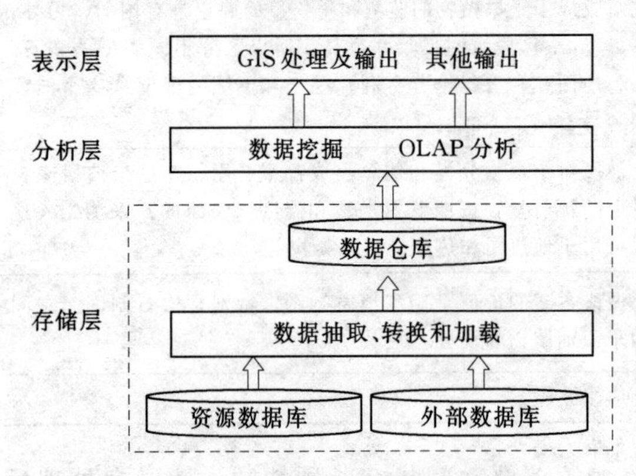

图5.2　森林资源数据仓库体系结构

(3) 林业资源数据分析的时间粒度可以设为1年，而全国林业资源变化情况的时间粒度可以设为5年。森林资源数据仓库的数据组织是以时间为序来组织历史数据和现状数据的。

(4) 数据的标准化程度不高、部分描述性数据难以量化（陈昌鹏，2004)。

(5) 在数据仓库中包含所有业务数据，可建立一个面向主题的分析型数据环境。

数据仓库是面向主题组织数据，它是从整体应用的高度进行集成，能满足所有部门的分析需求。数据仓库的开发方法不同于OLTP系统，其开发过程是一个数据驱动的过程。森林资源数据仓库体系结构如图5.2所示。

存储层：用于存储森林资源调查时所获取的森林资源及其经营活动的现状及动态信息。分析层：借助数据挖掘和OLAP分析来对森林资源数据进行统计分析及信息的获取。表示层：对分析的结果可视化表达给中高层管理人员作为决策依据（杨卫民，2006)。

5.3 空间信息处理技术

5.3.1 空间数据变量的特点及基本算子

(1) 空间数据处理以空间变量为对象。由于空间数据本身包括两个部分，即空间位置和在该位置上所载荷的属性数据，所以空间数据处理可能涉及4种情况：属性数据，空间位置数据，一定空间位置上的属性数据，一定属性的空间位置数据。

(2) 空间数据的存储是在一定区域框架基础上按图层结构存储的，这意味着在一定的空间单元含有多种属性，所以在数据处理操作时可能存在两种情况：一是对一个图层上的空间位置与属性数据的处理；二是对两个以上图层的空间位置与属性数据的处理。

(3) 空间数据变量所对应的空间数据单元的面积可能是相等的（如基于规则网格数据模型中的栅格数据），也可能是不等的（如面向对象的矢量数据模型的数据单元）。

在上述情况下所决定的空间数据处理分析操作运算一般包括以下类型：

1）算术运算，包括加、减、乘、除、幂函数、三角函数、开方等运算。

2）布尔运算，OR、AND、NOT 等运算。

3）统计运算，包括总计、平均数、方差、频数分布、分布检验等。

4）多元统计运算，一般包括有聚类、判别、主成分分析、回归等。

5）矩阵运算，矩阵加、减、乘、逆、转置、特征根、特征向量运算等。

6）平面几何运算，一般包括有距离、面积等运算。

7）拓扑几何运算，如点、线等元素在多边形里、外等查询运算。

运用这些数学运算方法对上述各种类型的空间数据变量进行处理，形成计算机的函数运算过程作为 GIS 的空间数据的基本操作函数控件。根据空间数据处理函数的内容及处理形式等方面的特点，可以把 GIS 的空间基本操作分为：复原与查询检索、再分类、叠加与相交、区域分析、邻域分析、测量及属性数据的统计分析等类型（范文义，罗传文 2003）。

5.3.2 空间分析与过程的基本操作

空间分析起源于20世纪50年代定量和统计地理学的发展。空间分析最初是以把统计方法应用于空间数据为基础的（Bery，Marble，1968），后来扩展到包括数学模型和运筹学研究方法（Taylor，1977；Wilson，Bennett，1985）。有人认为，所谓的空间分析是"把地学中的定量分析用来深入研究某些种类地图所描述的由二维、三维坐标定义的地图点、线、域、表面的空间模式"；"以统计为主的定量方法与技术在定位工作中的应用"（Johnsiton，Smith，1986）；"空间分析是地图上4种类型数据（点、线、域、表面）的分布结构。空间分析技术可以是描述单张地图上的这种分布结构，也可以是比较两幅以上的地图来识别它们的空间关系（Unwin，1981）"。这些分析方法主要应用于空间模式的描述和空间关系的分析（单变量与多变量），为决策支持和空间规划进行分析。

1. 空间与再分类操作

在本书中，为概念清晰起见，把空间变换与再分类限定为是对单个图层进行的，对多图层的操作归结为叠加分析。空间变换与再分类一般情况下是空间分析或构建空间分析应用模型的中间结果，当然也可能是地理信息系统的最终分析目的。空间变换是将一个图层从一个专题变换为另一个专题，操作可以是逻辑操作，也可以是代数和函数操作。由于空间变换包括空间目标的地理位置和属性的转换，所以栅格结构容易实现，而矢量结构不可能对地理位置和属性同时进行变换，且变换后新的界线不容易确定，变换过程十分繁琐。

(1) 基于栅格结构的空间变换可分为3种方式：

1) 单点变换。类似于遥感数据处理，单点变换是对每个栅格进行的，不考虑邻域点的影响，变换后得到新的图层。

2) 邻域变换。是指新图层上的栅格值，是通过原始图层相应栅格的值及其邻域栅格的值综合计算得到的。邻域可以是4邻域或8邻域。

3) 区域变换。是指在计算新图层属性值时，要考虑整个区域的属性值，通过一个函数对一个区域的所有值进行综合计算得到新的属性值。

再分类是相对于原始数据而言的，地理信息系统存储的数据具有原始性质，可以根据不同的需要对数据进行再次分类和提取。为满足空间分析的需要，再分类是在一个图层上的最通常、最基本的一种空间数据运算和操作。每一种再分类都依靠把一些专题值分配给某一现存的空间数据层所对应的空间位置，借此产生一幅新图。原图上的空间单元的属性值、空间位置值、空间的邻接性、大小及形状等都可以决定再分类值，产生一种新的属性值。各种再分类运算都是对某一图层进行重新装配，并不导致产生新的边界轮廓。可以把这些操作视为“重新着色”，再分类后相邻的地物或地理单元如果属于同一新的属性，颜色相同，在视觉上也反映出地物边界的变化。

(2) 对地图数据进行再分类的方法很多，在GIS中常使用的再分类操作有：

1) 重新赋值 (Renumber)。按某种规定把空间变量值（一般是对属性值）重新赋值，产生新的空间数据分类值。例如，在一幅地被类型图上包含有3种类型的地被——森林、草地和湖泊，每种类型的地图要素都赋有一属性代码值，可以根据要求按二元数值0、1分为植被和非植被。

2) 等级分割 (Slice)。等级分割是把一个连续的空间数据分类值分割成离散性的值，如把地形中的海拔高程值分解成具有一定间隔的离散值——等高线间隔值，200，220，240，…，对森林评价中的郁闭度级、龄级、蓄积量级等都是对连续的属性值进行的等级分割。

3) 运算 (Compute)。对原图层上的各属性值进行某一种算数运算（加、减、乘、除、逻辑运算、指数、对数、开方等），产生新的属性值。

4) 组合 (Clump)。把具有相同属性的而位置又相邻的一个以上的栅格点，同化成单个的“块”，这种操作常被称为“打包”。这种操作经常是通过把栅格转化为矢量的形式来完成。

5) 按地理实体“大小”(Size) 的再分类。可以根据地图要素（点、线、面）的大小进行再分类。例如，点的数量、线的长度、面积的大小等。

6) 按地理实体的几何形状的再分类。地理实体的形态特征也常用来作为再分类的特征值。与线状实体相联系的形状特征，表达了许多线段构成的格局，如标志着溪流、网状

溪流等；面状实体的周长形状，如边界的凸度指数表示边界轮廓特征。面状实体的完整性，如在一个区域内包含具有某种特征的“洞”（碎片）等。

2. 叠加分析

地理信息系统的空间数据库是按专题分图层存储的，这样有利于进行空间分析，多个图层进行综合运算得到一个新的图层的操作称为叠加分析。参加运算的图层可以是GIS的原始图层，也可以是通过空间变换或再分类派生出来的图层。图层之间的运算分为矢量和栅格结构两种，对于矢量结构，主要是拓扑叠加运算；对于栅格结构，图层之间的运算称为地图代数，参加运算的图层称为地图变量，运算的类型多种多样（如数量化模型、各专业的理论或经验模型、主成分分析、层次分析、聚类分析、判别分析等），由此构造出的空间分析模型我们称为“地图分析模型”或“地理信息模型”。之所以这样定义，是因为它与遥感信息模型相类似，二者的不同之处主要是遥感信息模型是把像元的光谱转化为专题值，而地理信息模型是从专题值变换为新的意义的专题值。地理信息系统的叠加分析大致分为以下几类：

（1）视觉叠加。视觉叠加是将不同含义的图层经空间配准后叠加显示在屏幕或图件上，研究者通过目视获取更多的空间信息如：

1）点、线、面状专题图之间的叠加显示。

2）DEM与专题图叠加显示立体专题图。

3）DEM与遥感图像的叠加，遥感影像与专题图之间的叠加。

视觉叠加不产生新的图层，只是将多层信息复合显示。

（2）矢量图层叠加。矢量图层之间的叠加生成新的图层，总体上分为两步，图层叠加后图形求交、拓扑生成和属性信息的处理。

1）点与多边形叠加。通过坐标计算点层中的矢量点与面层中的多边形的包含关系，从而能确定出每个多边形内有多少个点。同时将多边形的属性连接到点上。

2）线与多边形叠加。线与多边形的叠加，是通过计算比较线上坐标与多边形弧段坐标的关系，判断线是否落在多边形内。计算过程通常是计算线与多边形的交点，只要相交则产生一个结点，将原线分成一条条弧段；并将原线和多边形的属性信息一起赋给新弧段。叠加的结果产生了一个新的图层——每条线被它穿过的多边形分成新弧段的图层。如，在林区计算道路网密度时，可用道路线状图层与行政或专题区划的多边形图层进行叠加，叠加的结果可以得到每个多边形内的道路长度，计算出道路网的密度。

3）多边形的叠加。多边形叠加是两个或多个面状图层进行叠加产生一个新多边形图层的操作。先将不同图层多边形的弧段进行求交，然后拓扑生成新的多边形图层，新图层综合了原来两层或多层属性（图5.3）。

对新生成的拓扑多边形图层的每个对象赋一个多边形唯一识别码ID，同时生成一个与新多边形对象一一对应的属性表。

（3）栅格图层叠加。栅格图层叠加操作是地理信息系统中应用最广的空间数据处理方法，广义的叠加操作可以理解为相应位置上独立值的函数过程（图5.4）。

输出数据层＝f（两个或多个输入数据层）

1）“点对点”的叠加运算。在栅格地图数据简单的叠加中，分配到新图各点上的值是

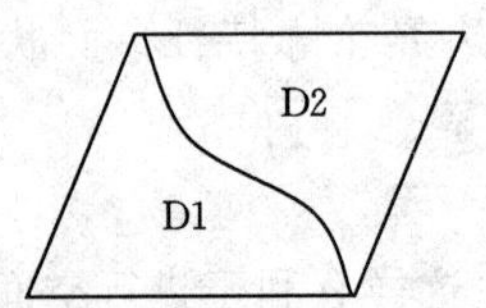

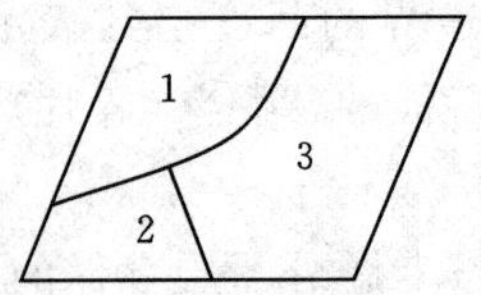

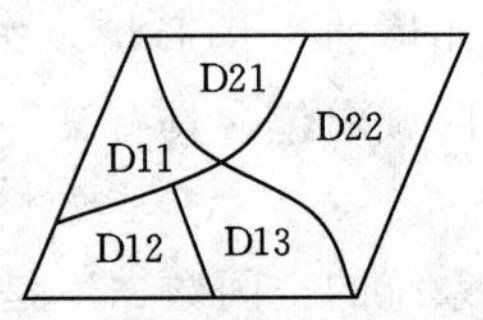

属性如下：

坡向 ID	坡向
D1	阳坡
D2	阴坡

地类 ID	地类
1	林地
2	农田
3	草地

ID	坡向 ID	坡向	地类 ID	地类
D11	D1	阳坡	1	林地
D12	D1	阳坡	2	农田
D13	D1	阳坡	3	草地
D21	D2	阴坡	1	林地
D22	D2	阴坡	3	草地

图 5.3　多边形叠加

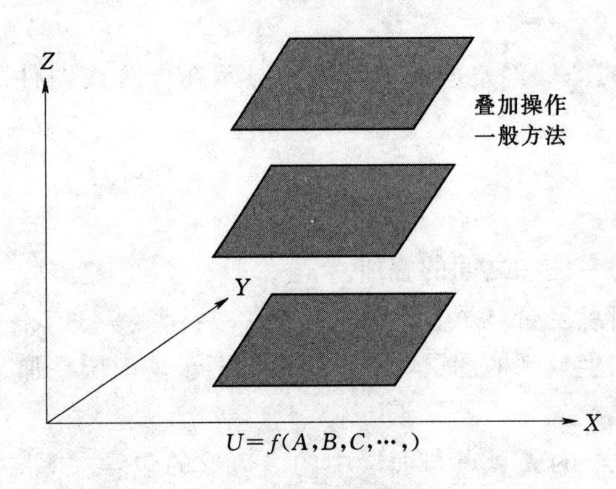

图 5.4　栅格图叠加

与现存图层相应的"点对点"数学运算，包括算数运算、布尔运算、统计运算等。例如在森林资源生长动态分析中，已知某林区 2007 年和 1997 年森林经理调查的森林蓄积分布图，通过两个图层"点对点"属性值的相减，既可获得森林蓄积动态分布新图层的属性值。在点对点的叠加运算中也可以采用统计运算以及回归分析。但这些运算对参与叠加的各图层必须是存在数学意义时才能进行数学运算。

2）"掩膜"（Cover）叠加操作。在叠加图层中，如果有一个图层不参与空间变量的函数运算而只起到决定叠加运算的范围和边界的作用，其他叠加图层则进行空间变量的运算，通常把这种叠加操作称为"掩膜"叠加。例如，在两个叠加图层中，其中有一个是某林业区划的二元值的图层，另一个图层是表达区域的数字化高程模型，叠加结果可以获得该林业区划范围内的高程数据。

3）"相交"（Intersection）叠加操作。参与叠加的图层各有自己的分类属性，参与叠加图层的分类属性彼此"相交"组合，形成新的分类属性，其结果产生新的图层。例如，一个图层为森林类型组，假定分为原始林、次生林和过伐林三种类型；另一个图层是海拔高度级，假定分为海拔 400m 以下、400～700m、700m 以上。这两个图层"相交"叠加产生 9 个分类属性。

3. 邻域分析

邻域分析操作是对目标点规定的邻域范围内的变量建立函数进行特征化，来表达目标的特征或某范围内的属性，对该范围内的目标进行统计，以其统计的总计、平均数或中值、标准差等为该范围的属性值。邻域分析也是对一个图层进行空间数据的分析处理，通常包括空间插值、地形提取（从 DEM 中提取坡度、坡向）、空间搜索、缓冲区分析、"泰森"多边形等空间操作。对于栅格结构的缓冲区分析又称为蔓延分析。

邻域分析的前提必须是对目标地图要素确定出邻域范围。在地形（坡度、坡向）提取过程中常采用开设“游动窗口”方法确定邻域范围，对每个栅格单元（目标点）确定相邻的8个栅格单元作为它的邻域范围。在空间插值操作（如距离倒数权重内插方法）时，选取被插值点（目标点）周围最近的给定数量（8个）已知点作为插值点，作为函数值，内插出目标点的值。在空间搜索操作时，是按着搜索要求确定邻域范围，如在火灾发生点给定的周围内（如10km内）有多少消火栓，空间搜索的邻域可以是圆形，也可以是不规则的多边形，邻域面积可以是固定的，也可以是不固定的。

“泰森”多边形邻域操作是对任意分布的若干地理实体确定它们各自的邻域范围（或者称为“影响”范围），这种邻域范围的确定是取决于每个地理实体的属性和它们的坐标。“泰森”多边形最初是气象学家用来从离散分布的气象站的降雨量数据计算平均降雨量，它的生成是将某个离散点分别同周围的离散点相连，然后分别做连线的垂直平分线，这种垂直平分线相交组成的多边形即为 P_i 邻近范围——“泰森”多边形。“泰森”多边形也可用于其他地方，如空间插值。

缓冲区分析是地理信息系统的重要空间分析功能之一，其实质就是确定地理空间目标（可以是点、线或面）的一种影响或服务范围。缓冲区分析方法是给定空间目标后，确定邻域半径 R。缓冲区的半径可根据专业模型确定，所得到的缓冲区多边形同一般多边形一样可用于其他空间分析。

4. 网络分析操作

（1）距离的空间操作。距离是欧几里得几何空间中最基本的概念，在一定的坐标系下，两点间的距离及线段长度是很容易确定的。尽管人们对这种量测在概念上和实践中是很熟悉的，然而在作空间分析和决策时，只依靠欧几里得的距离去解决问题经常是不足的。一个直线路线可以表示一个距离，但对于走路或非自由路程，有时用这种方法确定出的距离却提供不出有用的信息。在一般情况下，用时间或成本这样的概念来表示距离是更适合的，对于解决问题更为重要。在大多数地理信息系统中都有着对这两种距离的空间量测和分析的函数和操作。

对于任意一个量测距离系统的基本问题是需要一个标准的量测单位和一种量测的方法和过程。测量方法总是要求两点间的连接最短，然而基于上述射程距离的概念，可以把直线距离最短的概念延伸为“近程”的概念。在地理信息系统中对于栅格空间，从一个位置到另一位置的距离可以用两个位置中的栅格数来计算。在应用“近程”概念表达距离时，不是像矢量空间按顺序计算出第一对点间位置上的距离，而是围绕一个位置或一组位置建立起“同心等距带”，表示从任意非目标位置到达目标位置的最短直线距离。在很多涉及距离的应用问题中，两个位置间最短路线不是直线。甚至如果它是距离的话，也不是欧几里得直线长度表示的距离概念，而是被定义为行程的时间或成本，或表示经过这一空间所消耗的能量。在量测这种距离时常取决于存在于距离之间的障碍物。这意味着距离的量测值是越过障碍物和空间的时间或成本。根据障碍物影响运动的性质和程度，可以把障碍分为两种类型——绝对阻尼和相对阻尼。绝对阻尼物是在一定的条件下完全限制运动的物体，因而也意味着两点之间的距离是无限远，除非有一条通道绕过该障碍物。一条大河对于不会游泳的人，而且既没有船又没有桥的情况下就是绝对阻尼，如果其他条件存在就是相对阻尼。在相对阻尼情况下是可以通过的，只是在不同的相对阻尼情况下通过该距离的时间和成本是不同的，它等于实际距离的函数。还可以用累积成本和权重距离的概念来对距离的“近程”进行特征化。例如，在进行某一共用线路的工程中，修建的成本可以是修建路线的社会和工程因子的函数。运动或工程的进程可以随运动的函数或一个位置上的固定条件而变化。影响一个障碍物限制运动能力的因子是运动的方向，例如地形倾斜对徒步旅行的障碍程度是取决于行走是在上坡、下坡、还是横坡。另一个影响因素是运动的持续时间，长时间的运动会使运动体减弱运动的能力。第三个影响因素是运动体的内在速度能力，如徒步行走、乘交通工具。

(2) 空间连通性的操作。空间连通性是对与距离有关的空间特征的分析。对累积表面进行概念化是理解这一过程的基础。如果以一个简单的“近程”地图的专题值来表示一个表面的第三维，则可以描绘成同心等距连续环。对于一幅加权的平均近程地图，其表面形状也显示为类似的样子；然而由于地表有许多山脊和山峰以及不同的地貌，使得同心环弯曲，这种表面还具有不能包含鞍部的特征。这些都是所有累积表面的特征。在复杂的三维表面情况下，经常需要寻找一个地形点的最陡的下山路线，如确定地表径流的路线。寻找行程的最优路径也是属于这类问题。

另一种连通性的操作是通视性的分析。这种操作是建立空间位置之间相互可见性的过程。形成一个区域可见范围的位置是三维空间中直线连通到观察者的位置或一组观察者的位置。地形起伏和地物的高低是否能阻碍相互通视的因子。如果指定多个观察者时，则视野范围内的各位置被分配一个值来表示可见连通的数值或密度。通视性分析在旅游资源评价、森林防火瞭望塔的设置等方面有着广泛的应用。此外蔓延及照射分析也是某些领域中常用连通性的空间分析操作。

5.3.3 地理数据的处理

根据第4章可知，森林资源数据表现为地理数据形式。输入到GIS的地理数据可能有不同的来源，它们可能来源于具有不同地图投影、不同坐标系统、不同比例尺或多个不同图幅的地图或遥感影像，它们也可能来源于不同的数字化方法获取，具有不同类型的地理数据结构。因此，在对它们进行采集和输入以后，需要对它们作进一步处理，将它们统一到同一个地图投影、坐标系统和数据结构下，使得以不同图层表示的地理数据具有类似的内容详细程度和表示精度，并使得相邻图幅之间的数据可以拼接在一起形成连续统一的图幅数据，从而构成一个随时可以用于GIS分析、显示的综合性地理数据库。

5.3.3.1 地图投影和坐标系统的转换

要将不同图层正确地表示在同一幅图上，或将它们叠置起来作综合分析，或将相邻图幅合并在一起，它们必须使用同一投影和坐标系统，否则就会出现一些问题，如同一地点的数据会表现在不同的地方，它们不能在同一点上叠合。因此，对来源于不同地图投影和坐标系统的地理数据，无论是矢量数据还是栅格数据，都需要将它们转换到一个共同的投影和坐标系统。

1. 地图投影转换

地图投影转换常用的方法有两种：①正解法，即在原投影和新投影坐标系统之间建立一种解析方程式，直接将原投影的平面坐标转换为新投影的平面坐标；②反解法，即将原

投影的平面坐标根据其投影坐标公式反解出地理坐标，然后将地理坐标代入到新投影坐标公式中，计算出在新投影系统中的平面坐标，从而实现由原投影坐标系统到新投影坐标系统的转换。

地图投影坐标系统的转换涉及比较复杂的数学运算，然而，大多数GIS软件系统都具有很强的易于使用的地图投影转换功能。例如，Arcview的Projection Utility是一个基于向导（wizard）的投影坐标系统转换工具，可用于地理坐标系统（如1954年北京坐标系）到投影坐标系统（如高斯—克吕格投影）的转换、不同投影坐标系统之间的转换，它使用图形用户接口一步步地引导用户执行一定的转换任务，用户只需告诉系统输入数据的原投影坐标系统，选择所希望的新投影坐标系统，输入原坐标系统和新坐标系统参数（如大地基准、坐标原点、标准纬线、中央经线等），在用户确认所有的转换参数之后，系统就执行转换任务，输出在新投影坐标系统下的数据。可见，利用GIS软件进行地图投影坐标系统的转换已是一项比较容易的工作。但是，GIS中投影坐标系统转换功能的成功使用，要求用户了解不同地图投影的特征，正确定义输人和输出数据的转换参数。

2. 几何变换

除了地图投影坐标系统之间的转换外，许多GIS软件系统（如ArcInfo和MGE）还为用户提供几何变换（geometric transformation）的功能。几何变换是通过坐标系统的平移、旋转、比例尺变换和几何形状变换将地理数据从一个平面直角坐标系统转换到另一个平面直角坐标系统中。常用的地理数据几何变换有两种：相似变换（similarity transformation）和仿射变换（affine transformation）。

（1）相似变换。相似变换是通过平移、旋转和比例变换对地理实体的平面直角坐标进行转换，它保持地理实体几何形状不变，并保持x和y方向上的比例变化相等，但它可以改变地理实体的大小和方向。假设地理数据当前使用的平面直角坐标为（x，y），要通过相似变换将这些数据转换到另一个新平面直角坐标系，则新坐标系下的坐标（X，Y）可按下式计算：

$$\left.\begin{aligned}X&=Ax+By+C\\Y&=Bx+Ay+F\end{aligned}\right\}\tag{5.1}$$

$$A=s\cos\alpha$$

$$B=s\sin\alpha$$

式中 s——在x，y方向上的比例尺变化；

α——原坐标系相对于新坐标系旋转的角度；

C——x方向上的平移；

F——y方向上的平移。

图5.5以一个左下角位于坐标原点的矩形实体为例，表示了相似变换中三种可能的坐标变换。式（5.1）中有四个未知参数A、B、C、F，要实现相似变换，就要根据至少两个控制点运用最小二乘法原理来求解这四个参数值，这些控制点在原坐标系和新坐标系中的坐标都应当已知。

（2）仿射变换。仿射变换可以对地理数据实施平移、旋转、比例变换和偏斜变换，它

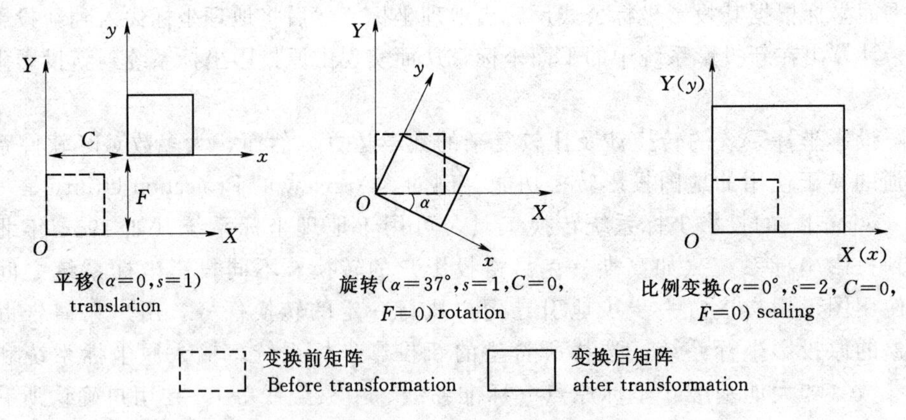

图 5.5　相似变换中的平移、旋转和比例变换

运用下列公式将地理数据从一个平面直角坐标系转换到另一个平面直角坐标系：

$$\left.\begin{aligned}X&=Ax+By+C\\Y&=-Dx+Ey+F\end{aligned}\right\}\tag{5.2}$$

$$A=s_x\cos\alpha$$
$$B=s_y(k\cos\alpha-\sin\alpha)$$
$$D=s_x\sin\alpha$$
$$E=s_y(k\sin\alpha-\cos\alpha)$$
$$k=\tan\beta$$

式中　s_x——在 x 方向上的比例尺变化；

s_y——在 y 方向上的比例尺变化；

α——原坐标系相对于新坐标系旋转的角度；

C——x 方向上的平移；

F——y 方向上的平移；

β——图形偏斜度。

仿射变换中的平移和旋转与相似变换类似，但它在 x，y 方向上比例尺的变化可以不一样。在此变换中，直线转换后仍为直线，平行线转换后仍相互平行，但由于可以将图形作一定角度的偏斜，并能在 x，y 方向上作不等比例的变换，因此，形状会发生改变。例如，一个圆可能会转换为一个椭圆。图 5.6 以一个矩形实体为例表示了仿射变换中的不等

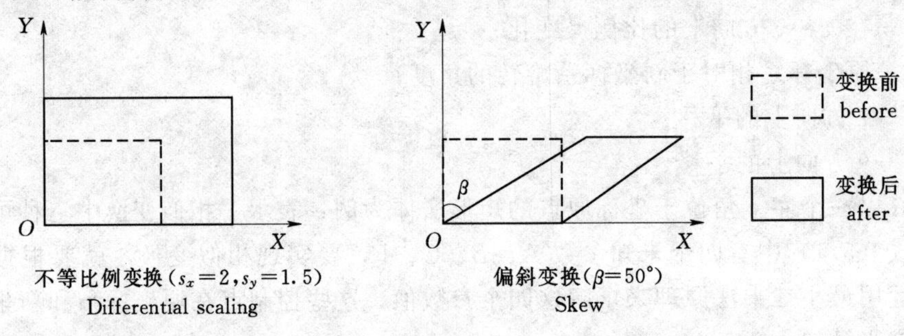

图 5.6　仿射变换中的不等比例变换和偏斜变换

比例变换和偏斜变换。公式（5.2）中有六个未知参数，因此，需要三个或三个以上的控制点运用最小二乘法原理来求解它们的值。

仿射变换是GIS中使用最多的一种几何变换。它最普遍的应用是将数字化地图从数字化仪平向直角坐标系以厘米为单位转换到一个地图投影的坐标系统，从而GIS可以地表的实际坐标（以米为单位）输入和存储地理数据。仿射变换的另一应用是将遥感数字影像从其影像坐标转换到地球表面坐标系统（ground-based terrestrial coordinate system）。

5.3.3.2 地理数据结构转换

由数字化仪采集的数据通常为矢量数据，扫描仪输出的数据为栅格数据。这两种数据结构以截然不同的方式存储和处理地理数据。有的GIS软件系统只有使用和处理一种地理数据结构的能力，需要使用特殊的数据结构转换程序将具有另一种数据结构的地理数据转换过来，然后输入到系统中。而许多其他GIS软件系统支持两种地理数据结构，在需要同时使用具有不同数据结构的数据时，要求用户利用系统提供的数据结构转换程序将它们转换为同一种数据结构。矢量数据到栅格数据的转换称为栅格化（rasterisation），栅格数据到矢量数据的转换称为矢量化（vectorisation）。

1. 栅格化

栅格化是以一组网格来近似地将以矢量形式表示的点、线和多边形，转化为栅格数据。大多数GIS软件都已提供栅格化功能，运用一定的栅格化算法将矢量数据转换成栅格数据。点的栅格化很简单。只要将它们的 x，y 坐标转换成所在网格的行、列坐标即可。线和多边形的栅格化可采用不同算法（Pavlidis，1982），其中一种为扫描线算法（scan-line algorithm），这种算法的基本思想如下。

首先确定网格边长，根据图幅范围计算出格网行数、列数和格网原点（左下角或左上角）（x，y）坐标；然后以穿过每一行网格中心的水平线为扫描线，从格网的第一行起，逐行计算出每根水平扫描线与图幅内所有线段或多边形边界的交点（图5.7和图5.8），将交点的（x，y）坐标转换成格网行、列坐标；再沿着每条扫描线将这些交点按照其列号从小到大顺序排列，以相交线段或多边形的属性值为交点所在网格（简称交点网格）的值，从而形成表示线段或多边形边界的网格数据。对于线段而言，将上面获取的交点网格值以一定的结构存储即可形成一个线状实体栅格数据文件。对于多边形而言，在每行的交点按列号顺序排列

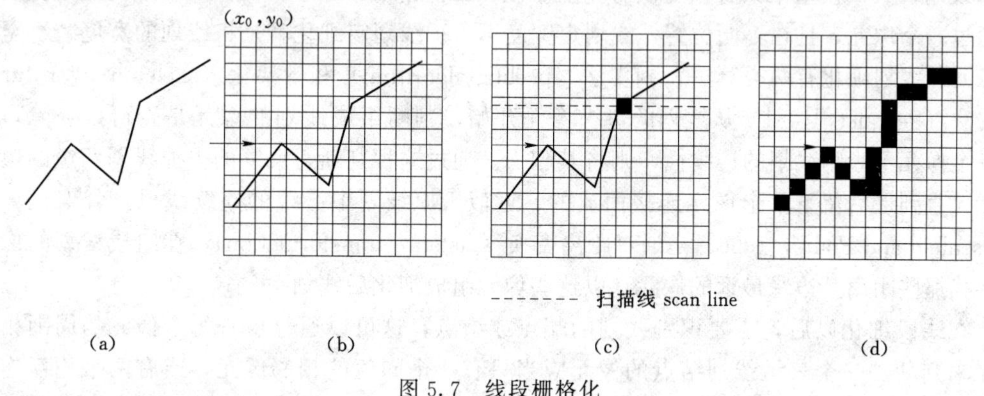

图5.7 线段栅格化

（a）以矢量形式表示的线；（b）确定格网参数；（c）计算扫描线与线段的交点；（d）记录交点网格，产生栅格数据

之后，还需判断两个相邻交点之间的网格是否处于多边形之内，这可以通过点包含分析（point-in-polygon）的方法进行。一旦一个网格被判断是位于一个多边形之内，就将多边形的属性值赋给该网格，按此方法寻找出组成每个多边形的所有网格，最后以一定的结构和栅格数据压缩技术将网格值存储起来，形成一个多边形栅格数据文件。

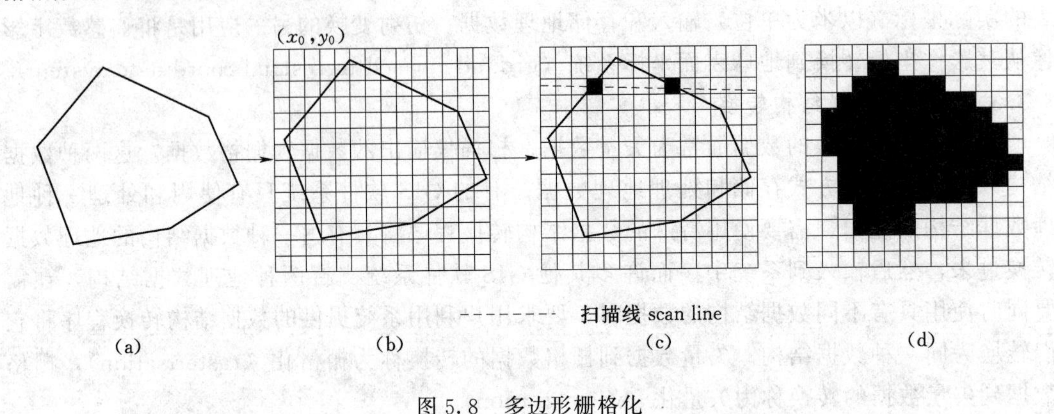

图5.8　多边形栅格化

（a）以矢量形式表示的多边形；（b）确定格网参数；（c）计算扫描线与多边形边界的交点；（d）填充多边形内部网格，产生栅格数据

栅格化的精度主要取决于网格的大小，网格愈小，精度愈高。但栅格化总是对矢量数据的一种近似和概括，会导致一些地理实体细节的丢失。尽管如此，由数字化仪获取矢量数据，再将矢量数据栅格化，是栅格GIS系统数据输入的主要方法之一。与手工输入相比，这种方法实际、有效和快速；与扫描输入相比，它减轻了数据输入后的编辑工作。

2. 矢量化

矢量化主要用于将栅格数据或栅格影像转换成矢量数据。这一过程通常是使用一套专门化的软件来实现的。矢量化实际上是在栅格影像中逐个网格或像元跟踪图形，以线划勾绘出图形，最后输出矢量数据的过程。自动矢量化主要涉及线划定细化、线划结点的识别、线划定跟踪和光滑，往往要求先对栅格影像进行边缘增强，连接影像上不连续的线划，然后，将它处理成二值影像，即有图形的像元值为1，没有图形的像元值为0。

线划在矢量模型中只有长度没有宽度。但在二值栅格影像中，由像元组成的线划宽度往往超过一个像元，且在不同位置，线划定宽度不一。线划定细化就是将线划的宽度减小至单个像元。线划细化有两类算法：剥皮法（peeling algorithm）和骨架化（skeleton algorithm）。剥皮法（Peuquet，1981）从线划的边缘像元开始，判断组成线划的像元是否可以去除，如果一个像元不影响线划的连续性，则将其删去。通过这种判断，反复的去掉线划两边的边缘像元，直到最后留下单个像元连接而成的、近似于原线划中心线的连续线段。骨架化算法（Rosenfeld and Pfaltz，1966）是通过距离变换（distance transformation），在组成线划的像元中寻找那些距离其边缘最远的像元，以这些像元组成细化后线划。

在线段细化以后，需要识别线划的端点或结点，这可以通过检查每个像元的周围相邻像元来判断。一个表示线划结点的像元应当只有一个同值的相邻像元，或有两个相互连接的同值相邻像元。找到结点以后，就可以从某一结点出发跟踪一条线划。由跟踪过程中找到的组成某一线段的每个像元的坐标所组成的坐标序列，就构成了一条矢量化线段。然

而，跟踪出来的矢量化线段一般呈锯齿状，要产生质量较高的矢量数据，还需对它们进行光滑。

到目前为止，自动矢量化软件还不够完善，由自动矢量化产生的数据常常需要不少编辑工作，例如删去短小线段，纠正在线划自动跟踪过程中产生的错误等。因此，具有栅格影像矢量化功能的GIS软件系统一般都提供半自动矢量化方法，在线划跟踪过程中，给用户更多的控制。例如，ArcInfo的矢量化功能允许用户选择一个起点，矢量化程序然后自动跟踪出所有与该点相连接的线段，它也允许用户选择某一线段进行跟踪以及线划跟踪的方向，然后由程序自动跟踪。此外，ArcInfo还可为矢量化线段建立拓扑结构，并提供光滑程序用于平滑矢量化线段。

栅格数据矢量化的另一种方法是屏幕数字化（on-screen digitizing或heads-up digitizing）。它将栅格影像以背景（backdrop）显示在屏幕上，使用由鼠标器控制光标在屏幕上手工跟踪影像上的线划，将影像上显示的地面物体跟踪数字化为一系列点、线或多边形，然后以一定的矢量数据结构将数字化数据输出和存储。这种方法已被广泛应用于从扫描地图、扫描航片或遥感数字影像中，有选择地获取某类地理实体的矢量数据，如土地块、建筑物、道路网、水系等，并已广泛应用于地理数据的更新。

5.3.3.3 地理数据的综合概括

来自不同比例尺地图或遥感影像的地理数据具有不同的表示精度和详细程度。GIS分析结果的精度主要取决于精度最差的输入数据。因此，如果用于分析的地理数据与所来源的原图比例尺相差很大，应当对来源于较大比例尺原图的数据进行综合概括或简化，使得它们的精度和内容详细程度与来源于较小比例尺原图的数据相当，从而避免存储不必要的地理实体细节，减少数据量，节省数据存储空间和处理时间。在GIS中，矢量数据的综合概括主要体现在线段的简化和光滑，栅格数据的综合概括则主要是指网格值的重新分类分级（减少网格值的类型或等级）、地理实体细节的过滤（使用栅格数据过滤算法）。

5.3.3.4 图幅边缘匹配

在研究区域超过一幅地图图幅范围的时候，有时需要将相邻的图幅拼接起来使用。一般来讲，每幅地图分别单独数字化，以图层为单位输入和组织在GIS中。在数字化时，每幅地图使用不同的控制点分别定位，尽管单幅地图的数字化精度可达到很高，各图幅仍不可避免地存在着不同程度的数字化误差，两个相邻图幅输入误差上的区别往往导致图幅边缘的地理实体不能相互衔接。例如，一条跨越两幅图的公路在图幅边缘可能因错位而衔接不到一起。因此，在对输入的相邻图幅数据进行编辑、投影和坐标系统的转换以及图形综合概括以后，需要对它们作边缘匹配处理，将它们连接在一起形成一个连续统一的图层。边缘匹配处理包括如下3个方面：

（1）图幅边缘图形匹配。将两相邻图幅边缘上下不相匹配的同一线状实体或多边形实体边界衔接在一起，使它们能很自然地越过图幅界线延续下去。

（2）图幅数据连接。将已实现图形匹配的两相邻图幅的数据连接在一起形成同一个图幅数据。

（3）图幅共同边界的删除。将相邻图幅共同边界从连接起来的图幅中删去，重新建立弧段或多边形拓扑结构，形成一个统一连续的图层。

第6章 森林资源信息输出

信息输出是森林资源信息管理的最后成果，也是其目的所在。如前所述，森林资源信息按其内容属性可分为属性信息和空间信息；按其加工的精细程度可分为原始信息、统计汇总信息、评价/预测/决策信息。属性信息常以文字或报表形式输出，供本部门和其他相关单位使用。空间信息则以地图方式输出。原始信息即各种原始输入的森林资源数据，一般供临时查询使用，常以屏幕方式输出；统计汇总信息则是在已输入的原始数据的基础上利用统计汇总技术得到的数据，常以报表形式表现出来，供查询或上报使用，以屏幕或打印方式输出；评价/预测/决策信息则是在结合人工智能、神经网络等技术对数据进行综合比较、预测未来趋势，供本级领导或上级相关部门使用，常以打印方式输出。

6.1 原始信息输出

原始信息输出指各种原始输入的森林资源信息输出，一般供临时查询使用，包括原始输入的森林资源属性数据、地形图、遥感图片等。原始的属性数据如森林资源二类调查中的每木调查表（表6.1）、小班主要调查表（表6.2；亢新刚，2001）。

表6.1 每木调查表

序号	树种	胸径（cm）	树高（m）
1	杉木	20	15.4
2	马尾松	22	16.3
⋮	⋮	⋮	⋮

表6.2 小班主要调查因子表

因子	说明
位置	林业局（县）、林场（分场、乡、镇、村）、林班、小班等
权属	分别林地所有权和林木所有权记录
地类	按地类划分系统中最细地类记录
地形地势	主要记录海拔、坡位、坡向和坡度
土壤	土壤名称、各层厚度（主要是A、B层），质地，石砾率
下木植被	优势和指示性下木，植被种类名称、平均高和总盖度
立地类型	根据小班因子，查立地类型表确定
地位等级	对有林地小班可用地位级和地位指数确定，对于无木林地和荒地可采用相关因子确定

续表

因　子	说　明
更新	更新（起源）的种类、树木名称、年龄、平均高、平均胸径、每公顷株数等
经营措施类型	是指小班所属某一经营类型内，而采取的体积经营措施而划定
林种	按相关标准划定
林层	根据有关标准确定主林层和副林层
起源	主要有2类，其一是人工更新、天然更新和飞播，其二是实生或萌生
树种组成	按蓄积比重十分法确定，复层林分别林层记录
优势树种	蓄积比重最大的树种
平均年龄	分林层，以优势树种的平均年龄为代表
平均高	分林层，以优势树种平均高为代表
平均直径	分林层，以优势树种平均直径为代表
优势木平均高	选3株树高最高或直径最大的林木，测其树高，取平均值
郁闭度	树冠投影占林地面积比重
每公顷株数	指活立木的株数
每公顷蓄积量	指活立木的蓄积量，复层林分层统计
枯倒木蓄积	指小班5年内发生的、现可利用的枯立木、倒木、风折木、火烧木等的蓄积量
病虫害	病虫害的种类及危害程度
火灾	火灾发生时间、受损程度和面积

6.2 统计汇总信息输出

统计汇总信息常以报表的形式表现出来，不同层次的林业单位不同的调查类型其报表的格式和数量、内容均存在差别。本书仅列举根据森林资源一类调查结果形成的27个统计表（亢新刚，2001），具体如下：

（1）各类土地面积统计表（表6.3）。

（2）各类蓄积统计表（表6.4）。

（3）林分各林种各龄组面积蓄积统计表。

（4）林分各优势树种各龄组面积蓄积统计表。

（5）用材林各优势树种各龄组面积蓄积统计表。

（6）用材林近、成、过熟林组成树种蓄积统计表。

（7）用材林近、成、过热林组成树种按径级株数蓄积统计表。

（8）用材林近、成、过熟林组成材种按出材等级株数蓄积统计表。

（9）用树林近、成、过热林可及度面积蓄积统计表。

（10）人工造林面积蓄积统计表。

（11）人工林各林种各优势树种各龄组面积蓄积表。

（12）竹林面积株数统计表。

（13）经济林面积统计表。

（14）灌木林面积统计表。

（15）用材林幼中龄林应抚育面积蓄积统计表。

（16）林分及疏林郁闭度统计表。

（17）林业用地按立地因子分类面积统计表。

（18）各类土地而积动态统计表。

（19）各类蓄积和人工林面积蓄积统计表。

（20）用材林各龄组面积蓄积动态统计表。

（21）林分蓄积各龄组平均生长量、消耗量统计表。

（22）林木蓄积平均各类生长量消耗过量计表。

（23）复位样地期初期末地类动态统计表。

（24）有林地面积动态统计表。

（25）林分质量动态统计表。

（26）总体特征数计算统计表。

（27）样地调查因子登记表。

样表如表6.3和表6.4所示。

表6.3　　各类土地面积统计表

单位名称：

统计单位	权属	总面积（hm^2）	陆地（hm^2）																							内陆水域（hm^2）	内陆水域森林覆盖率（%）
			陆地合计	林地																荒地			农地	难利用地	其他土地		
				森林					疏林地	灌木林地			无立木林地					苗圃地		合计	乔木生长范围内	乔木生长范围外					
				合计	针叶林	阔叶林	针阔混交林	竹林		合计	乔木生长范围内	乔木生长范围外	合计	采伐迹地	火烧迹地	未成林造林地	天然更新林地	预备造林地									

表6.4　　各类蓄积统计表

统计单位	权属	活立木总蓄积（hm^2）	森林蓄积（hm^2）				疏林地蓄积（hm^2）	散生木蓄积（hm^2）	四旁树		枯倒木蓄积（hm^2）
			合计	针叶林	阔叶林	针阔混交林			株数（百株）	蓄积（hm^2）	

6.3 评价、预测、决策信息输出

6.3.1 评价、预测、决策信息内涵

新时代的森林资源信息管理是以“知识”为中心的管理，要实现森林资源可持续发展，就需要有足够的分析评价内容作为基础，然后才能进行科学预测和决策，为管理层提供服务。

分析与评价是森林资源规划、计划与决策的前提，分析是对森林资源及其环境的状态与运动方式进行描述，而评价是对森林资源及其环境的状态与运动方式进行衡量。森林资源管理历来十分重视分析与评价，只是随着科技发展与对森林资源及其管理的认识深入，在分析范围、内容、方法、技术上逐步深入。分析评价内容包括：

（1）区域可持续性分析与评价。

（2）区域经济发展分析与评价。

（3）自然环境条件分析与评价。

（4）森林资源社会需求分析与评价。

（5）林业与森林资源定位分析与评价。

（6）森林资源影响因子与环境支持力分析评价。

（7）森林资源时空状态与运动方式分析与评价。

（8）森林资源可持续性分析。

（9）森林资源及其环境和管理差异性分析与评价。

（10）森林承载力分析与评价。

（11）森林资源管理、经营状态分析与评价。

分析与评价在森林资源信息集成管理中只是作为一种基础，而不是最终目的，为了实现森林资源按人类预定目标良性发展，还需要做好一项重要工作，就是以现有森林资源信息作为数据基础结合各类模型对未来发展趋势进行预测。利用相关模型，对未来森林资源及其环境的状态与运动方式进行评估，是信息时代森林资源信息管理的重要任务。传统的森林资源管理过程中，积累了各类型的林分和各种林木的生长模型，近期又利用系统动力学、林分结构矩阵转移等方法，对森林资源未来动态消长趋势进行预测，对一定空间和时间范围内的森林资源的数量和质量进行科学的推断。由于受管理思想和方式、方法的限制，过去的预测多侧重于森林资源本身，而未来的预测范围和内容是多方面的，覆盖森林资源及其环境和管理的各个方面，形式、方法和技术也在现代管理方法与技术支持下，保证了预测的质量和精度，在信息管理中，面向各种具体问题，收集所有的模型进行预测，既不可能也没有必要。可以选择的途径是：建立模型库及其管理系统、方法库及其管理系统，按需要利用已有的数据建立模型，进行预测，利用计算机技术输出预测结果。

分析、评价与预测最终都是为管理者决策提供服务的，根据预测结果可以判断森林资源未来发展是否符合社会、经济、生态的未来需要，若不符合需要就得有计划地按部就班地调整。决策方案一般都是多个的，要结合现行条件、预测结果及管理者需要等多个方面最终决定出一个最优方案。

6.3.2　评价、预测、决策信息表示方法及输出

6.3.2.1　属性信息表示方法及输出

评价、预测、决策信息通常包括文字、报表、统计图形、地图等，是一种综合信息。按信息的属性可分为属性信息和空间信息。空间信息以地图方式表示。属性信息以文字、报表、统计图形等方式表示并常以打印方式输出。

6.3.2.2　地图要素与地图表示方法

森林资源数据中有80%以上是属于空间数据，这些数据的输出最终表现为地图形式。地图质量的好坏关系到森林资源信息的查询结构是否能清晰地、正确地反映出来，是否易于用户的理解和阅读。使用GIS制作森林资源地图是一件相对容易的工作，然而，高质量的地图输出依赖于GIS用户的地图知识和经验，而非GIS的技术功能。尽管所有的GIS软件系统都具有地图输出功能，但它们不能保证地图设计的正确性，理解和掌握地图设计原理才是保证高质量地图输出的关键。

地图是使用一定的符号系统和规则来表示地理实体的特性和分布规律的。一般地，地图具有以下3个方面的要素：①数学要素，包括经纬网、坐标网、比例尺、三北方向线或指北针，用以确定地理实体的空间位置、定向、距离或面积的测量等；②地理要素，即地图反映的内容，又称主图要素，包括自然和社会经济要素，以地图符号和地图注记表示，这里地图注记是指地图上用于说明地理要素的质量或数量特征的文字和数字；③辅助要素，包括图名、图例、插图、图表和文字说明等。在设计GIS地图时，用户可以根据其应用的目的、输出比例尺和输出媒体选择这3方面的要素加以表示。GIS地图可以计算机屏幕输出，也可由打印机或绘图仪输出（朱选，2006）。

1. 地图种类

地图种类很多。根据表示的内容和性质，可将地图分为两大类：普通地图和专题地图。普通地图综合反映某一地区的地势、水系、土质、植被、居民点、交通网等区域地理特征。大、中比例尺，且具有统一内容与式样规范的系列普通地图统称为地形图，中国地形图系列包括1∶10000、1∶25000、1∶50000、1∶100000、1∶200000、1∶500000和1∶1000000 7种比例尺，为国家基本比例尺地图。小比例尺普通地图（小于1∶1000000）内容概略，常称为一览图。专题地图则突出反映某种或某几种地理实体的区域分布。GIS可以输出普通地图，但主要用作显示专题地图的地理基础。GIS以专题地图输出为主。专题地图表示地理实体分布特征的方法有好多种，传统的包括点状符号法、线状符号法、质别底色法、范围法、等值线法、点值法、分级比值法和分区图表法等。

（1）点状符号法以定点符号表示点状地理实体的分布。这些符号可以是几何符号、文字符号和艺术符号。几何符号以简单几何图形为主，常用的有圆、正方形、三角形、球体等。文字符号以文字或字母直接表示地理实体的特征。艺术符号是指形象直观的象形符号或透视符号。符号以其定位点代表地理实体的位置，以其大小代表地理实体的数量特征，以其形状、颜色表示地理实体的质量特征。若符号的大小与其所表示的地理实体的数量大小成正确的比例关系，则称之为绝对成比例符号；否则，称之为任意成比例符号，它所反映的是地理实体之间相对数量大小的关系。如图6.1所示，用点状符号法表示浙江省东阳

市各乡镇驻地分布图。

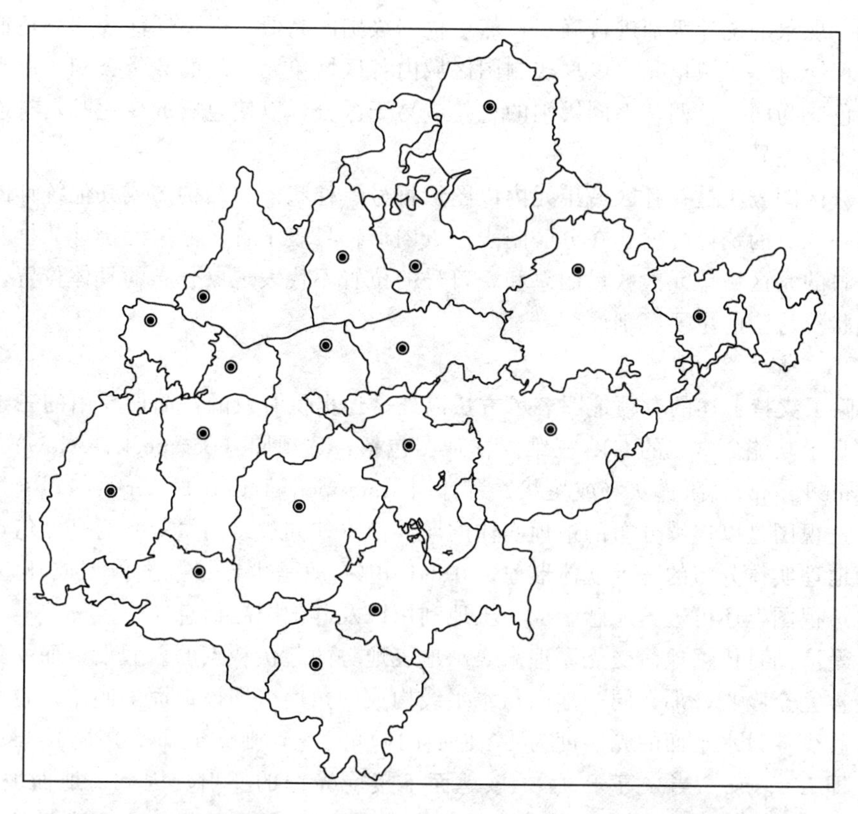

图 6.1 点状符号法（浙江省东阳市各乡镇驻地分布图）

（2）线状符号法采用线状符号表示线状实体的分布和动态变化特征。线状符号包括不同形状、颜色和宽度的线划、条带和箭头等。如道路交通图就可用线状符号法表示。

（3）质别底色法用于表示布满整个制图区域的面状实体分布的质量特征，它是将性质有别的不同类型根据其边界范围以不同濒色、晕线或面状符号表示在地图上。该方法主要用于各种类型图和区划图，如土地利用图、土壤图、植被图、地质图、行政区划图等。范围法与质别底色法类似，不同的是，范围法是以不同颜色、晕线或面状符号表示离散分布的面状实体的质量特征，如森林分布、作物分布等。

（4）等值线法是以一组等值线表示连续分布且逐渐变化的地理实体的数量特征，如地面高程、雨量、气温等。等值线是某种专题数值相等的点的连线，表示地面高程的等值线通常称为等高线。等值线法一般以细实线加数值注记表示，也常应用分层设色的原则使用不同灰阶或颜色填绘等值线相间区域，以增强等值线的表现力。相邻等值线之间的间距通常应当一致，等值线的疏密体现了现象变化的缓急。

（5）点值法以点的疏密表示地理实体的数量特征和分布状况。每个点代表一定的数值。点值法有两种表示方法，一是均匀布点法，即数据进行科学划分并将一定大小的点均匀地布设在统计区域单元（常为行政区域）内；二是定位布点法，即根据地理实体的实际分布范围进行布点。

(6) 分级比值法又称为分级统计图法(choropleth mapping)。该方法首先对各区域单元内映某一现象的统计级别进行确定,然后根据级别的高低,以不同深浅的颜色或疏密不等的晕线填绘每一区域单元,以反映制图区域内各区域单元之间的数量级别。原则上,所使用的颜色应为同一色调,不同级别的色差应易于区分,以使色彩的变化既具有连续性又能反映出等级差异。

(7) 分区图表法是在各区域单元内以图形符号、柱状图、结构图或其他统计图表来表示反映某一现象的统计数据。在分区图表法以图形符号表示各区域单元统计数据时,符号的大小反映的是区域单元人数量的总和,符号的位置不代表现象分布的具体位置,这是该方法与点状符号法的主要区别。

2. GIS三维立体图

GIS除了支持上述的专题地图表示方法以外,还提供有效的、简便易用的三维立体地图制图与显示功能。常见的GIS三维立体地图包括:透视图(perspective view)、晕渲图(hill - shaded map)、阶梯状(或块状)统计图(stepped statistical surface)。

(1) 透视图是以连续分布的地理实体的属性值(如同程、雨量等)为高度值运用透视原理描绘地理实体分布的三维立体形象,在GIS中一般是由栅格数据模型或TIN数据模型产生,透视图上还可覆盖遥感影像、土地利用以及其他图层信息。

(2) 晕渲图是依据地面受光原理来表示地表地势的起伏特点的。假设地面受到垂直照射且光线被完全吸收,那么同一地面与水平线构成的角度(即该地面的倾角)越大,它接收的光线越少。设水平面的光照度为1,地面的倾角为α,则该地面受光量L与α的余弦成正比,即$L=\cos\alpha$。当α等于$90°$,该地面不接受光线的照射。因此,地面坡度越陡,其表面越暗,通过不同坡度地面的明暗,可以建立起地形的立体感。晕渲法一般以灰阶或不同颜色表示斜坡的明暗。

在使用GIS产生晕渲图时,用户可以选择光源所在的位置、高度和照射角度,产生不同的立体效果。晕渲图可与等高线配合使用,增强立体效果。

(3) 阶梯状统计图是根据反映某一现象的区域统计数据,以三维柱状符号表示各区域单元之间的数量差别。每个柱状符号的高度与其所表示的区域单元的数量成正比,它的水平截面形状与区域单元的形状一致。

6.3.2.3 林业用图输出

林业用图种类包括:基本图、林相图、森林资源分布图、专题图(土壤分布图、植被类型图、立地类型图、营林规划图、病虫害分布图等)。其中基本图、林相图、森林资源分布图俗称林业“三大图”。

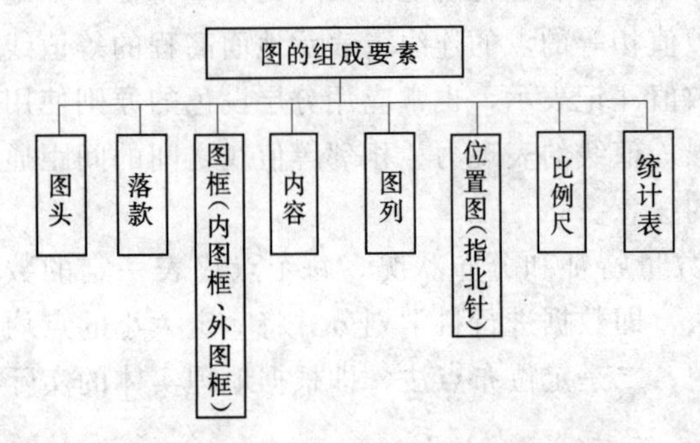

图6.2 林业用图的组成要素

林业用图的组成要素如图6.2所示。

1. 基本图

基本图是森林资源规划设计调查最基本的图面材料,作为绘制其他林业图的底图。绘制单位:国有林场以林场、分场为单位;集体林区以乡为单位。比例尺:与地形图或

工作手图相同，一般为1：10000。如图6.1所示。绘制过程（底图制作）：

（1）转图。将工作手图上的各种界线及重新调绘的线状地物，按照从高级线到低级线的原则映绘到一套干净的地形图上。

（2）注记。

1）小班注记。在小班的适当位置，以分子式注记小班号、面积、森林类别、树种或地类。对混合小班或混交林，注记时以主要地类或优势树种为代表，混合小班应首先按有林地、疏林地、无林地等人类确定地类。注记式如$\frac{9-86}{\text{杉}}$、$\frac{10-59}{\text{S硬阔}}$、$\frac{11-84}{\text{G毛竹}}$、$\frac{12-47}{\text{未成造}}$。

2）林班注记。在各林班中心用分子式注记林班号和林班面积，如$\frac{\text{林班号（6）}}{\text{林班面积（100）}}$。

3）拼接。按接图表将各图幅拼接。

4）剪割。沿边界外侧1cm割下，成一图块。

5）粘贴。在透图台下，用一张标准计算纸的反面，先留出图头、落款的位置，然后画外图框和内图框线，再在内图框内布设图块，要求图块对北，位于中央，并且留出图例、统计表、比例尺、位置图等的位置，然后用白乳胶粘贴。

6）图头、落款。某林场基本图、某林站基本图、某乡基本图；落款在外图框下方标明调查单位、项目负责人、调查员、绘图员、日期。

7）复印。

8）着色。只对场界（乡界）、水域、公路、场（乡）址着色（参照原林业部1982年8月颁发的《林业地图图式》）。

2. 林相图

林相图是以基本图为底图制作而成。反映各小班树种、年龄的分布情况。绘制单位：只限于国有林场，一般以林场、分场为单位制作。比例尺：与基本图相同或小于基本图（1：25000），如图6.3所示。绘制过程：

（1）描图。以基本图为底图，按照从高级到低级线的原则用硫酸纸描绘各级界线。

（2）注记。

1）林班注记。在各林班中心用分子式注记。

2）小班注记。在小班中心，按“小班号＋优势树种简称土种简称＋龄组－小班面积”注记，如2杉成－3.1；3灌－2.5。

3）布设、整饰。先留出图头、落款的位置，再画外图框和内图框线，然后在内图框内布设图例、统计表、比例尺、指北针等，完好后用白乳胶粘贴。

4）图头、落款。与基本图相同。

5）复印。

6）着色。有林地小班按优势树种着色，不同树种着不同颜色；同一树种，从幼龄林到成过熟林，着色由浅及深。

3. 森林资源分布图

森林资源分布图以林相图为底图缩绘而成。要求在一张图上反映整个林场或一个县的森林分布情况。绘制单位：总场、县。比例尺：小于林相图的50%。一般为1：50000，

1：100000，如图6.4所示。

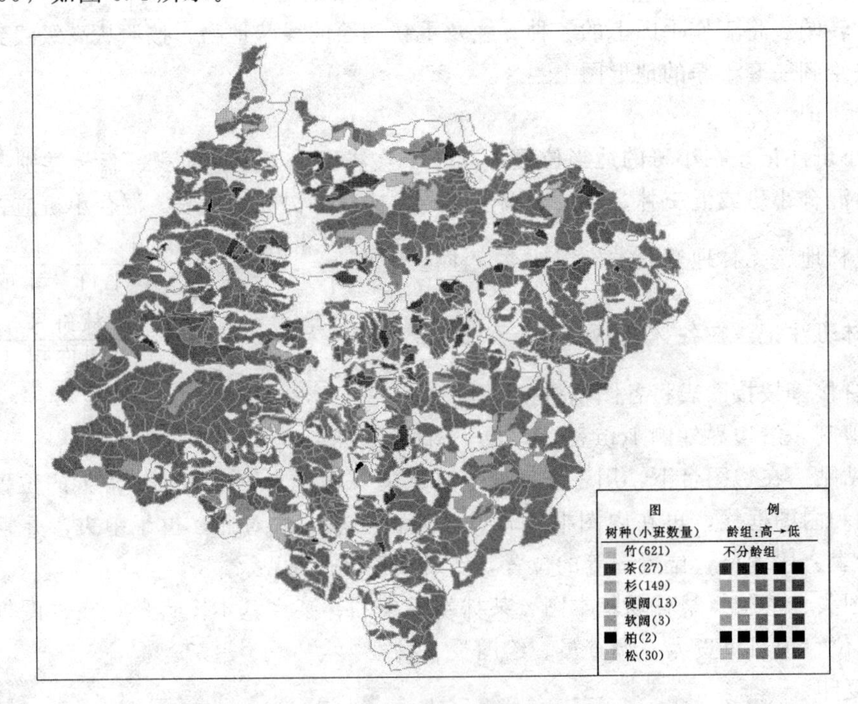

图6.3 浙江省临安市板桥乡林相图

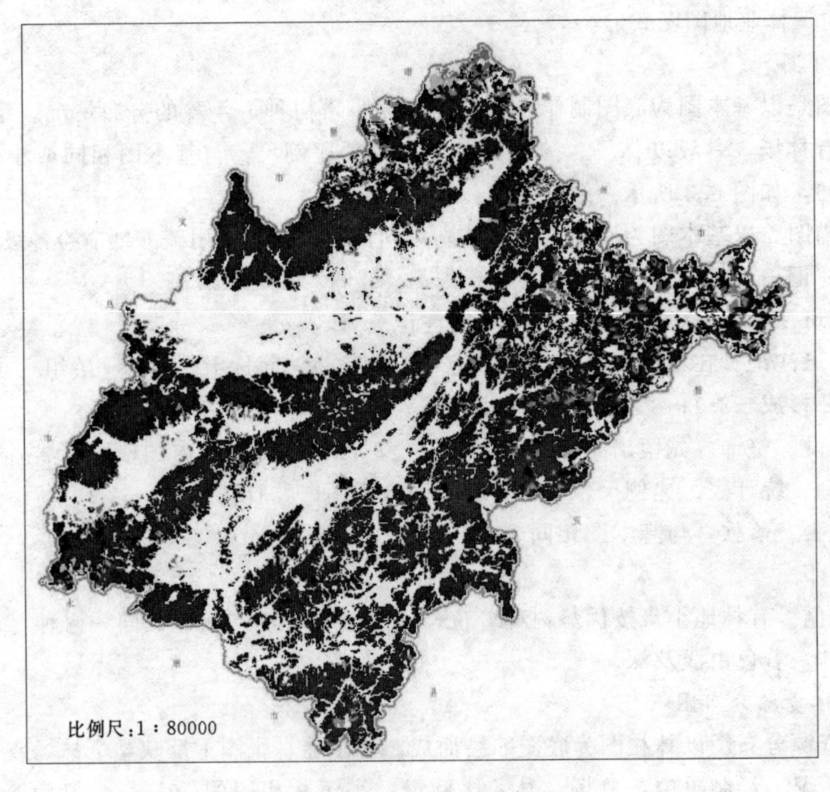

图6.4 浙江省东阳市森林资源分布图

绘制过程：类似于林相图，但要求先在林相图上将相同地类合并。

软件制图：可通过 Mapinfo（图 6.5）、ArcGIS 等软件进行制图。

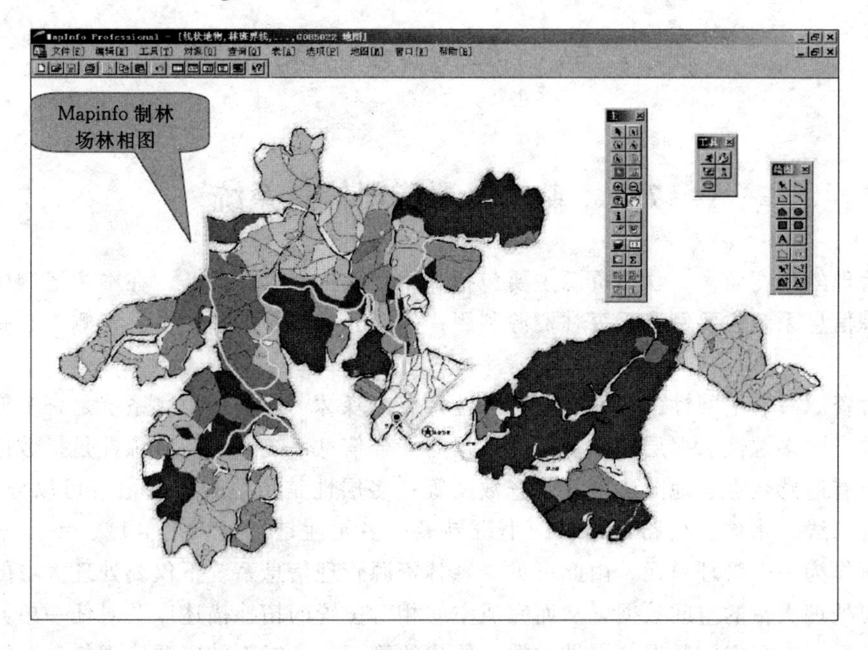

图 6.5 Mapinfo 制作林场林相图

第7章 应 用 案 例

7.1 森林资源管理信息系统

从管理的角度而言，森林资源主要包括利用和保护两大类业务。在本章案例中，森林资源管理信息系统主要侧重于森林资源利用；生态公益林管理信息系统则侧重于森林资源的保护。

森林资源具有空间性、多元性、多态性特点，森林资源管理信息系统是一个能处理和分析森林资源多源性、多层性、多元性数据的综合信息系统。所谓多源性是指数据来源的多样性，有遥感数据、地图、地面调查数据等；多层性是指地表的各信息可以分层管理，如粗细等高线、水域、公路、地名、小班界等；多元性是指可以把县域、乡镇（林场)、村、小班作为一个管理单元。由此可见，森林资源管理信息系统不仅要处理大量的属性数据，还要处理大量的空间数据，从而完成空间相对位置的拓扑描述以及对任一单元的精确和完整表示，实现空间数据与属性数据一体化的管理。县级森林资源管理信息系统是针对森林资源的利用，方便资源的管理和信息的查询而开发的，系统的主要功能是对二类调查资源的管理和更新，各类森林专题图和自定义图的生成和打印以及各类统计报表的制作。本案例以浙江省东阳市森林资源为业务背景进行讲解和说明。

7.1.1 研究区域概况

7.1.1.1 自然条件

1. 地理位置

东阳市地处浙江省中部，金华市东部，位于东经120°5′～120°44′，北纬28°58′～29°30′之间。东南与磐安县相邻，西南和永康市交界，西北与义乌市、诸暨市接壤，东北与新昌县、嵊州市毗邻。市轮廓略呈斜长方形，境内东西最大横距64.5km，南北最大纵跨58.7km，土地总面积2621975亩，其中林业用地面积1610450亩，占61.42%，森林覆盖率为58.3%。

2. 地貌地形

东阳市地形属浙中丘陵盆地区，地势东北高西南低，东北部为大盘山脉，北部属会稽山脉，山峰绵延，层峦叠嶂，地势较高，山势陡峭，溪流湍急。以与诸暨交界的东白山为全市最高峰，海拔1194.6m。中部和西南部为丘陵地区，沿东阳江和南江两岸有较大河谷平原，是主要的农业区，是一个七山一水二分田的丘陵山区市。

河流属钱塘江水系，主要有东阳江和南江，由东往西横贯全境，其上游有横锦和南江两大水库。东北部长乐江往北流入曹娥江。

3. 气候

东阳市属中亚热带季风气候，并有盆地气候特征。季风交替显著，四季分明，光照较

多，热量较优，雨量充沛，空气湿润，上半年雨热同步上升，对林木生长有利。东西地区气候差异显著。年平均气温为17.2℃，极端高温为41.0℃，极端低温为－10.3℃。1月平均气温为4.8℃，7月平均气温为29.4℃，年平均无霜期平原261天左右，山区239天左右，年降水量1316.7mm，年日照时数2002.5h，年太阳总辐射量为110.2kcal/cm^2，大于等于10℃的积温为5479℃。

东阳市具有明显的盆地气候特征，局部地方有利于发展多种经济作物，但受季风气候的不稳定影响，灾害性天气时有发生。倒春寒天气常使春花作物及油桐、桃、李等遭受减产；春夏之交的龙卷风、冰雹，常会对林木和苗木造成极大的损失；冬季北方寒潮侵袭，竹木易受雪害，柑橘等经济果木易造成冻害。另外，雨季的洪涝，夏秋季节的干旱，偏早的秋季低温，均会对林木和苗木造成影响。

4. 水文水系

东阳市河流属钱塘江水系。玉溪、三单、罗峰、宅口、西营5乡及胡村、佐村2乡的部分水流经曹娥江入钱塘江。罗山乡的大爽坑水和环溪经浦阳江入钱塘江。境内主要河流东阳江、南江，主流走向从东向西。境内拥有大型水库2座，中型水库1座，小型水库84座，总库容量4.6亿m^3。

东阳江从东阳流经义乌、金华至马公滩入兰溪之水，统称东阳江，全长198km，为钱塘江三大源流之一。东阳江发源于磐安县大盘山龙葱坞尖与岩坞尖之间的谷地（海拔929m），在磐安县境内长31km。在东门乡新城村入境后称中江，东门至横锦段称锦溪。横锦至上陈，纳仙门溪称练溪。练溪流经歌山称歌溪；折而西行，经楼西宅、象溪滩、西宅到察卢，称定安溪。到县城北称东阳江。于吴宁镇前村出境入义乌。东阳江在境内俗称北江，长57km，集雨面积1124km^2，主要支流20余条。改造后河床宽度，歌山段65m，河头段140m，出境处160m。横锦水库以下河道坡降1.38%，多年平均流量27.71m^3/s。多年平均径流量8.74亿m^3。东阳江主要支流包括：八达溪、双溪、仙门溪、坪头坑、徐恬坑、东岳坑、白溪。其中白溪是东阳江最大支流，源于东白山蒸底尖（海拔950m）南侧山谷，流域面积327km^2，主流长40km，东方红水库以下河道平均坡降3.23‰。是东阳江在境内最大支流。河流向南过西恒至白溪，集阿溪、潦溪折向东进入东方红水库。出水库过溪口、蔡宅、厦 程里到白溪头纳乌竹溪、沙溪，到上陈塘，鹤毛尖坑注入，经白坦、吴良、夏溪潭，在泗庭芳有鹤岩坑注入，至曲塘纳石马坑水入东阳江。

南江又称画溪，发源于磐安县大盘山西南仰槽尖附近山谷，境内长72km，集雨面积952km^2。南江水库以上河道坡降8.6%，水库以下河道坡降1.33‰。多年平均流量23.61m^3/s，年径流量7.45亿m^3。主流在徐宅乡长庚村入境后入南江水库。出水库经西堆、清潭、至湖溪镇名湖溪。经上田、夏溪滩、半傍山，纳屏岩山水至荆浦村，名荆溪。过横店经方家、夏源、后大路、马坊、下园畈，名延弯。纳柽溪经泉府、南马、安恬纳磁窑溪始名画溪。经黄田畈、王坎头至南岸向西出境入义乌，在佛堂镇北汇入东阳江。改造后河道宽度，湖溪段60m，横店段100m，南马段110m，黄田畈段125m，南岸段130m。南江主要支流包括：柏树里坑、木衢桥坑、小溪、杨坑、绕溪、苦竹坑、官桥坑、柽溪等。其中柽溪为南江最大支流，长31km，集雨面积205km^2。源出三联乡破岗岭，发源地海拔550m。流经七秩塘、马宅，在张塘纳下瑶水，经下陈、前马，到马墅纳大路溪，过后马、千祥、云头、金村，在红阳纳源于永康的殿下溪，过东湖、防军、沙城头，在新龙入南江。洋坑水库以下河道坡降6.0‰。多年平均流量4.78m^3/s，年径流量1.51亿m^3。

5. 土壤

东阳市地质构成以中生代陆相火山岩系为主。在地形、气候、母质、生物和人为作用等成土因素综合作用下，本市土壤既有垂直地带性土壤分布，又有地域性土壤。东阳市土壤类型丰富，共有红壤、黄壤、岩性土、潮土、水稻土5个土类、10个亚类、36个土属、89个土种。其中红壤土类面积最大，占土地总面积的61.2%；水稻土次之，占17.92%；黄壤土类、岩性土类、潮土类面积较小，分别占土地总面积的5.67%，3.14%和1.36%；其他包括居民点、工矿、塘、溪、水库及道路面积，占10.79%。成土母质为残积、坡积物、洪积物和冲积物。土壤偏酸缺磷少钾，全市水田酸性土壤占96.85%，pH值<5.5的强酸性土壤占23.21%，速效磷低于10ppm的水田占59.89%，速效钾在100ppm以下的水田占62.48%。其中东阳市山地土壤有红壤、黄壤、岩性土3个土类、6个亚类、15个土属、43个土种。

6. 植被

东阳市森林植被属中亚热带常绿阔叶林区北部亚热带中的浙闽山区甜槠木荷林区，但由于人类活动频繁，绝大部分已被次生针叶林所代替。主要植被类型有：亚热带针叶林、常绿阔叶林、常绿落叶针阔混交林、竹林、经济林等。以乔木树种为主体，一般具有乔木层、灌木层和草本层3个层次。针叶林的主要类型有马尾松林、黄山松林、杉木林和松杉混交林。常绿阔叶林优势树种有甜槠、青岗、木荷、苦槠等。灌木层主要有继木、杜鹃、小竹等。林内的草本有蕨、铁芒、茅等。东阳全市主要种子植物134个科，千余种，杉、松、梓、樟、荷、栎、楝等为常见乔木，其中香樟、榧树、鹅掌楸、檫木、银杏列为国家保护树种。

7. 野生动物

东阳市境内栖息的动物有两栖类、爬行类、兽类、鱼类等1200余种，其中，鸟纲12目23科100余种，哺乳纲8目13科30多种，爬行纲2目6科20余种。属国家二级保护动物有穿山甲、猫头鹰、大灵猫、天鹅、鸳鸯、大鲵（娃娃鱼）等。

8. 古树名木

东阳市境内现已经东阳市人民政府公布确认的古树名木8140株，涉及33个科、51个属、62个种，其中有珍贵稀有的国家一级保护树种南方红豆杉等名贵树种。

7.1.1.2 社会经济条件

1. 行政区划与人口

东阳市土地总面积约1747km^2。全市行政区域设6个街道、11个镇、1个乡，下设43个社区（居委会）、349个行政村。总人口80.20万人，其中非农业人口13.49万人，占总人口的16.8%，人口平均密度为461人/km^2。

2. 经济总量与产业结构

改革开放以来，东阳市经济持续快速发展，综合实力显著增强，对外开放步伐不断加快，基础设施日趋完善，城乡面貌大为改观，人民生活水平已由温饱迈向小康。1995年，

东阳成为浙江省首批小康县（市）之一。2001年，东阳市跻身全国百强县市，综合实力名列全国各县市第71位。近年来，东阳市坚持以经济建设为中心，按照“稳定一产、主攻二产、兴办三产”的经济发展总体思路，全面实施“主攻二产、兴工强市”经济发展战略，扬起了二次创业的风帆。2002年被省政府列为信息化第二批10个信息化试点县（市）之一，被中共浙江省委、浙江省人民政府列为全省17个经济强市（列第13位）和首批13个县级的省级文明城市行列。2004年，东阳市创建国家卫生城市通过了省级调研，成为“2004年度海内外公众最喜爱的中国城市”之一。2006年，全市实现生产总值183.57亿元，同比增长12.5%；其中第一产业产值9.29亿元，第二产业产值104.08亿元，第三产业产值70.21亿元，第一、二、三产业比例为5.1：56.7：38.2。全市人均GDP 22949元，同比增长14.2%。财政总收入16.86亿元，比上年增长22.26%，地方财政收入8.92亿元，比上年增长22.34%；城镇居民人均可支配收入14338元；农民人均纯收入7397元，同比增长7.2%。

3. 农业、林业、水利

东阳市是浙江省农业高产区之一。全市拥有耕地面积$24.11\times10^3hm^2$，以种植稻、麦、玉米、大豆为主。2006年，粮食总产量166405t。目前，全市拥有各色休闲观光农庄30个，农民专业合作社18家，农业行业协会9个，农业龙头企业53家。林业经济比较重要，被国家林业局授予“全国经济林建设先进县（市）”和“中国香榧之乡”。近年来东阳市加大农业生产结构调整，基本形成了席草、茶叶、木线、中药材、香榧、火腿等六大特色农业支柱产业，农林牧副渔全面发展。被浙江省人民政府作为完善农村改革、推进农业现代化的先进典型——“寀卢经验”，在全省农村深入推广。农业生产条件不断改善。境内拥有大型水库2座，中型水库1座，小型水库84座，总库容量4.6亿m^3，荣获浙江省第六届水利“大禹杯”金奖。2006年末，全市拥有农业机械总动力41.88万kW，旱涝保收面积$20.55\times10^3hm^2$。

4. 旅游

东阳市作为全国优秀旅游城市，几年来，政府、企业、社会共投入40多亿元资金打造旅游业。天山村“农家乐”旅游景区景点脱颖而出，三都胜境、社姆山、落鹤山等景区档次不断提升，旅游企业不断壮大。2007年全市接待国内游客达507万人次，实现旅游收入25.9亿元；接待入境游客5.8万人次，实现国际旅游收入1842万美元。旅游业在该市第三产业中发展最快。“横店影视城”、“卢宅肃雍堂”等已成为国内外知名旅游品牌。2007年横店影视城被评为“中国最具特色影视基地”和“浙江最值得去的50个景区”之一。

5. 交通运输

东阳市政府所在地江北街道，距杭州173km，交通便利，距浙赣铁路18km，距义乌市民航机场仅25km，37、39省道贯穿全境。金甬高速、东永线、东嵊线等高等级省道公路贯穿全境，诸永高速东阳段即将竣工。乡道及乡村“康庄工程”建设成效显著。到目前为止，投资3亿元完成“康庄工程”道路建设约1000km，提前两年实现农村公路“双百”目标。2006年，全市境内公路里程2100km，其中：等级公路2067km，高速公路33km。2006年完成货物周转量62960万t/km，旅客周转量105240万人/km。邮电通信事业蓬勃发展。2006年，全年完成邮电业务总量87656万元。年末本地电话交换机总容量37万门，固定电话用户 30.64 万户，固定电话主线普及率为 38.50 户/百人。年末拥有移动电话 38.40 万户，移动电话普及率为 48.30 户/百人。年末拥有国际互联网用户 3.10 万户。

7.1.1.3 森林经营情况

1. 林业机构

东阳市林业行政、执法机构和林业队伍逐年扩大。目前，全市林业机构有市林业局（下设办公室、营林科、林政管理科、行政审批科、法制科），市森林派出所、市林业技术推广站、市森林病虫防治站、市森林植物检疫站和市木材检查站，18 个镇乡（街道）林业站以及林业总场（下辖 5 个分场）。全市林业系统拥有干部、职工 231 人，具有高级职称资格的 4 人，中级职称资格的 46 人。

2. 林业生产概况

中华人民共和国成立以来，东阳市林业生产取得了较大成绩。党的林业政策深入人心，开展了群众性的造林、育林、护林，为国家提供了一定数量的木、竹原料和林副产品。特别是近 10 多年，林业取得了长足的发展，东阳市市委、市政府提出并实施了“五年消灭荒山、十年绿化东阳”的规划目标，采用宜造则造、宜封则封、宜牧则牧等营林措施消灭荒山 15 万多亩，并分别于 1993 年、1994 年通过省级和国务院灭荒达标验收。马尾松林相改造步伐加快，树种结构得到进一步改善，杉木、阔叶林比重逐年上升。1994 年争取到了世行贷款造林 16500 余亩，进一步改善了森林结构。进入“九五”期间后，东阳市将山区综合开发列入山区经济发展的重点，茶叶、香榧、毛竹、银杏等一批具有地方特色的经济果木林基地相继建立，为山区农村致富奔小康打下了坚实的基础。1985～1998 年，全市累计封山育林 80 余万亩，(系省下达任务部分，不包括群众自封面积)，营造经济林近 4 万亩，竹林 7000 余亩。

资源林政管理得到进一步加强。木材采伐限额管理坚持制度化，伐前设计审批，伐中检查监督，伐后核查验收得到全面贯彻实施；林地管理、野生动物保护管理、木材流通渠道管理走上法制化轨道，依法治林不断强化，木材检查站得到恢复，林业执法队伍建设加强，森林资源保护发展的责任落实到各级政府，这些都有力地促进和保证我市森林资源的稳步增长，森林结构和森林质量得到改善和提高。至 2007 年全市拥有林业用地面积 1610450 亩，有林地面积 1483103 亩，占林业用地面积的 92.09%，森林活立木总蓄积量 3856549m^3，全市森林覆盖率 58.3%。

7.1.2 系统采用的主要技术

系统采用 MapX 组件与面向对象的可视化编程语言 Visual Basic 6.0 集成的二次开发模式。MapX 是一个基于 ActiveX（OCX）技术的可编程控件，使用与 Mapinfo Professional 一致的地图数据格式，可实现大多数 Mapinfo Professional 已有的功能。Visual Basic 6.0 是一种功能极强的面向对象的编程语言，使程序员可以快速部署和开发程序。同时，系统还采用 SQL Server 2000 数据库作为辅助数据的后台数据库，以提高数据统计、分析的灵活性。

7.1.3 系统设计

7.1.3.1 系统功能结构设计

系统功能结构表，如表 7.1 所示。

表 7.1　　系统功能结构表

	一级菜单	二级菜单	三级菜单	功能简介
森林资源管理信息系统	文件	打开		打开 geoset 文件
		保存		将修改结果保存
		另存为		另外为其他 geoset 文件
		导出图片		导出为“*.bmp”图片
		页面设置		打印页面设置
		打印		打印
		退出		退出系统
	工具	箭头		鼠标以箭头显示
		放大		放大当前地图
		缩小		缩小当前地图
		拖动		拖动当前地图
		点选		实现最上图层各图元的不同选取方式
		矩形选		
		圆选		
		多边形选		
		信息		显示选中图元的属性信息
		注释	符号注释	在图层上注释符号
			文本注释	在图层上注释文本
			样式清除	清除符号和文本样式
			样式修改	修改符号和文本样式
		查看完整图层		完整图层查看
	编辑	图层控制		控制图层属性
		添加多边形		添加多边形
		添加直线		添加直线
		添加折线		添加折线
		删除图元		删除选中图元
		合并图元		合并选中图元
		分割图元		分割选中图元
	查询	条件查询		根据所给查询条件查询相应的图元进行空间定位
		随机查询		随机选取记录实现图元空间定位
	区划	火烧区划		火烧区划
		采伐区划		采伐区划
		造林区划		造林区划

续表

	一级菜单	二级菜单	三级菜单	功能简介
森林资源管理信息系统	统计表	土地面积统计表		根据国家、省、县（市）相关规定实现数据的统计、显示和打印
		种类森林、林木面积蓄积统计表		
		林种统计表		
		乔木林面积蓄积按龄组统计表		
		生态公益林（地）统计表		
		用材林面积蓄积按龄级统计表		
		用材林近成过熟林面积蓄积按可及度、出材等级统计表		
		用材林近成过熟林各树种株数、材积按径组、林木质量统计表		
		经济林统计表		
		竹林统计表		
		灌木林统计表		
	专题图	森林资源分布图		固定专题图
		道路分布图		
		水系分布图		
		创建主题		自定义专题图
		修改主题		
		修改图例		
	数据维护	账号维护		用户账号维护
		基础数据维护	镇村表；森林类别表；林种表；树种表等	各种基础表信息维护
	帮助			系统帮助

7.1.3.2 系统数据库设计

系统中数据库的基本表包括四种类型：二类调查因子表、镇村表、小班表和用户表。

1. 二类调查因子表

根据浙江省通用森林资源二类调查代码表，提取各因子名称及相应代码建立以下34个基本表：

（1）保护等级［名称 nvarchar（50），代码 nvarchar（6）］。

（2）病虫害种类［名称 nvarchar（50），代码 nvarchar（6）］。

（3）地类［名称 nvarchar（50），代码 nvarchar（6）］。

（4）地貌［名称 nvarchar（50），代码 nvarchar（6）］。

（5）腐殖质层厚度［名称 nvarchar（50），代码 nvarchar（6）］。

（6）工程类别［名称 nvarchar（50），代码 nvarchar（6）］。

（7）经营水平［名称 nvarchar（50），代码 nvarchar（6）］。

(8) 径级组 [名称 nvarchar (50), 代码 nvarchar (6)]。
(9) 立地等级 [名称 nvarchar (50), 代码 nvarchar (6)]。
(10) 林地使用权 [名称 nvarchar (50), 代码 nvarchar (6)]。
(11) 林地所有权 [名称 nvarchar (50), 代码 nvarchar (6)]。
(12) 林木使用权 [名称 nvarchar (50), 代码 nvarchar (6)]。
(13) 林木质量 [名称 nvarchar (50), 代码 nvarchar (6)]。
(14) 林种 [名称 nvarchar (50), 代码 nvarchar (6)]。
(15) 龄级 [名称 nvarchar (50), 代码 nvarchar (6)]。
(16) 龄组 [名称 nvarchar (50), 代码 nvarchar (6)]。
(17) 坡度级 [名称 nvarchar (50), 代码 nvarchar (6)]。
(18) 坡位 [名称 nvarchar (50), 代码 nvarchar (6)]。
(19) 坡向 [名称 nvarchar (50), 代码 nvarchar (6)]。
(20) 起源 [名称 nvarchar (50), 代码 nvarchar (6)]。
(21) 群落结构 [名称 nvarchar (50), 代码 nvarchar (6)]。
(22) 森林类别 [名称 nvarchar (50), 代码 nvarchar (6)]。
(23) 生长情况 [名称 nvarchar (50), 代码 nvarchar (6)]。
(24) 事权等级 [名称 nvarchar (50), 代码 nvarchar (6))]。
(25) 树种 [名称 nvarchar (50), 代码 nvarchar (6)]。
(26) 天然更新等级 [名称 nvarchar (50), 代码 nvarchar (6)]。
(27) 土层厚度 [名称 nvarchar (50), 代码 nvarchar (6)]。
(28) 土壤名称 [名称 nvarchar (50), 代码 nvarchar (6)]。
(29) 土壤质地 [名称 nvarchar (50), 代码 nvarchar (6)]。
(30) 退耕还林情况 [名称 nvarchar (50), 代码 nvarchar (6)]。
(31) 危害程度 [名称 nvarchar (50), 代码 nvarchar (6)]。
(32) 用材林可及度 [名称 nvarchar (50), 代码 nvarchar (6)]。
(33) 植被种类 [名称 nvarchar (50), 代码 nvarchar (6)]。
(34) 自然度 [名称 nvarchar (50), 代码 nvarchar (6)]。

2. 镇村表

根据研究区域所含乡镇及各乡镇所管辖的村之间的对应关系建立镇村表，其结构如表7.2所示。

表 7.2　　镇　村　表

字段名称	字段类型	字段长度	是否允许空	备　注
乡镇代码	char	2	否	
乡镇名称	char	12	否	
村代码	char	5	否	主码
村名	char	10	否	

注　根据数据库设计中的规范化要求，表7.2应该划分成两个表：镇表（乡镇代码，乡镇名称）和村表（乡镇代码，村代码，村名），但考虑到镇村表中数据量并不大，把两个表合并成一个表对系统性能影响并不大。

3. 小班表

在森林资源二类调查中，小班表是最重要的表，且具有较大的数据量（本实例中表具有 18732 条记录）。小班表结果如表 7.3 所示。

表 7.3　　　　小 班 表

字段名称	字段类型	宽 度	是否空	备 注
村代码	char	5	否	主码
小班号	char	3	否	
细班号	char	3	否	
林木质量	char	5	是	
评定等级	char	5	是	
调查者	char	16	是	
调查日期	char	10	是	
附记	char	40	是	
幼树种类	char	3	是	
生长情况	char	10	是	
造林类型	char	4	是	
经营类型	char	4	是	
备注	char	2	是	
龄级	char	1	是	
龄组	char	1	是	
立地类型	char	4	是	
起源	char	1	是	
树种组成	char	12	是	
优势树种	char	4	是	
插花代码	char	5	是	
地类	char	3	是	
林种	char	2	是	
林地所有权	char	1	是	
林木使用权	char	1	是	
事权等级	char	1	是	
保护等级	char	1	是	
重点区划	char	1	是	
自然度	char	1	是	
工程类别	char	2	是	
森林类别	char	1	是	
立地等级	char	1	是	
植被种类	char	1	是	
群落结构	char	1	是	
土壤质地	char	1	是	

续表

字段名称	字段类型	宽 度	是否空	备 注
土层厚度	char	1	是	
a层厚度	char	1	是	
坡位	char	1	是	
坡度级	char	1	是	
土壤名称	char	1	是	
小地名	char	16	是	
地貌	char	7	是	
坡向	char	1	是	
林班号	char	3	是	
频度	float	8	是	
薪炭材	float	8	是	
过火面积	float	8	是	
更新树高	float	8	是	
计蓄积	float	8	是	
商品材	float	8	是	
半商品材	float	8	是	
疏密度	float	8	是	
单位株数	float	8	是	
单位蓄积	float	8	是	
平均高	float	8	是	
优势高	float	8	是	
郁闭度	float	8	是	
植被覆盖度	float	8	是	
面积	float	8	是	
平均胸径	float	8	是	
小班面积	float	8	是	
海拔	float	8	是	
植被高度	float	8	是	
调查年份	int	4	是	
年龄	int	4	是	
计株数	int	4	是	
更新株数	int	4	是	
病虫害种类	numeric	5	是	
危害程度	numeric	5	是	
受灾程度	numeric	5	是	
可及度	smallint	2	是	
粗度级	smallint	2	是	
更新年龄	smallint	2	是	

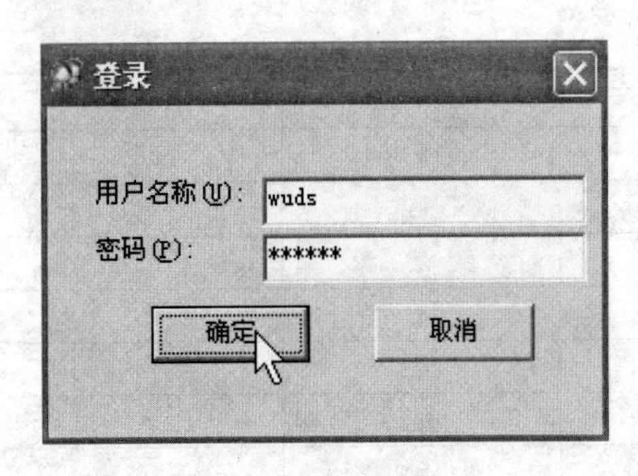

图 7.1　系统登录界面

4. 用户表

用户表用于管理用户账号及密码，其结构为：用户［用户名 nvarchar（20），密码 nvarchar（20）］。

7.1.4　系统实现

7.1.4.1　系统登录

用户运行系统后，首先出现的是登录界面，输入用户名称、密码，单击“确定”按钮，系统自动检测用户表中记录情况，若有匹配记录则进行系统，否则要求用户重输相应信息，如图 7.1 所示。

7.1.4.2　系统主界面

系统主界面如图 7.2 所示。

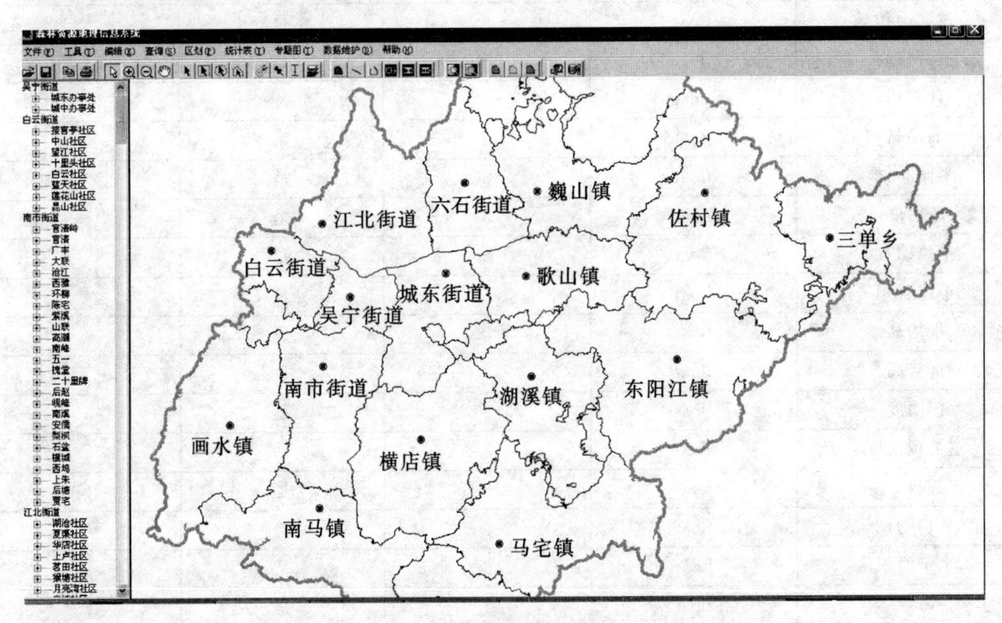

图 7.2　系统主界面

主界面中包括：菜单栏、工具栏、树形目录、内容显示区，用户登录成功后进入系统时在内容显示区中首先显示的是全市行政区划图，如图 7.2 所示。单击树形目录中的乡镇名称，则调用该乡镇的 gst 文件，其中包含了：小班界、村界、村名、小班注记、林带等图层，用户根据需要可以加载相应的地形图图层。图 7.3 为单击“吴宁街道”后显示的用户界面。

7.1.4.3　文件

该菜单实现一些与整文件有关的操作，其子菜单如图 7.4 所示。

1. 打开

用户单击“打开”菜单项或相应工具栏按钮可选择打开 geoset 文件。其界面如图 7.5

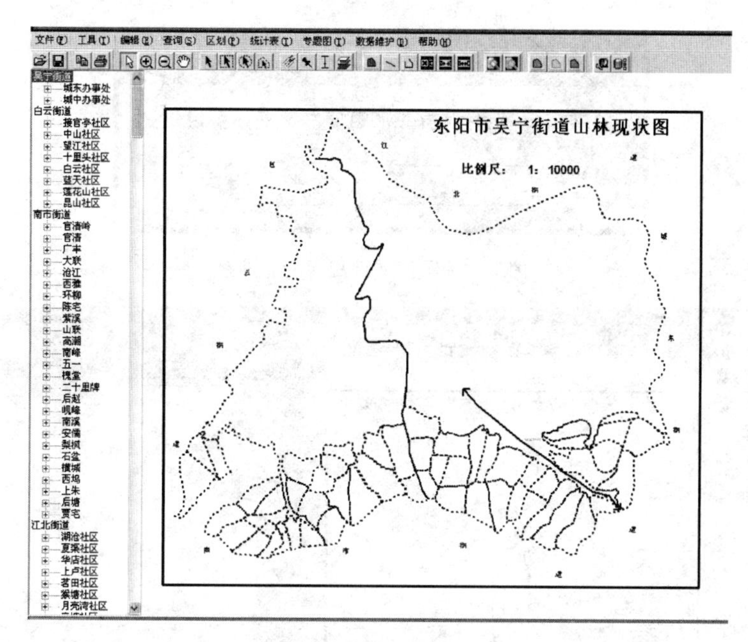

图 7.3　乡镇山林现状图

所示。

打开
保存
另存为
导出图片
页面设置
打印
退出

图 7.4　文件子菜单

2. 保存

用户单击“保存”菜单项或相应工具样按钮可实现对用户修改结果的保存功能，由于该操作将使修改结果覆盖当前 GST 文件，操作过程中会提示用户是否真正要继续执行，若用户选择“确定”(图 7.6)，则修改结果将永久保存。

3. 另存为

可将当前 gst 文件另存为其他的 gst 文件，如图 7.7 所示。

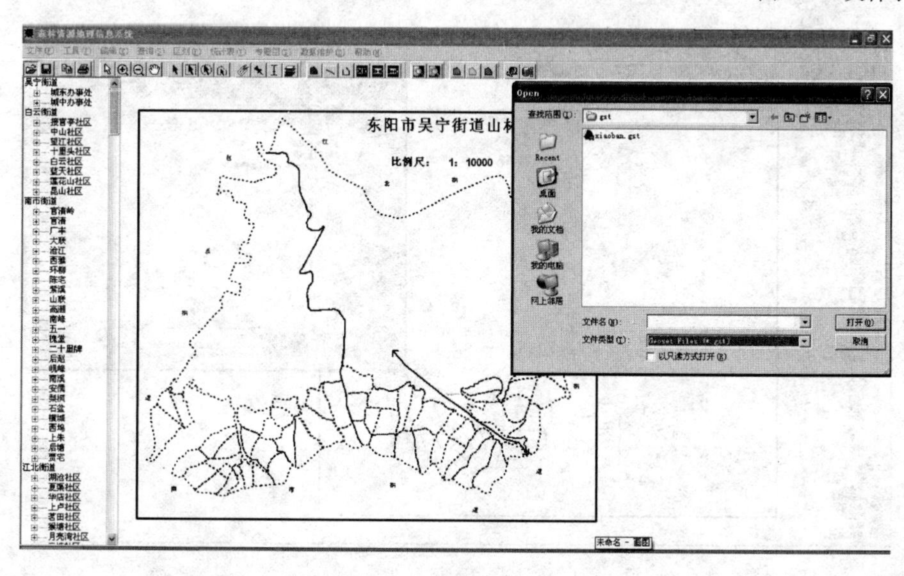

图 7.5　打开文件

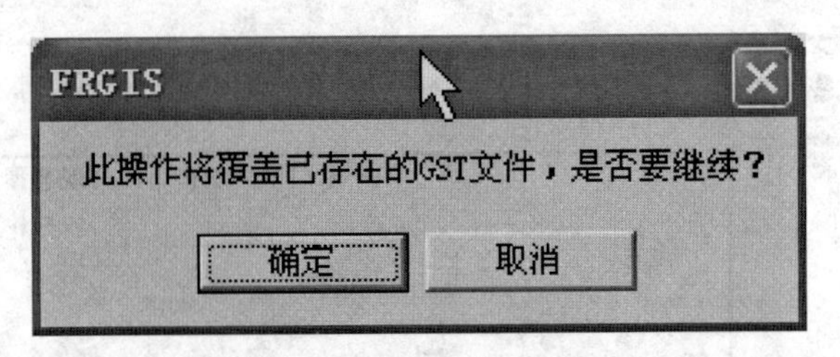

图 7.6 保存文件提示对话框

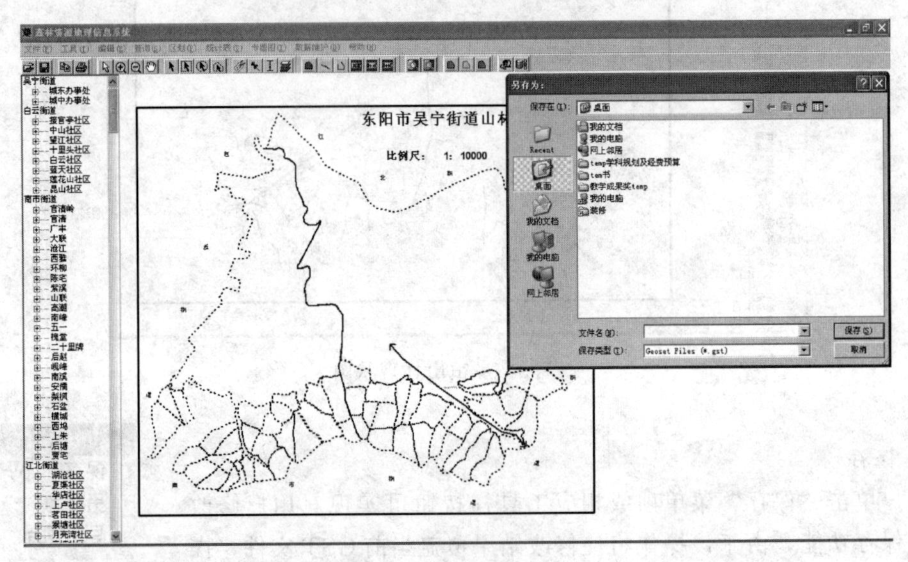

图 7.7 另存为对话框

4. 导出图片

将当前内容显示区的设计结果导出为 bmp 格式文件，其操作如图 7.8 所示，结果如图 7.9 所示。

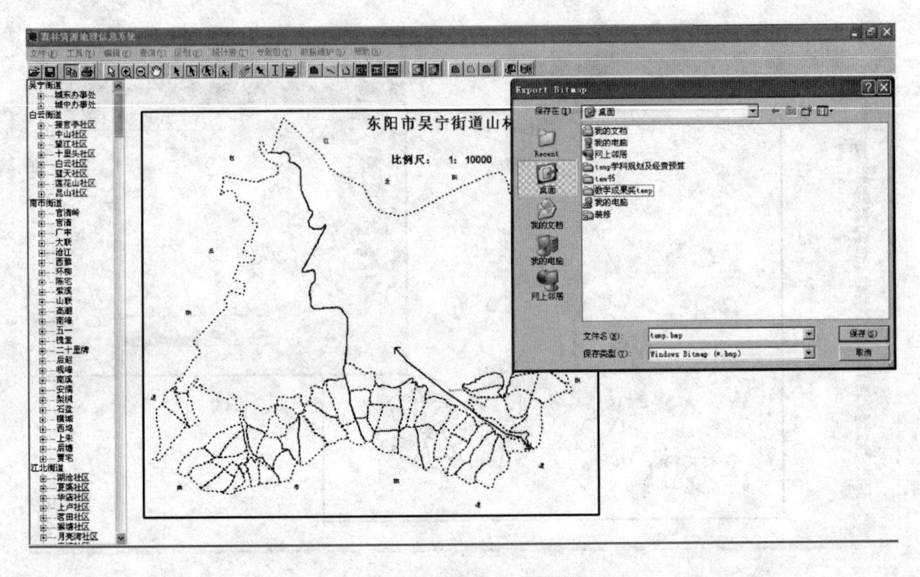

图 7.8 导出图片对话框

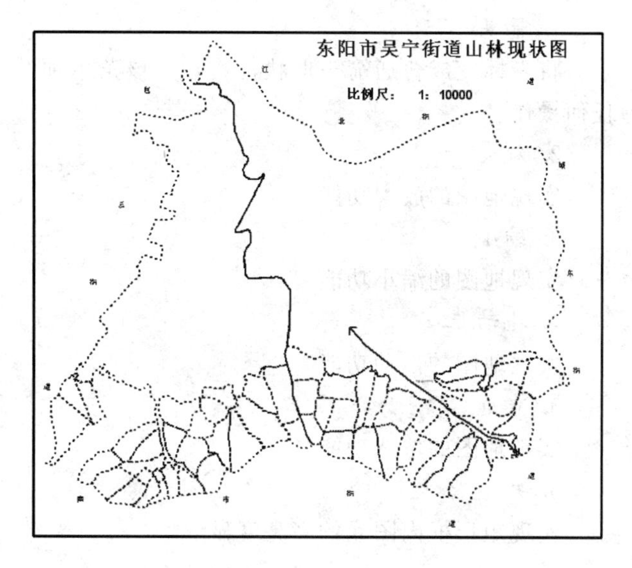

图 7.9 图片导出结果

5. 页面设置

设置打印属性，包括打印机、纸张等，如图 7.10 所示。

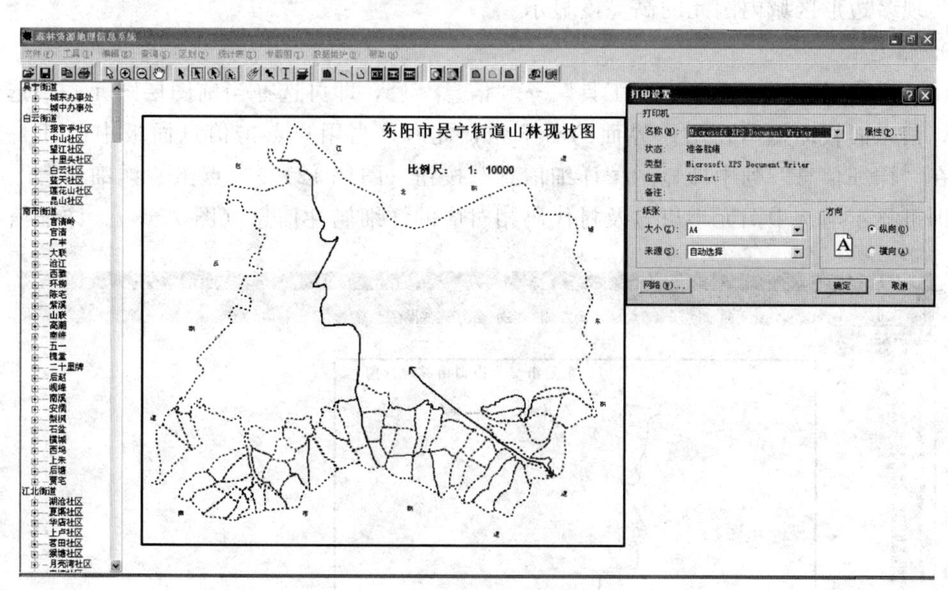

图 7.10 页面设置

6. 打印

实现系统中当前操作的内容显示区中的内容打印功能。

7. 退出

退出系统。

7.1.4.4 工具

提供地图操作的常用工具。其子菜单如图 7.11 所示。

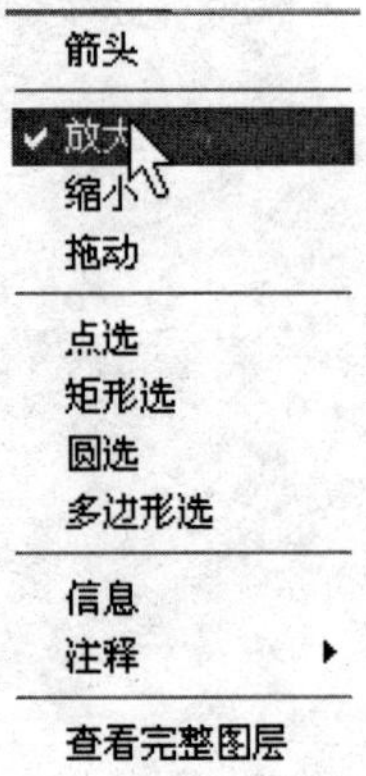

箭头
放大
缩小
拖动
点选
矩形选
圆选
多边形选
信息
注释
查看完整图层

图 7.11 工具子菜单

1. 箭头

将光标变成普通箭头形状，实际上该菜单项并不能实现图层中的任何操作。

2. 放大

实现地图的放大功能。

3. 缩小

实现地图的缩小功能。

4. 拖动

实现地图的拖动功能。

5. 点选

实现地图的单选功能。

6. 矩形选

实现矩形框内图元的高亮度显示。

7. 圆选

实现圆形区域内图元的高亮度显示。

8. 多边形选

实现多边形区域内图元的高亮度显示。

9. 信息

(1) 操作界面。用户单击“工具”→“信息”后，即可选择当前图层图元，当选中图元后，信息面板即显示在用户界面的右下角，此时，当用户点击信息面板中的任一行记录，在“详细信息”列中即显示“详细信息”按钮（图 7.12）。当点击“详细信息”按钮后，即可显示与选中图元小班号及村代码相对应的详细属性信息（图 7.13）。详细信息允

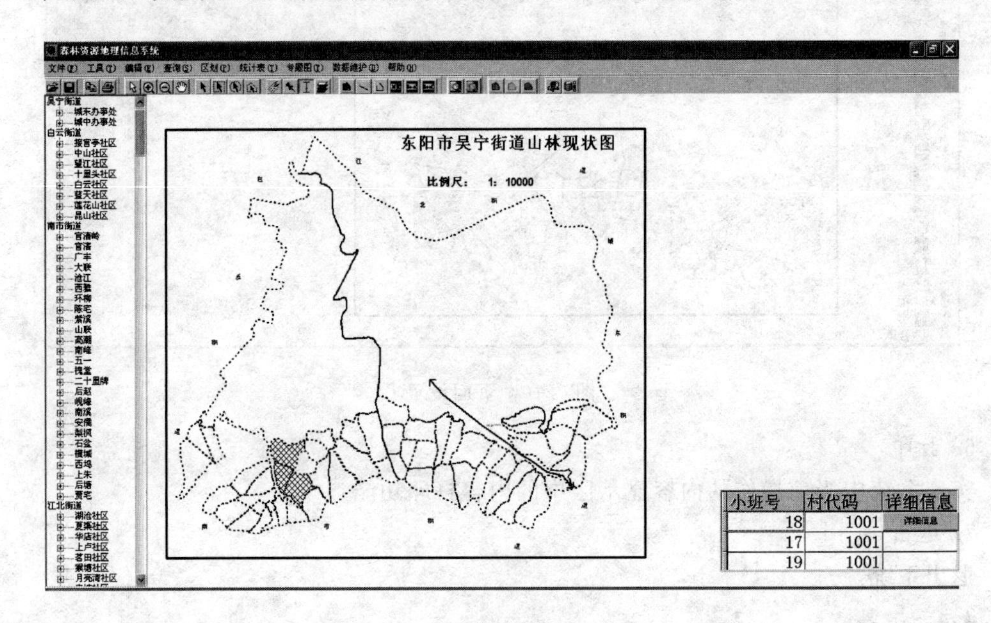

图 7.12 显示信息 (1)

许用户进行编辑，当然由于村代码、小班号的修改将可能会引起重大的系统问题，所以系统中禁止对该两项内容的修改（图 7.13）。编辑信息时，只要在省二类调查因子标准中已进行分类的因子（如森林类别、林种、树种等）均提供下拉列表供用户选择，当该项因子文本框得到焦点时自动显示相应的下拉列表，列表项内容包括编号及名称（图 7.14）。

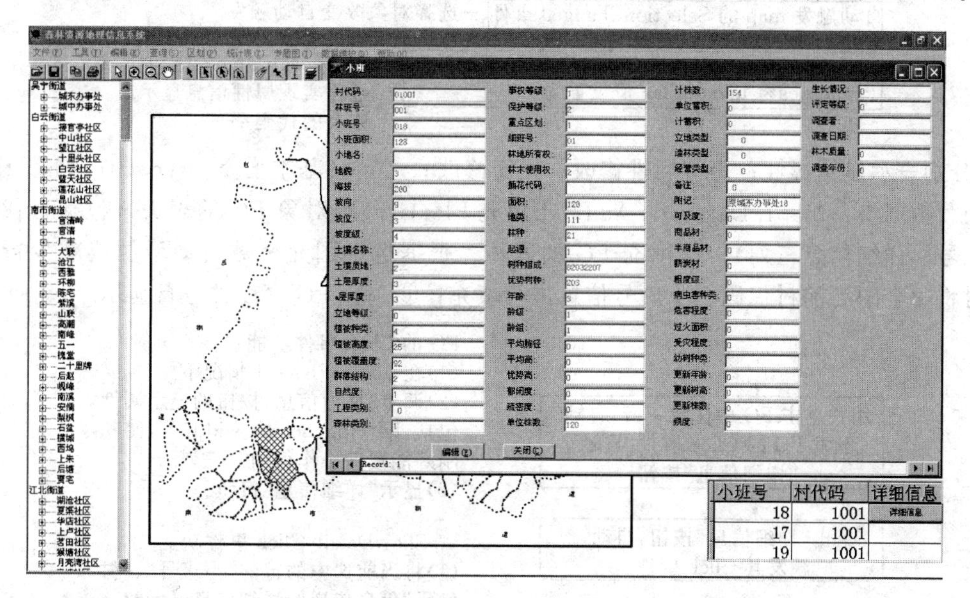

图 7.13　显示信息（2）

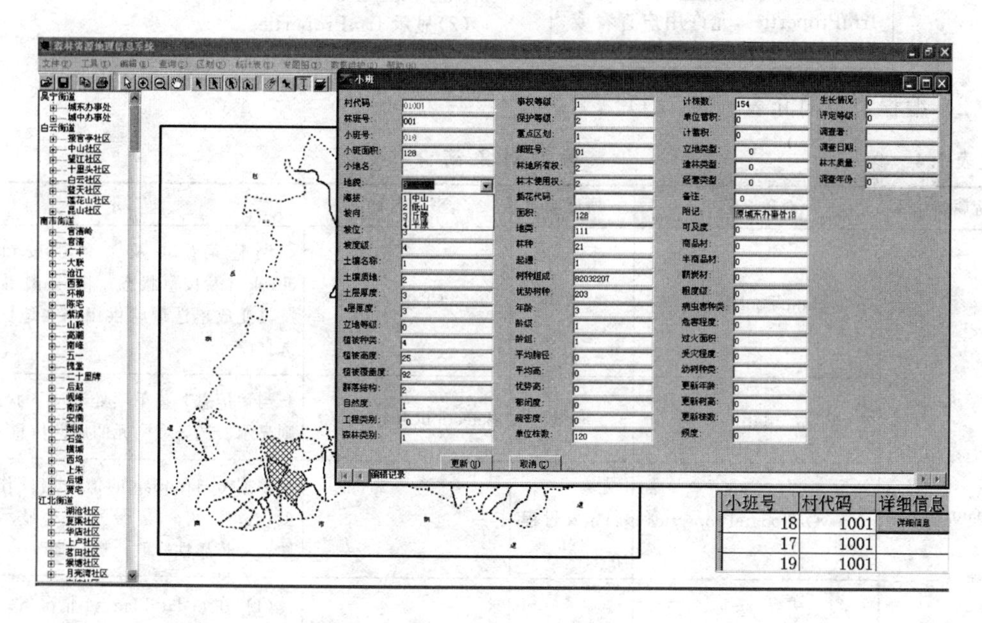

图 7.14　编辑信息

(2) 编程实现。

1) 过程描述。

ViewOrUpdateProperties 的功能：①根据 updateFlag 的值确定操作类型：有 1、2、

单击"信息"菜单项
↓
鼠标形状变成单选形状 —— 用户可在当前地图中选择图元
↓
用户选择图元 —— 按下 CTRL 键再单击可进行多选
↓
自动触发 map 的 SelectionChanged 事件 —— 选择对象改变自动触发
↓
在 SelectionChanged 事件中调用 ViewOrUpdateProperties将 updateFlag 值设置为 1 —— 在 ViewOrUpdateProperties 过程实现属性信息显示或修改的代码

3，分别表示显示属性；等待属性修改；提交修改；②定义基本变量：lyr、ftr、ds、flds；③加载数据集：Map1. DataSets. Add；④填充 FlexGrid 类对象 FG 的表头（包括村代码、小班号、详细信息三列）；⑤填充 FG 的表体。根据选中图元个数自动增加或减少行数，同时将每个图元的村代码、小班号信息进行填充；⑥调整 FG 高度并进行显示。

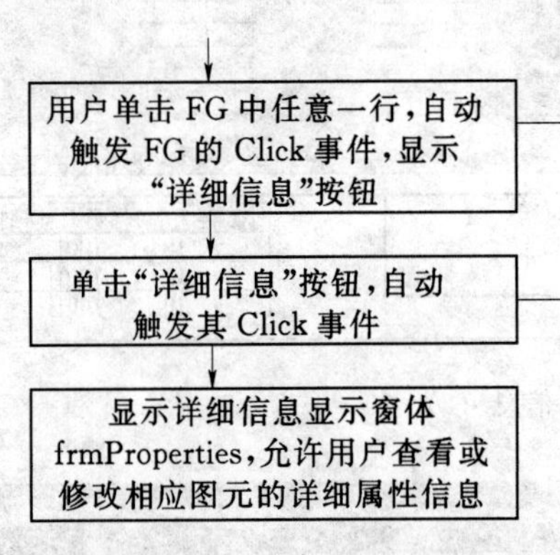

FG 的 Click 事件功能：
(1)在 updateFlag=1 情况下。
(2)调整"详细信息"按钮的显示属性，包括：left、top、height、width 等，使其刚好能覆盖操作行的第三列。
(3)显示"详细信息"按钮。

btnShowDetail_Click 事件功能：
(1)将当前选中的行的"小班号"、"村代码"信息传递给详细信息显示窗体 frmProperties。
(2)显示 frmProperties。

2）编程对象简介表（表 7.4）。

表 7.4　　　　编程对象简介

所属窗体	对象名称	所属类	事件名称	简　介
mainForm	mnuToolsInfo	菜单项	Click ()	调整菜单项及工具栏按钮的 checked 及按下状态；将 map1 地图工具变成单选形状供用户在地图上选择图元
	Map1	地图	SelectionChanged ()	当"信息"菜单项处于按下状态，则显示所选区域图元的属性信息
	ViewOrUpdateProperties	自定义过程		根据 updateFlag 的值确定操作类型：有 1、2、3，分别表示显示属性；等待属性修改；提交修改
	FG	FlexGrid	Click ()	(1) 在 updateFlag=1 情况下； (2) 调整"详细信息"按钮的显示属性，包括：left、top、height、width 等，使其刚好能覆盖操作行的第三列； (3) 显示"详细信息"按钮

续表

所属窗体	对象名称	所属类	事件名称	简　介
mainForm	btnShowDetail	Button	Click ()	(1) 将当前选中的行的“小班号”、“村代码”信息传递给详细信息显示窗体 frmProperties; (2) 显示 frmProperties
frmProperties	Form	窗体	Load ()	实现接收改变的选择条件 selectCondition 及数据加载
	txtFields		GotFocus (Index As Integer)	根据 txtFields (i) 绑定的字段名称确定是否动态初始化下拉列表框控件并显示
	InitCombox (TableName As String, Index As Integer)	自定义过程		动态初始化列表框并显示

3) 编程代码。

```
Private Sub mnuToolsInfo_Click()'“信息”菜单项的 Click 事件
  pressedYN mnuToolsInfo, Tool2. Buttons(13)' 调整菜单项及工具栏按钮的 checked 及按下状态
  Map1. CurrentTool = miSelectTool ' 将 map1 地图工具变成单选形状供用户在地图上选择图元
  End Sub

Private Sub Map1_SelectionChanged()
  '当“I”按钮处于按下状态,则显示所选区域图元的属性信息
  If mnuToolsInfo. Checked And Map1. Layers(1). Selection. count > 0 Then
    updateFlag = 1
    ViewOrUpdateProperties
  End If
End Sub

Private Sub ViewOrUpdateProperties()
  '注:updateFlag 的值有 1、2、3,分别表示显示属性;等待属性修改;提交修改
  '填充内容,只填充小班号和村号
  '定义变量
  Dim lyr As MapXLib. Layer, ftr As MapXLib. Feature, flds As MapXLib. Fields, ds As MapXLib. Dataset
  Dim i As Integer
  Set lyr = Map1. Layers(1)
  '加载数据集
  On Error Resume Next
  Map1. DataSets. Add miDataSetLayer, lyr, lyr. Name + "dataset"
  Set ds = lyr. DataSets(1)
  Set flds = ds. Fields
```

```
If updateFlag = 3 Then '提交修改状态下,判断数据是否合法与否,将 updateFlag 修改成 1 或 2
  For i = 1 To FG.Rows - 1 '查数据不全情况
    If FG.TextMatrix(i, 1)= "0" Or FG.TextMatrix(i, 2)= "0" Then
      MsgBox "数据不全,请重新修改后再提交!"
      updateFlag = 2
      ViewOrUpdateProperties
    End If
  Next
  Dim cunNo As String, xiaobanNo As String, selCondition As String
  For i = 1 To FG.Rows - 1 '查数据重复情况
    cunNo = FG.TextMatrix(i, 2)
    xiaobanNo = FG.TextMatrix(i, 1)
    selCondition = funselCondition(cunNo, xiaobanNo)
    If rs.State <> adStateClosed Then rs.Close
    rs.Open "select count(*)from 小班" & selCondition, conn, adOpenForwardOnly
      If rs(0).Value > 0 Then
        MsgBox "与已有数据冲突,小班号:" & xiaobanNo & "村代码:" & cunNo & ",请调整小班号或村
代码"
        updateFlag = 2
        ViewOrUpdateProperties
      End If
    Next
    If MsgBox("执行以下过程后,小班号和村代码将不允许重新修改,是否继续?", vbYesNo)= vbNo Then
        updateFlag = 2
        ViewOrUpdateProperties
    End If
    i = 1
    Dim com As New ADODB.Command
    For Each ftr In lyr.Selection '将图元的小班号及村代码进行修改,同时将相应信息插入到小班表中
      lyr.KeyField = flds(1).Name '小班号内容
      ftr.KeyValue = FG.TextMatrix(i, 1)
      ftr.Update
      lyr.KeyField = flds(3).Name '村号内容
      ftr.KeyValue = FG.TextMatrix(i, 2)
      ftr.Update
      '将小班号及村代码信息插入到小班表中,由于在该表中的主码是小班号+村代码+细班号,故细班号不可
为空
      '细班号默认值定为"01"
      cunNo = FG.TextMatrix(i, 2)
      xiaobanNo = FG.TextMatrix(i, 1)
      If Len(cunNo)<= 4 Then cunNo = "0" + cunNo
      If Len(xiaobanNo)= 1 Then xiaobanNo = "0" + xiaobanNo
```

```
            If Len(xiaobanNo)= 2 Then xiaobanNo = "0" + xiaobanNo
            Set com.ActiveConnection = conn
            com.CommandText = "insert into 小班(小班号,村代码,细班号)values(" & Chr(39)& xiaobanNo & Chr
(39)& _
            "," & Chr(39)& cunNo & Chr(39)& "," & Chr(39)& "01" & Chr(39)& ")"
            com.Execute
            i = i + 1
        Next
        updateFlag = 1
        ViewOrUpdateProperties
    End If
    '添加表头
    FG.Cols = 4
    FG.Rows = 1
    FG.ColWidth(0)= 100
    FG.TextMatrix(0, 1)= flds(1).Name '小班号
    FG.TextMatrix(0, 2)= flds(3).Name '村号
    FG.TextMatrix(0, 3)= "详细信息"
    '填充表体
    For Each ftr In lyr.Selection
        FG.Rows = FG.Rows + 1 '添加空白行
        lyr.KeyField = flds(1).Name '小班号内容
        FG.TextMatrix(FG.Rows - 1, 1)= ftr.KeyValue
        lyr.KeyField = flds(3).Name '村号内容
        FG.TextMatrix(FG.Rows - 1, 2)= ftr.KeyValue
    Next
    '调整FG的TOP及HEIGHT并进行显示
    FG.Height = FG.CellHeight * FG.Rows + 100
    FG.Top = Me.ScaleHeight - FG.Height - 300
    FG.Width = 0
    For i = 1 To FG.Cols
        FG.Width = FG.Width + FG.ColWidth(i - 1)
    Next
    FG.Left = Me.ScaleWidth - FG.Width
    FG.Visible = True
    If updateFlag = 2 Then
    btnUpdate.Left = FG.Left + FG.ColPos(3)+ 50
        btnUpdate.Top = FG.Top + FG.RowPos(1)+ 50
        btnUpdate.Height = FG.CellHeight
        btnUpdate.Width = FG.ColWidth(3)
        btnUpdate.Visible = True '等待修改状态下,界面上显示"提交修改"按钮
End If
```

```
    '释放变量
    Set lyr = Nothing
    Set ftr = Nothing
    Set flds = Nothing
    Set ds = Nothing
    Set com = Nothing
End Sub
Private Sub FG_Click()
    Dim r As Integer, c As Integer
    If updateFlag = 1 Then '信息查询状态下,"详细信息"按钮可见
    With FG
        r = .Row
        btnShowDetail.Left = .Left + .ColPos(3) + 50
        btnShowDetail.Top = .Top + .RowPos(r) + 50
        btnShowDetail.Height = .CellHeight
        btnShowDetail.Width = .ColWidth(3)
        btnShowDetail.Visible = True
        End With
    End If
    If updateFlag = 2 Then '信息待显示状态下,"详细信息"按钮不可见,"提交修改按钮"可见
      With FG
        c = .Col
        r = .Row
        If(c = 1 Or c = 2)And r > 0 Then
          t.Left = .Left + .ColPos(c) + 30
          t.Top = .Top + .RowPos(r) + 30
          t.Height = .CellHeight
          t.Width = .ColWidth(c)
          t.Text = .Text
          btnShowDetail.Visible = False
        End If
      End With
      End If
      btnUpdate.Visible = Not btnShowDetail.Visible
      t.Visible = btnUpdate.Visible
      If t.Visible Then t.SetFocus
    End Sub
    Private Sub btnShowDetail_Click()'详细信息按钮 btnShowDetail 的 Click 事件
      Dim cunNo As String, xiaobanNo As String
      cunNo = FG.TextMatrix(FG.Row, 2)
      xiaobanNo = FG.TextMatrix(FG.Row, 1)
```

```
    frmProperties. selectCondition = funselCondition(cunNo, xiaobanNo)
    frmProperties. Show vbModal
  End Sub
  Private Sub Form_Load()'frmProperties 的 Load 事件,实现接收改变的选择条件 selectCondition 及数据加载
    Set db = New Connection
    db. CursorLocation = adUseClient
    db. Open strConn
    Set comboRS = New Recordset
    Set detailRS = New Recordset
    Set adoPrimaryRS = New Recordset
adoPrimaryRS. Open "select * from 小班" & selectCondition, db, adOpenStatic, adLockOptimistic
    Dim oText As TextBox
    '绑定文本框到数据提供者
    For Each oText In Me. txtFields
      Set oText. DataSource = adoPrimaryRS
    Next
    SetButtons True
    mbDataChanged = False
  End Sub
  '在 frmProperties 窗体中,显示属性信息的控件是用文本框数组 txtFields()来实现的
  '在 txtFields(i)控件的 GotFocus 事件中实现是否显示下拉列表框的判断,
  Private Sub txtFields_GotFocus(Index As Integer)
    '若是找到与当前字段相对应的子表,则调用 InitCombox 过程将组合框内容初始化并设置相应格式
    c. Visible = False
    If Not txtFields(Index). Enabled Then Exit Sub '若文本框不可编辑,则直接退出本过程
    If detailRS. State <> adStateClosed Then detailRS. Close
    detailRS. Open "select count( * )from sysobjects where type=" & Chr(39) & "U" & Chr(39) & " and
[name]=" & Chr(39) & _
    txtFields(Index). DataField & Chr(39), db, adOpenForwardOnly'若在 SQL Server 数据库 FR 的用户表中存
在与当前文本框绑定字段同名的用户表,是 count( * )必然大于 0
    detailRS. MoveFirst
  If detailRS(0). Value <> 0 Then InitCombox txtFields(Index). DataField, Index
End Sub
  Private Sub InitCombox(TableName As String, Index As Integer)'动态初始化下拉列表框
  '组合框初始化
  Dim i As Integer
  c. Clear
  If comboRS. State <> adStateClosed Then comboRS. Close
  comboRS. Open "select ltrim(rtrim(代码))+" & Chr(39) & "|" & Chr(39) & "+ltrim(rtrim(名称))from "
& TableName, db, adOpenForwardOnly
  c. Text = txtFields(Index). Text
```

```
comboRS. MoveFirst
For i = 1 To comboRS. RecordCount
    c. AddItem comboRS(0). Value
    comboRS. MoveNext
Next
' 修改组合框相应外观属性
c. Width = txtFields(Index). Width
c. Left = txtFields(Index). Left
c. Top = txtFields(Index). Top
c. Visible = True
ID = Index
End Sub
```

10. 注释

(1) 符号注释。以默认样式实现当前图层的默认符号注释功能，如图 7.15 所示。

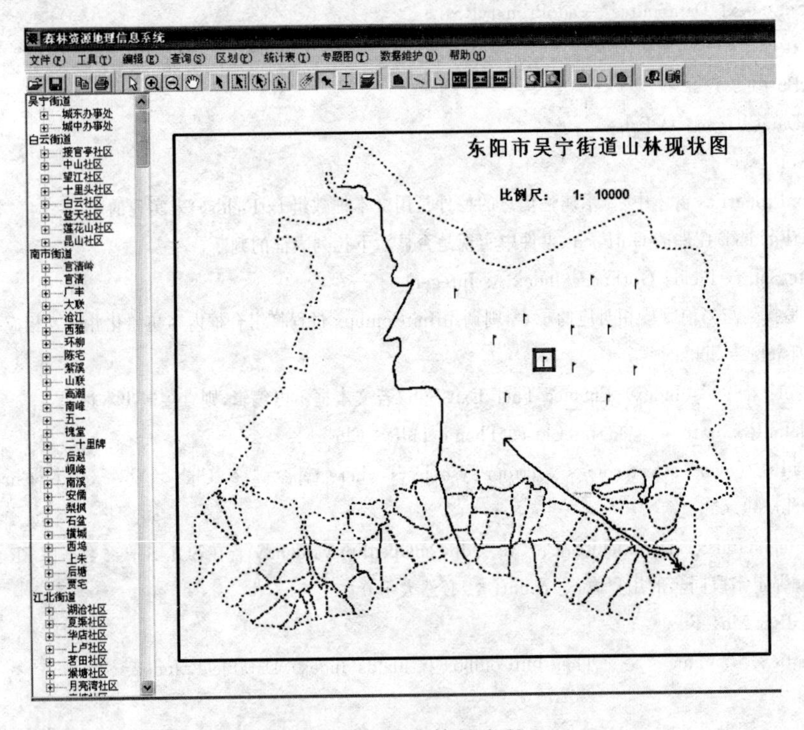

图 7.15　默认符号注释

(2) 文本注释。以默认样式实现当前图层的默认文本注释功能，如图 7.16 所示。

(3) 样式清除。清除当前图层已标注的符号样式和文本样式，如图 7.17 所示。

(4) 样式修改。实现符号和文本样式的修改功能，如图 7.18 所示。

11. 查看完整图层

根据当前的 gst 文件，自动加载其所有的图层名称（图 7.19），用户选择图层后在地图中即可完整显示该图层（图 7.20 为用户选择小班界图层后的显示结果）。

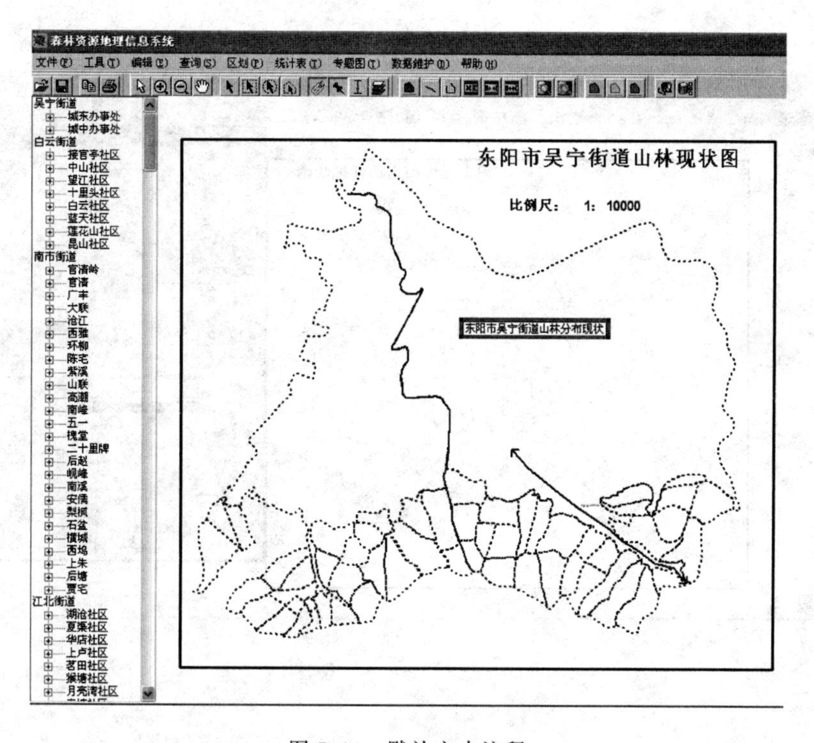

图 7.16　默认文本注释

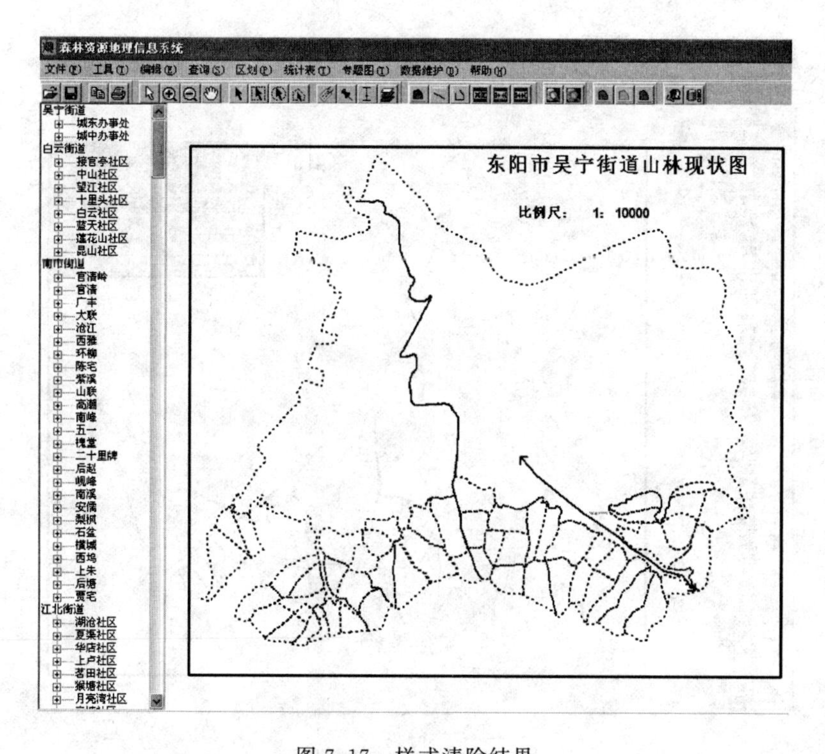

图 7.17　样式清除结果

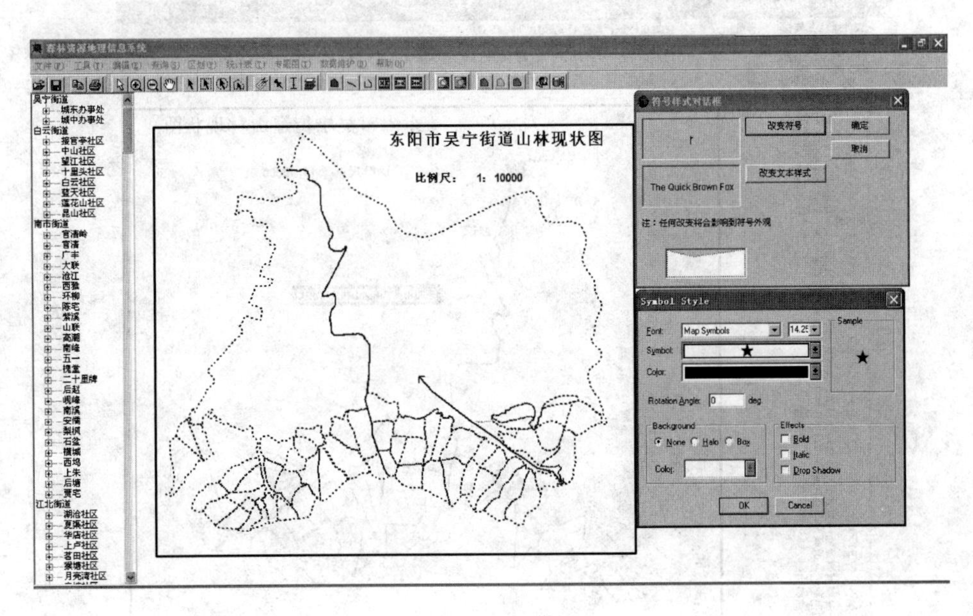

图 7.18 修改样式

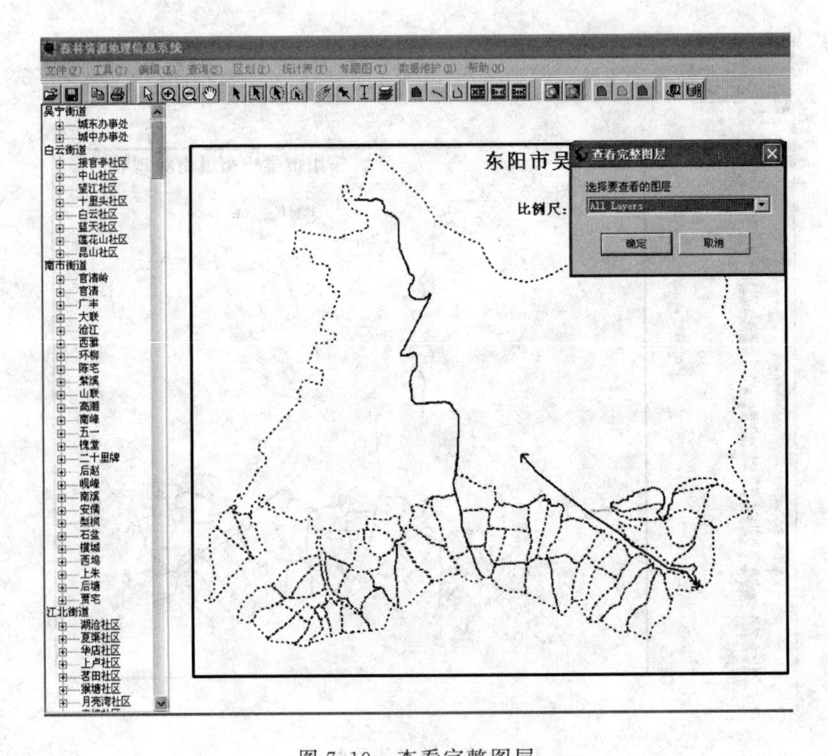

图 7.19 查看完整图层

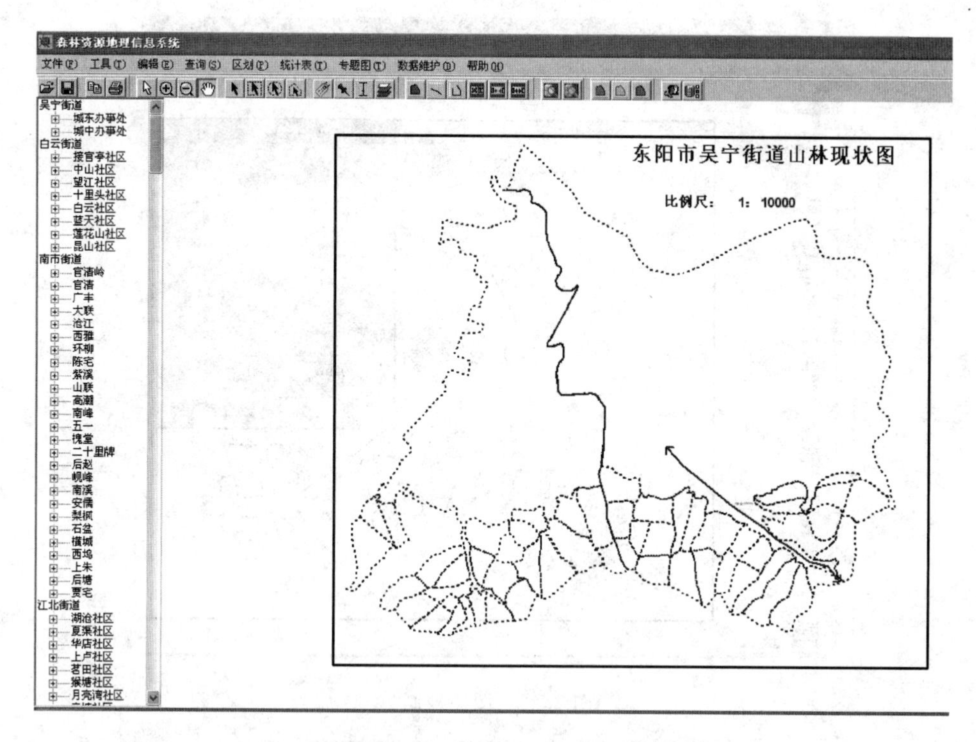

图 7.20 完整小班界图层

7.1.4.5 编辑

提供图层和图元的编辑功能，其子菜单如图 7.21 所示。

1. 图层控制

实现图层控制功能，包括添加、删除图层，改变图层的顺序，修改图层的“可见”、“可选”、“标注”、“可编辑”属性。如图 7.22 所示。

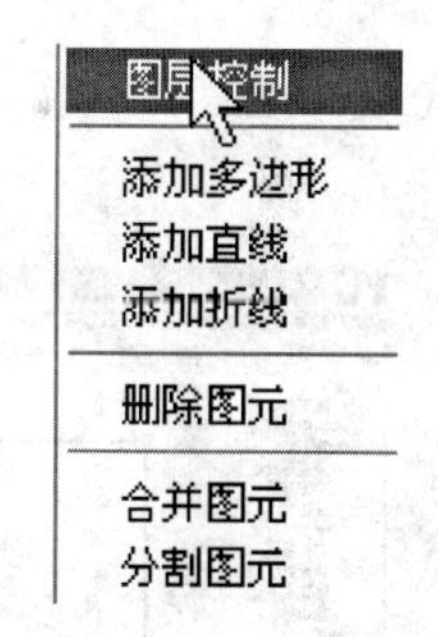

图 7.21 编辑子菜单

2. 添加多边形

用户单击“添加多边形”菜单项后，系统会弹出提示对话框，要求用户选择是否继续执行操作（图 7.23）。当用户在图层上绘制多边形后，操作界面右下角自动显示其相应的属性面板，允许用户输入“村代码”及“小班号”，输入完成后单击“提交修改”按钮，则在 FlexGrid 第三列显示“详细信息”按钮（图 7.24）。单击“详细信息”按钮，则显示其相应的详细信息，当然此时看到的只有“村代码”、“小班号”、“细班号”的数据，其中“细班号”默认值为“01”（因该字段不允许为空，否则无法区分相同小班的不同细班），其余信息则要求用户输入（图 7.25）。

3. 添加直线

其功能类似前述“2. 添加多边形”，此处不再叙述。

4. 添加折线

其功能类似前述“2. 添加多边形”，此处不再叙述。

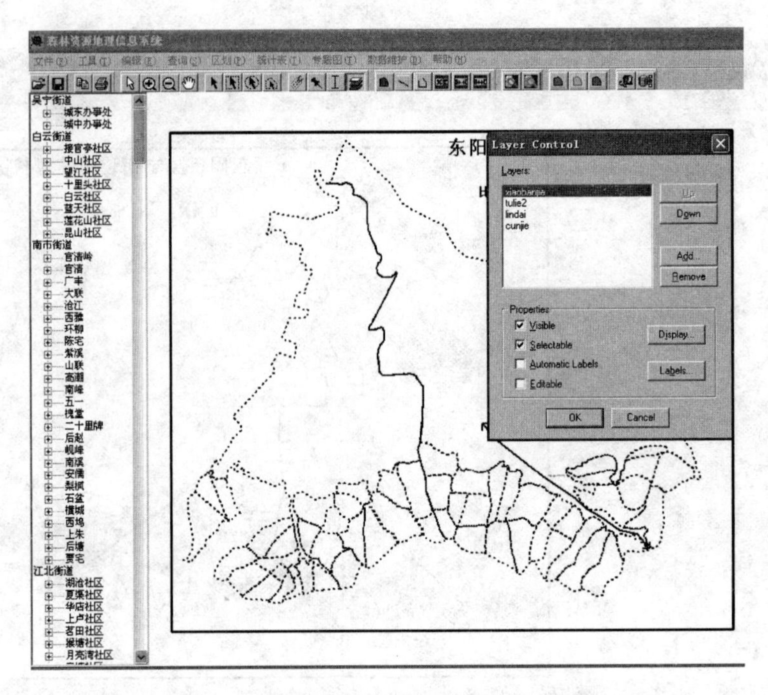

图 7.22 图层控制

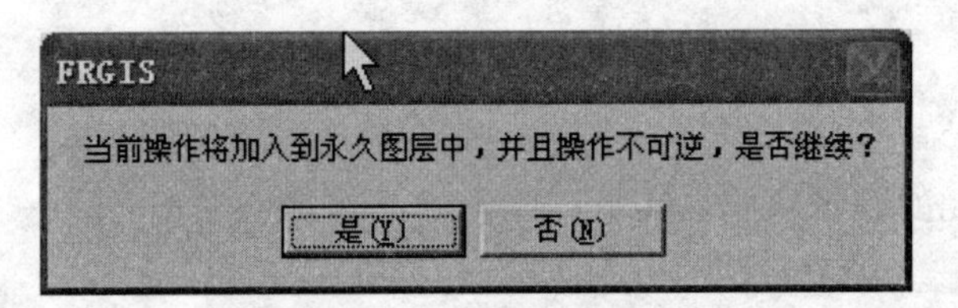

图 7.23 添加多边形（1）

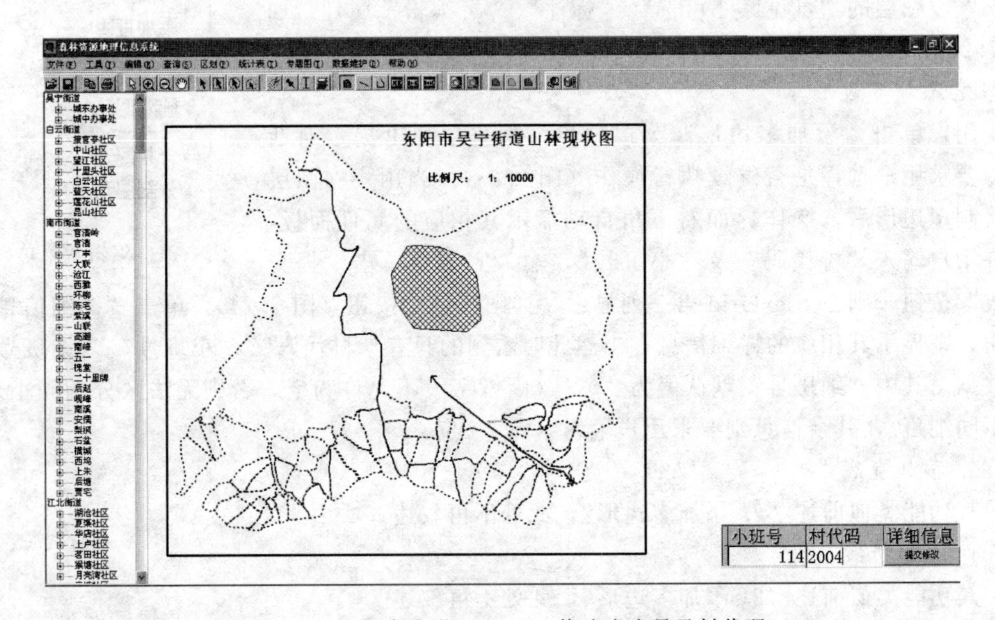

图 7.24 添加多边形（2）——修改小班号及村代码

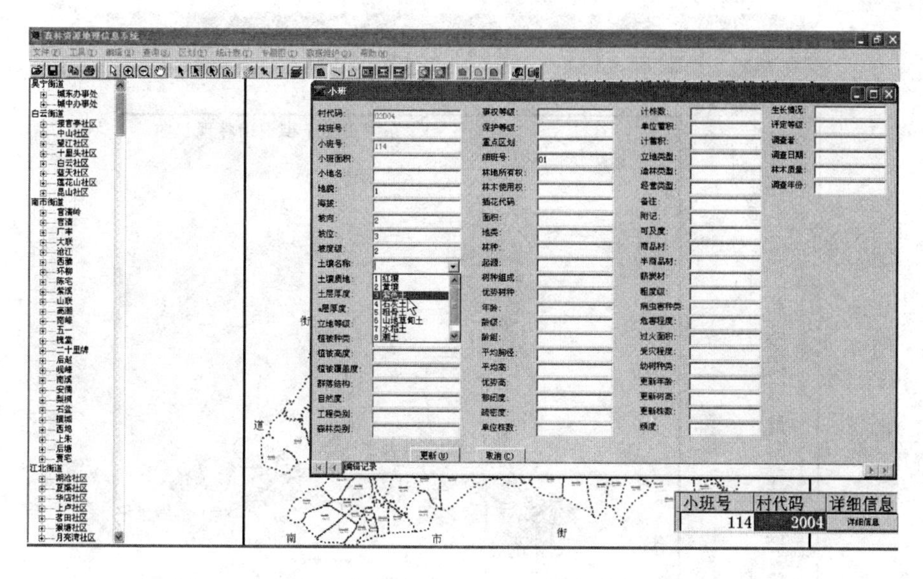

图 7.25　添加多边形（3）——显示并修改小班详细信息

5. 删除图元

实现被选中图元的删除操作，如图 7.26 所示。

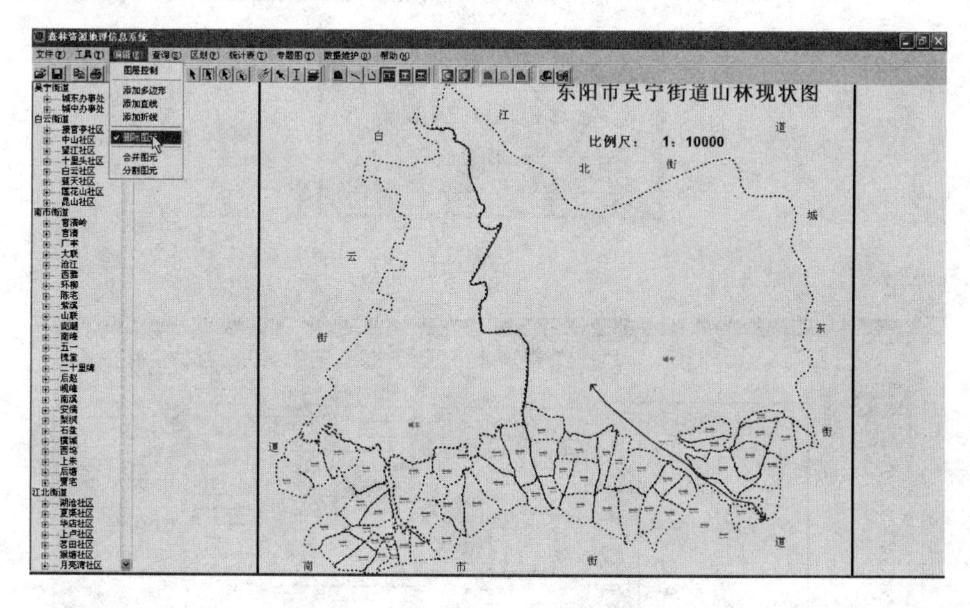

图 7.26　图元删除（删除被选中图元）

6. 合并图元

（1）用户界面。该操作要求至少事先选中两个相邻图元（图 7.27）。选中符合要求的图元后，单击菜单项“合并图元”，出现提示对话框（图 7.28），用户选择“是”后继续后续操作。合并后的“小班号”、“村代码”及其余字符型字段数据都取自合并前的第一个小班，面积则取自合并后图元的 Area 值，同时允许用户单击“详细信息”按钮实现详细信息的显示和编辑（图 7.29）。

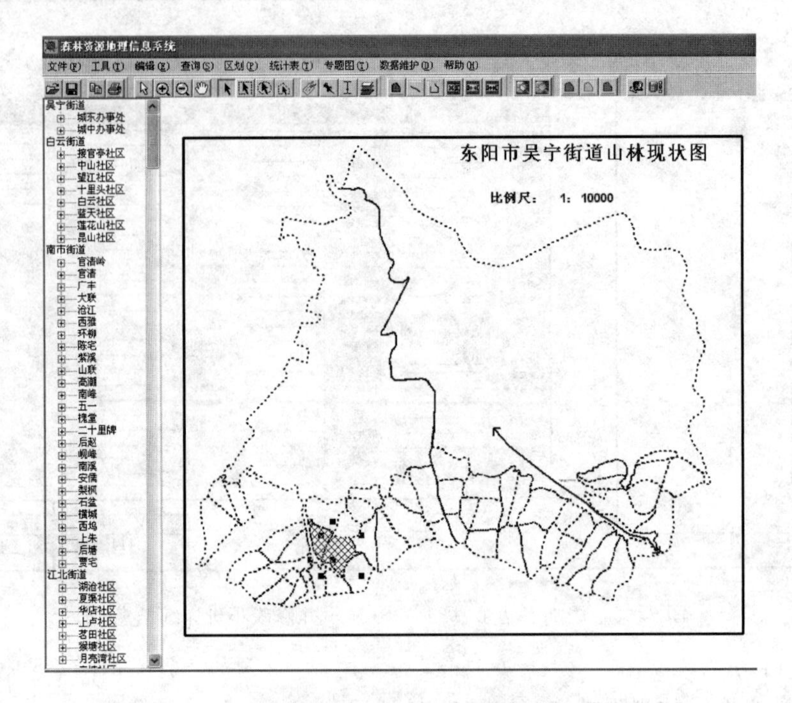

图 7.27　合并图元（1）——选中至少两个相邻图元

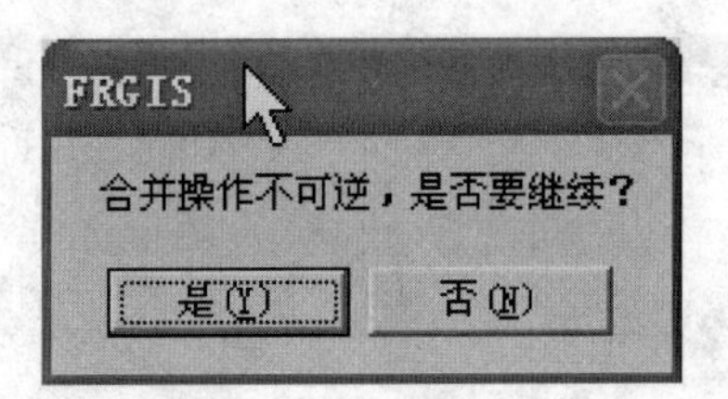

图 7.28　合并图元（2）

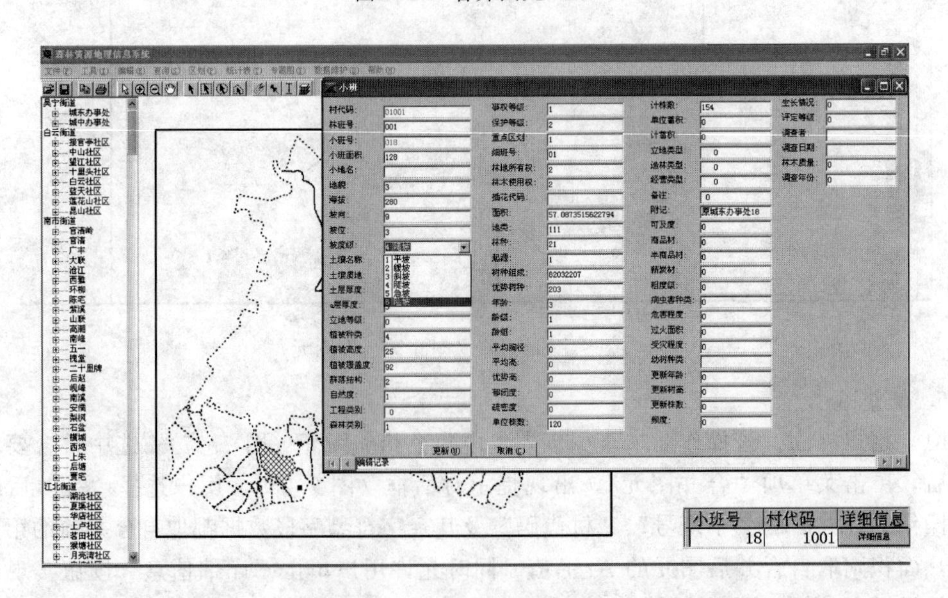

图 7.29　合并图元（3）——显示并修改小班详细信息

（2）合并操作的关键代码。

```
Private Sub FeatureCombine()
  If MsgBox("合并操作不可逆,是否要继续?", vbYesNo)= vbNo _
    Then Exit Sub
  Dim Ftrs As MapXLib. Features '定义图元集
  Dim ftr As MapXLib. Feature, ftrCom As MapXLib. Feature '定义单个图元和合并后图元
  Dim styCom As New MapXLib. Style '类型
  Dim ftr1 As MapXLib. Feature, ftr2 As MapXLib. Feature '被选中的待合并图元
  Dim i As Integer, j As Integer, k As Integer
  Dim obj As MapXLib. FeatureFactory
  Dim ftrnew As New MapXLib. Feature '合并后创建的新图元
  Dim ds As MapXLib. Dataset '数据集
  Dim flds As MapXLib. Fields '字段集
  Dim FldName As String '字段名
  Dim lyr As MapXLib. Layer
  Dim ftrCount, dscols As Integer
  Set obj = Map1. FeatureFactory
  Set lyr = Map1. Layers(1)'引用图层
  ftrCount = lyr. Selection. count '被选中的图元个数
  If ftrCount <= 1 Then
    MsgBox "选择的图元数必须大于或等于 2!"
    Set Map1. Layers. InsertionLayer = Nothing
    lyr. Editable = False
    Exit Sub
  End If
  Set Ftrs = lyr. Selection '被选中的图元集
  ftrType = Ftrs(1). Type
  For Each ftr In Ftrs
    If ftr. Type <> ftrType Then '判断所有的图元是否是同一种类型
        MsgBox "图元类型不同不能合并"
        Set Map1. Layers. InsertionLayer = Nothing
        lyr. Editable = False
      Exit Sub
    End If
  Next
  For i = 1 To ftrCount - 1
      Set ftr1 = Ftrs(i)
      Set ftr2 = Ftrs(i + 1)
      If Not obj. IntersectionTest(ftr1, ftr2, MapXLib. miIntersectFeature) Then
        MsgBox "图元不相邻不能合并"
        Set Map1. Layers. InsertionLayer = Nothing
        lyr. Editable = False
        Exit Sub
```

```
      End If
    Next i
    On Error Resume Next
    Set ds = Map1.DataSets.Add(miDataSetLayer, lyr, lyr.Name)
    Set flds = ds.Fields
    dscols = flds.count
    ReDim dataObj(ftrCount, dscols)'根据选择图元数重定义数组大小
    i = 0
    For Each ftr In Ftrs
      i = i + 1
      For j = 1 To dscols
        lyr.KeyField = flds(j).Name
        dataObj(i, j)= ftr.KeyValue
      Next
    Next
    Map1.AutoRedraw = False '禁止自动刷新
    lyr.Editable = True '置当前图层为可写状态
    Set ftrCom = obj.CombineFeatures(Ftrs)'合并选中的图元
    Set feafac = Map1.FeatureFactory
    Set ftrnew = lyr.AddFeature(ftrCom)'将图元加入图层中
    Dim cunNo As String, xiaobanNo As String, selCondition As String, reNewType As String
    For k = 1 To dscols '实现属性信息的修改
      lyr.KeyField = flds(k).Name
      If lyr.KeyField = "面积" Then
        ftrnew.KeyValue = ftrnew.Area '面积自动计算,单位为亩
      Else
        ftrnew.KeyValue = dataObj(1, k)'dataObj(i)'这里并没有对字段类型进行判断
End If
      ftrnew.Update True
      '将数据库小班表中与合并前第一个图元相对应的记录的面积进行修改
      cunNo = dataObj(1, 3)
      xiaobanNo = dataObj(1, 1)
      reNewType = "update 小班 set 面积=" & ftrnew.Area
      reNew reNewType, cunNo, xiaobanNo, "" '调用过程 reNew 修改相应小班面积
    Next
    lyr.Refresh
    Set styCom = Ftrs(1).Style.Clone
    ftrnew.Style = styCom '还原图元样式
    ftrnew.Update
    i = 1
    For Each ftr In Ftrs
      lyr.DeleteFeature ftr '删除原来的图元
      i = i + 1
      '将数据库小班表中除合并前第一个图元外的其他图元的相应的属性记录删除
```

```
            cunNo = dataObj(i, 3)
            xiaobanNo = dataObj(i, 1)
            reNewType = "delete 小班 "
            reNew reNewType, cunNo, xiaobanNo, "" '调用过程 reNew 将小班表中与待删除图元相应的记录删除掉
        Next
        lyr. Refresh
        lyr. Selection. Replace ftrnew
        updateFlag = 1
        ViewOrUpdateProperties '显示新合并图元的属性信息
        Map1. AutoRedraw = True
        'lyr. Editable = False
        Set feafac = Nothing
        Set lyr = Nothing
        Set ftr = Nothing
        Set ds = Nothing
        Set flds = Nothing
    End Sub
    Private Sub reNew(ByVal reNewType As String, ByVal cunNo As String,ByVal xiaobanNo As String, fujiaCondition)
    Dim com As New ADODB. Command
    If cunNo = "" And xiaoban = "" Then
        selCondition = ""
    Else
      selCondition = funselCondition(cunNo, xiaobanNo)
    End If
    Set com. ActiveConnection = conn
    com. CommandText = reNewType & selCondition & fujiaCondition
    com. Execute
    Set com = Nothing
  End Sub
  Private Function funselCondition(ByVal cunNo As String, ByVal xiaobanNo As String)As String
        If Len(cunNo)<= 4 Then cunNo = "0" + cunNo
        If Len(xiaobanNo)= 1 Then xiaobanNo = "0" + xiaobanNo
        If Len(xiaobanNo)= 2 Then xiaobanNo = "0" + xiaobanNo
        funselCondition = " where 村代码=" & Chr(39)& cunNo & Chr(39)& "and 小班号=" & Chr(39)& xi-
aobanNo & Chr(39)
    End Function
```

7. 分割图元

(1) 用户界面。选中单个图元（图 7.30），系统弹出提示对话框供用户选择（图 7.31），用户单击“是”按钮后继续后续操作。Map1 的 currentTool 变成添加直线工具，用户在所选图元上画直线（图 7.32）。系统实现图元分割，显示分割线，同时显示分割后两个小班的属性信息（小班号及村代码与分割前图元相同，细班号则产生变化，比如分割前小班的细班号是“01”，则分割后两个小班物细班号分别为“01”和“02”，其余字符型字段数据面积则取自分割前图元，面积则取自分割图元的 Area 值），单击“详细信息”

按钮，允许用户进行修改（图 7.33）。

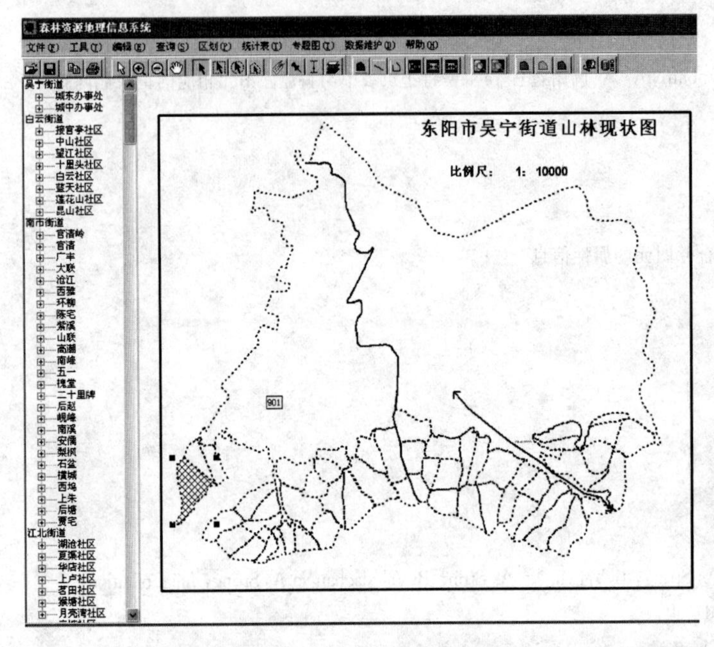

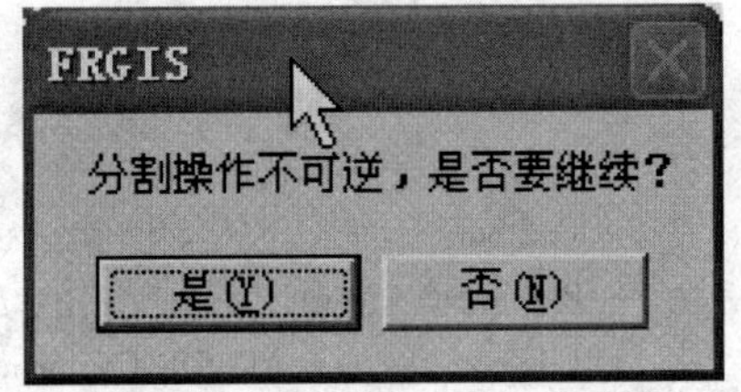

图 7.30　分割图元（1）——选中单个图元　　　　图 7.31　分割图元（2）

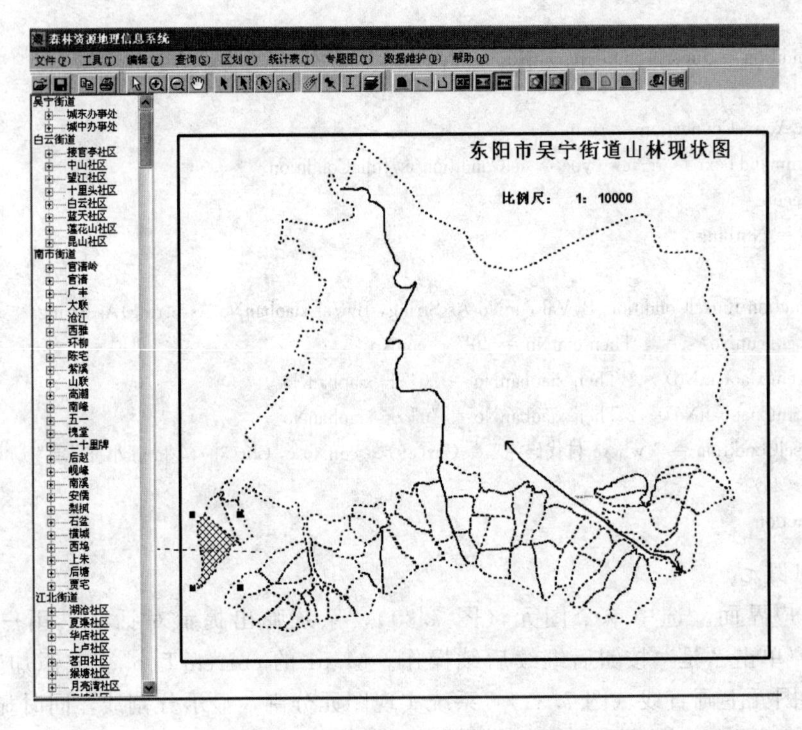

图 7.32　分割图元（3）——画分割线

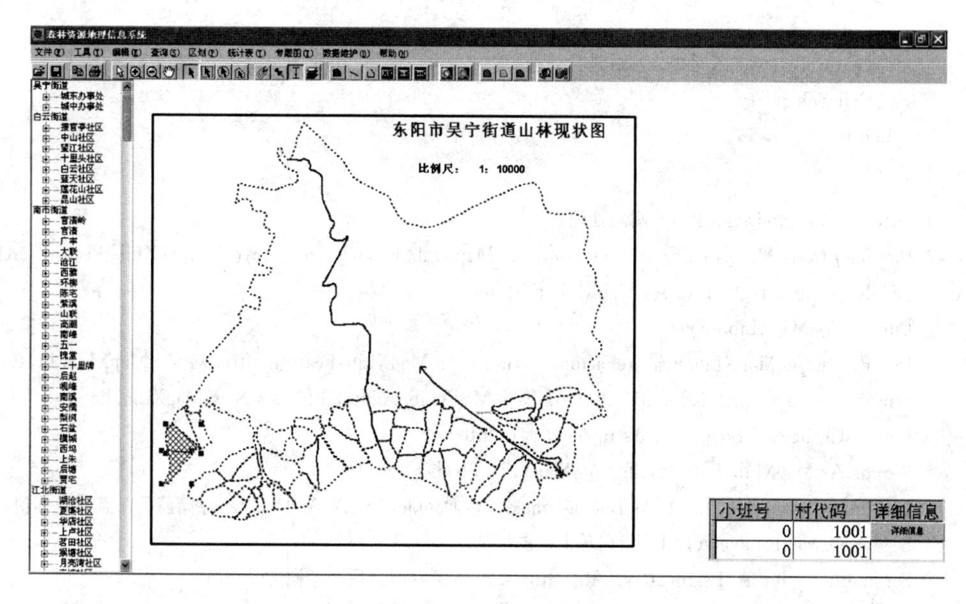

图 7.33 分割图元（4）——显示并编辑小班属性信息

（2）分割操作的关键代码。

```
Private Sub FeatureDivide()'在选中图元上画线,为分割后处理作准备
  Dim lyr As MapXLib. Layer
  Set lyr = Map1. Layers(1)
  DivideYN = True
  If lyr. Selection. count <> 1 Then '判断是否只选中一个图元,若不是则退出当前过程
    MsgBox "分割前请先选择一个图元!"
    DivideYN = False
    Exit Sub
  End If
  If lyr. Selection(1). Type <> miFeatureTypeRegion Then '若选中的图元不是区域图元则退出
    MsgBox "请在分割前选择一个区域图元!"
    DivideYN = False
    Exit Sub
  End If
  lyr. Editable = True
  Set Map1. Layers. InsertionLayer = lyr
  Map1. CurrentTool = miAddLineTool '改变成添加直线的工具
End Sub
```

```
Private Sub Map1_AddFeatureToolUsed(ByVal ToolNum As Integer, ByVal Flags As Long, ByVal Feature As Object, ByVal bShift As Boolean, ByVal bCtrl As Boolean, EnableDefault As Boolean)'添加、修改、删除图元操作自动会触发该事件
    Dim selftrCount As Integer
    If Flags = 4 Then 'Flags=4 表示已完成图元绘制
      If DivideYN And Map1. CurrentTool = miAddLineTool Then '若按下"分割图元"菜单项且用线进行分割,则
```

作如下处理

```
            FeatureDivided '图元线分割后进行处理
            Exit Sub
        End If
    End Sub

    Private Sub FeatureDivided()'分割后处理
      Dim lineFtr As MapXLib. Feature, tempftr As MapXLib. Feature, regoinFtr As MapXLib. Feature, regoin-
Ftr1 As MapXLib. Feature, regoinFtr2 As MapXLib. Feature
      Dim lyr As MapXLib. Layer
      Dim FtrFac As MapXLib. FeatureFactory, ftrnew1 As MapXLib. Feature, ftrnew2 As MapXLib. Feature
      Dim itstPts As MapXLib. Points, Pts1 As New MapXLib. Points, Pts2 As New MapXLib. Points
      Dim ptsChange As Boolean, i As Integer, j As Integer
      Dim ds As MapXLib. Dataset, flds As MapXLib. Fields
      Dim minX As Double, minY As Double, maxX As Double, maxY As Double '存储前后两点的坐标值
      Set lyr = Map1. Layers(1)'lyr 指向最上层图层
      Set lineFtr = lyr. AllFeatures(lyr. AllFeatures. count)'返回最后一个图元
      Set regoinFtr = lyr. Selection(1)'regoinFtr 指向当前已选中的区域图元
      Set FtrFac = Map1. FeatureFactory
      On Error Resume Next
      Set ds = Map1. DataSets. Add(miDataSetLayer, lyr, lyr. Name)
      Set flds = ds. Fields
      If Not FtrFac. IntersectionTest(regoinFtr, lineFtr, MapXLib. miIntersectFeature)Then '若不相交,提示退出
        MsgBox "线与所选区域不相交,无法分割,请重新操作!"
        DivideYN = False
        lyr. DeleteFeature lineFtr
        Exit Sub
      End If
      Set itstPts = FtrFac. IntersectionPoints(regoinFtr, lineFtr)
      If itstPts. count <> 2 Then
        MsgBox "直线与区域图元并未相交于两点,请重新操作!"
        DivideYN = False
        lyr. DeleteFeature lineFtr
        Exit Sub
      End If
      If regoinFtr. Parts. count > 1 Then
        MsgBox "图元太复杂,无法分割!"
        DivideYN = False
        lyr. DeleteFeature lineFtr
        Exit Sub
        End If
        For i = 1 To regoinFtr. Parts. count
          For j = 1 To regoinFtr. Parts(i). count - 1
            If regoinFtr. Parts(i)(j). X <= regoinFtr. Parts(i)(j + 1). X Then
              minX = regoinFtr. Parts(i)(j). X
```

```
            maxX = regoinFtr.Parts(i)(j + 1).X
        Else
            maxX = regoinFtr.Parts(i)(j).X
            minX = regoinFtr.Parts(i)(j + 1).X
        End If
        If regoinFtr.Parts(i)(j).Y <= regoinFtr.Parts(i)(j + 1).Y Then
            minY = regoinFtr.Parts(i)(j).Y
            maxY = regoinFtr.Parts(i)(j + 1).Y
        Else
            maxY = regoinFtr.Parts(i)(j).Y
            minY = regoinFtr.Parts(i)(j + 1).Y
        End If
        If itstPts(1).X>= minX And itstPts(1).Y >= minY And itstPts(1).X <= maxX And itstPts(1).Y
<= maxY Then
            ptsChange = Not ptsChange
            Pts1.Add itstPts(1)
            If Not(itstPts(1).X = regoinFtr.Parts(i)(j).X And itstPts(1).Y = regoinFtr.Parts(i)(j).Y)Or
(itstPts(1).X = regoinFtr.Parts(i)(j + 1).X And itstPts(1).Y = regoinFtr.Parts(i)(j + 1).Y)Then '分割点刚不在
区域图元的点上时
            Pts2.Add itstPts(1)
            End If
        End If
        If itstPts(2).X>=minX And itstPts(2).Y >= minY And itstPts(2).X <= maxX And itstPts(2).Y
<= maxY Then
            ptsChange = Not ptsChange
            Pts2.Add itstPts(2)
            If Not(itstPts(2).X = regoinFtr.Parts(i)(j).X And itstPts(2).Y = regoinFtr.Parts(i)(j).Y)Or
(itstPts(2).X = regoinFtr.Parts(i)(j + 1).X And itstPts(2).Y = regoinFtr.Parts(i)(j + 1).Y)Then '分割点刚不在
区域图元的点上时
              Pts1.Add itstPts(2)
              End If
            End If
            If Not ptsChange Then
              Pts1.Add regoinFtr.Parts(i)(j)
            Else
              Pts2.Add regoinFtr.Parts(i)(j)
            End If
        Next
        '添加 parts(i)的最后一个点
        If Not ptsChange Then
          Pts1.Add regoinFtr.Parts(i)(j)
        Else
          Pts2.Add regoinFtr.Parts(i)(j)
        End If
```

```
            ' Set tempFtr = Nothing
    Next
    Set regoinFtr1 = FtrFac. CreateRegion(Pts1, regoinFtr. Style. Clone)
    Set regoinFtr2 = FtrFac. CreateRegion(Pts2, regoinFtr. Style. Clone)
    Map1. AutoRedraw = False '禁止自动刷新
    lyr. Editable = True'置当前图层为可写状态
    Set ftrnew1 = lyr. AddFeature(regoinFtr1)'将图元加入图层中
    Set ftrnew2 = lyr. AddFeature(regoinFtr2)'将图元加入图层中
    Dim cunNo As String, xiaobanNo As String, xibanNo As String, reNewType As String
    For k = 1 To flds. count
        lyr. KeyField = flds(k). Name
        If lyr. KeyField = "面积" Then
          ftrnew1. KeyValue = ftrnew1. Area
          ftrnew2. KeyValue = ftrnew2. Area
        Else
          ftrnew1. KeyValue = regoinFtr. KeyValue
          ftrnew2. KeyValue = regoinFtr. KeyValue
        End If
        If k = 1 Then xiaobanNo = regoinFtr. KeyValue
        If k = 3 Then cunNo = regoinFtr. KeyValue
        ftrnew1. Update True
        ftrnew2. Update True
    Next
    '(1)将属性数据(存在小班表中的)插入到临时小班表(tempXiaoban)中
    reNewType = "delete from tempXiaoban"
    reNew reNewType, "", "", "" '(1.1)将临时小班表(tempXiaoban)中的数据删除
    '(1.2)确定分割后第2个小班的细班号
    If rs. State <> adStateClosed Then rs. Close
    rs. Open "select count(*)from 小班" & funselCondition(cunNo, xiaobanNo)
    xibanNo = LTrim(RTrim(Str(rs(0). Value + 1)))
    If Len(xibanNo)= 1 Then xibanNo = "0" + xibanNo
    '(1.3)将分割前的小班数据(在小班表中的)插入到临时小班表中
    reNewType = "insert into tempXiaoban"
    reNew reNewType, "", "", " select * from 小班" & funselCondition(cunNo, xiaobanNo)& " and 细班号=" &
Chr(39)& "01" & Chr(39)
    '(1.4)修改临时小班表中的细班号
    reNewType = "update tempXiaoban set 细班号=" & Chr(39)& xibanNo & Chr(39)
    reNew reNewType, "", "", ""
    '(1.5)将修改后的记录再插入到小班表中
    reNewType = "insert into 小班"
    reNew reNewType, "", "", " select * from tempXiaoban"
    lyr. DeleteFeature regoinFtr '删除分割前的小班图元
    lyr. DeleteFeature lineFtr '删除分割线图元
    Map1. AutoRedraw = True
```

```
    lyr.Refresh
    Set ftrnew1 = Nothing
    Set ftrnew2 = Nothing
    lyr.Editable = False
    Set lyr = Nothing
    DivideYN = False '变量初始化
    updateFlag = 1 '恢复信息显示面板
    ViewOrUpdateProperties
End Sub
```

7.1.4.6　查询

1. 条件查询

用户单击“条件查询”菜单项后，系统弹出对话框，用户可选择相应的“表”、“字段”、“操作符”再输入相应的值，单击“查询”按钮，则在图层上高亮度显示符合条件的图元（图7.34），该操作允许用户通过选择“and”、“or”选项来构建复杂的查询条件，是一种较为灵活的查询方式。

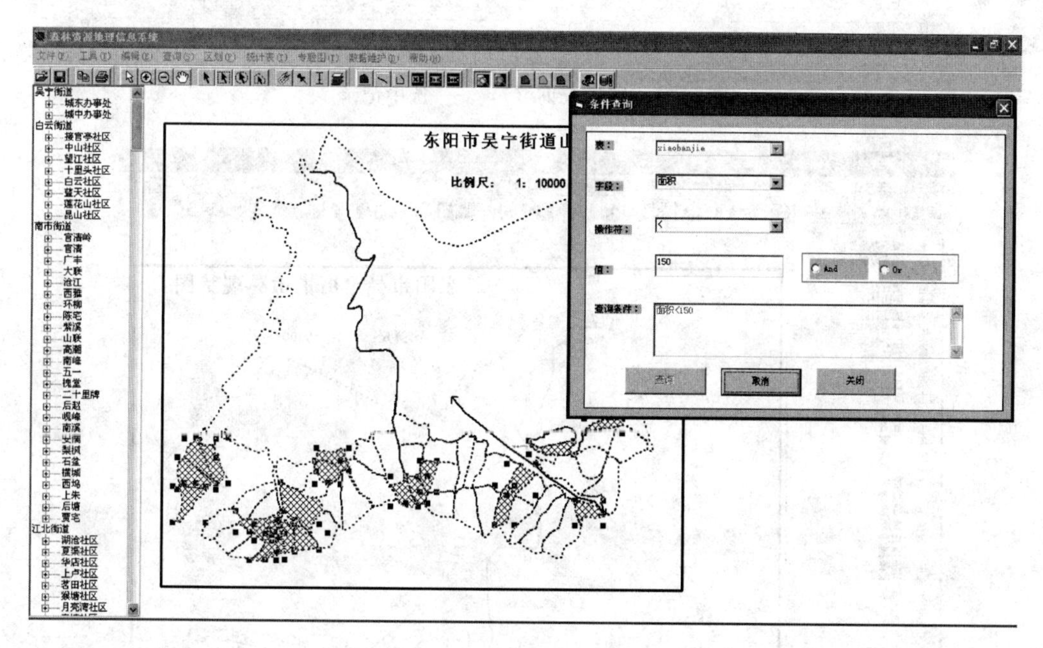

图7.34　条件查询

2. 随机查询

单击“随机查询”菜单项后，系统调用整个小班属性信息表并显示（图7.35），用户选中某记录左侧双击或直接单击“查询”按钮可实现当前属性信息的空间定位（图7.36）。

7.1.4.7　区划

实现森林资源的区划功能，包括火烧区划、采伐区划和造林区划等。其子菜单如图7.37所示。

村代码	林班号	小班号	小班面积	小地名	地貌	海拔	坡向	坡位	坡度级	土壤名称	土壤质地	土层厚度	腐殖层厚度	立地等级	植被种类	植被高度	植被覆盖度
01001	001	001	327	三角塘顶	3	121	2	4	2	1	2	3	3	0	5	25	90
01001	001	002	326	东岘峰	3	240	4	2	3	1	2	3	3	0	4	20	92
01001	001	003	233	岘峰尖	3	450	4	2	4	1	2	3	3	0	4	23	75
01001	001	004	308	石堂山	3	350	9	3	4	1	2	3	3	0	4	30	95
01001	001	005	208	石堂山	3	190	9	4	3	1	2	3	3	0	4	27	89
01001	001	006	199	石堂坑	3	350	9	3	3	1	2	3	3	0	4	30	90
01001	001	007	196	3	3	420	9	2	4	1	2	3	3	0	4	19	80
01001	001	008	131	桥庄山	3	220	1	6	3	1	2	3	3	0	4	17	85
01001	001	009	160	门前山	3	230	9	4	3	1	2	3	3	0	6	28	90
01001	001	010	56		3	435	9	2	2	1	2	3	3	0	4	10	96
01001	001	011	111		3	260	9	4	5	1	2	3	3	0	4	20	90
01001	001	011	111		3	260	9	4	5	1	2	3	3	0	4	20	90
01001	001	012	119		3	430	9	2	5	1	2	3	3	0	4	30	90
01001	001	013	155		3	200	6	4	4	1	2	3	3	0	4	25	93
01001	001	014	46		3	390	6	4	4	1	2	3	3	0	4	25	95
01001	001	015	90		3	200	6	4	4	1	2	3	3	0	6	23	94
01001	001	016	24		3	380	9	3	4	1	2	3	3	0	4	13	92
01001	001	017	246		3	322	9	6	4	1	2	3	3	0	4	18	87
01001	001	018	128		3	280	9	3	4	1	2	3	3	0	4	25	92
01001	001	019	218		3	340	7	2	4	1	2	3	3	0	4	15	90
01001	001	020	206		3	190	9	4	3	1	2	3	3	0	6	30	90
01001	001	021	132		3	140	9	6	2	1	2	3	3	0	4	27	88
01001	001	022	208		3	150	9	3	3	1	2	3	3	0	4	35	95
01001	001	023	126		3	135	9	4	3	1	2	3	3	0	6	20	93
01001	001	024	317		3	95	9	3	3	1	2	3	3	0	6	20	92
01001	001	025	373		3	160	9	4	3	1	2	3	3	0	4	20	80
01001	001	026	211		3	200	9	3	3	1	2	3	3	0	4	30	94
01001	001	027	322		3	170	9	3	3	1	2	3	3	0	6	20	92
01001	001	028	124		3	190	9	3	3	1	2	3	3	0	4	20	94
01001	001	901	18350		0	0	0	0	0	0	0	0	0	0	0	0	0
01002	001	001	250		2	378	9	2	5	1	2	3	3	0	4	30	91
01002	001	002	202		3	242	9	4	3	1	2	3	3	0	4	10	88
01002	001	003	113		3	204	9	3	3	1	2	3	3	0	4	20	90
01002	001	003	113		3	204	9	3	3	1	2	3	3	0	4	20	90
01002	001	004	113		3	200	9	4	3	1	2	3	3	0	4	30	92
01002	001	005	220		3	250	9	3	3	1	2	3	3	0	4	30	93
01002	001	006	216		3	330	8	2	3	1	2	3	3	0	4	20	90
01002	001	006	216		3	330	8	2	3	1	2	3	3	0	4	20	90
01002	001	007	197		2	390	1	2	3	1	2	3	3	0	4	10	70
01002	001	008	191		2	335	9	3	3	1	2	3	3	0	4	10	72

图 7.35 随机查询（1）——选中记录

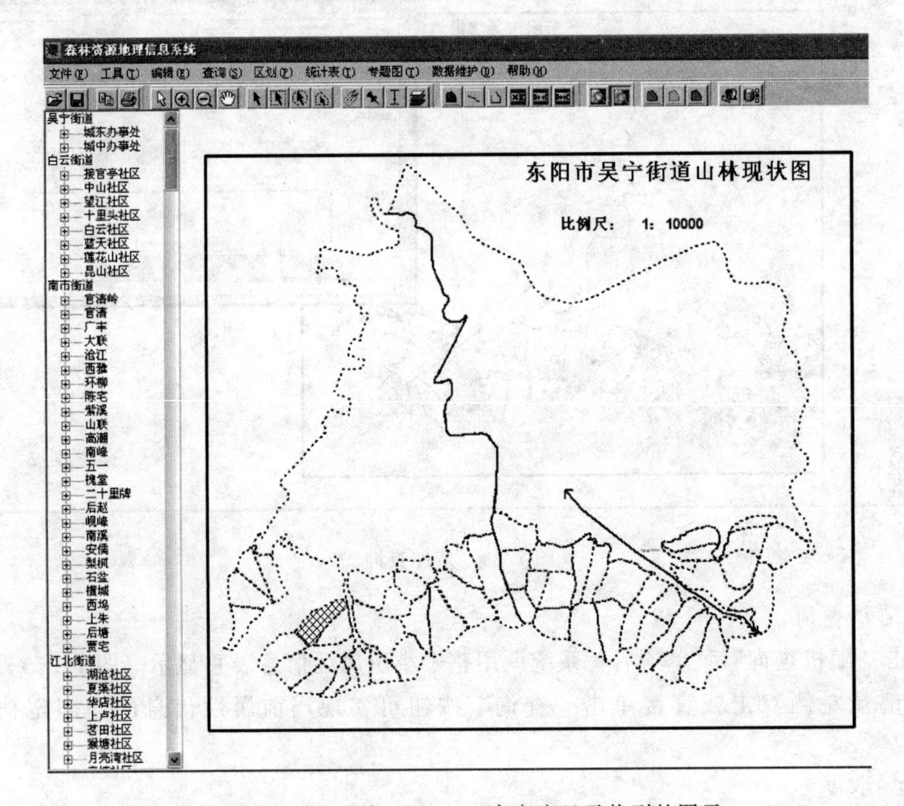

图 7.36 随机查询（2）——高亮度显示找到的图元

1. 火烧区划

用户单击菜单项“火烧区划”后即可在临时图层中绘制多边形，同时选择注释按钮可在图件上输入说明文字信息（图 7.38）。

火烧区划
采伐区划
造林区划

图 7.37　区划子菜单

2. 采伐区划

操作过程与前述“1. 火烧区划”类似，此处不再叙述。

3. 造林区划

操作过程与火烧区划类似，此处不再叙述。

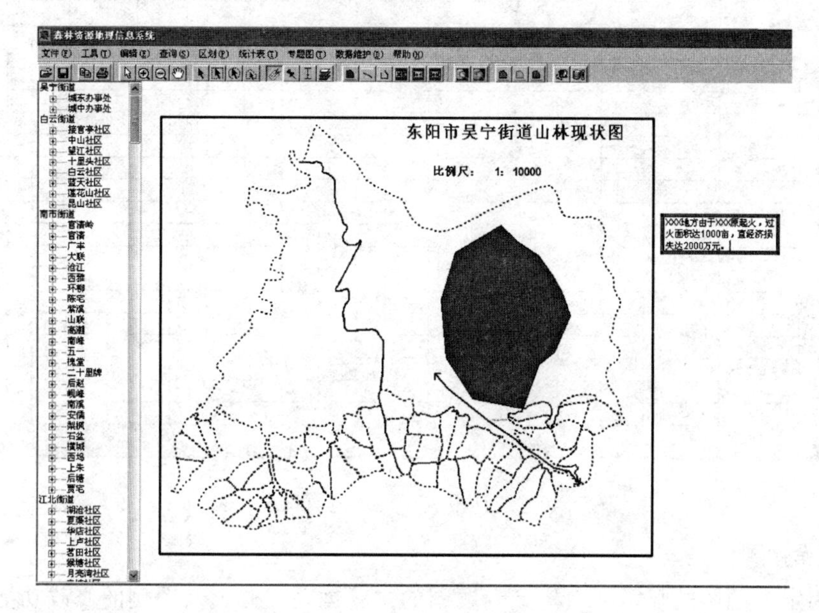

图 7.38　火烧区划

7.1.4.8　统计表

根据国家及省、市林业部门有关规定，固定统计报表包含 12 张，其菜单如图 7.39 所示。

土地面积统计表（一）
土地面积统计表（二）
各类森林、林木面积蓄积统计表
林种统计表
乔木林面积蓄积按龄组统计表
生态公益林（地）统计表
用材林面积蓄积按龄级统计表
用材林近成过熟林面积蓄积按可及度、出材等级统计表
用材林近成过熟林各树种株数、材积按径级组、林木质量统计表
经济林统计表
竹林统计表
灌木林统计表

图 7.39　统计表子菜单

报表其实是在编程中调用 Excel 的预览功能实现的，数据来源于数据库中小班表的统

计结果，统计结束后再通过 VBA 编程，将数据填充到相应的 Excel 文件。这里仅以统计报表——土地面积统计表（1）为例进行说明，如图 7.40 所示。

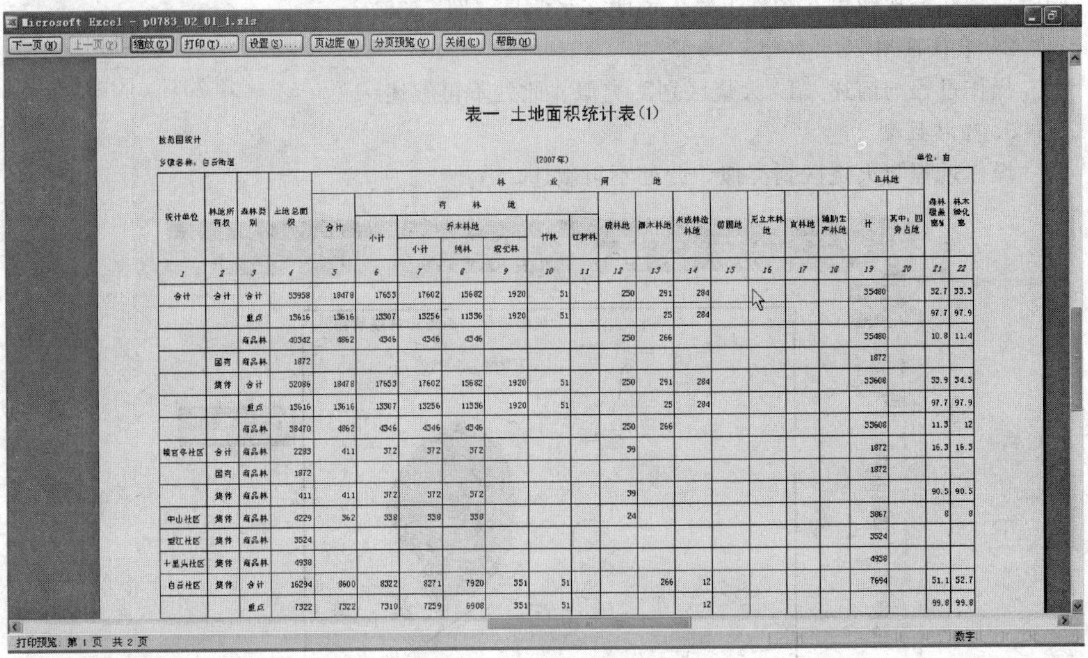

Microsoft Excel - p0783_02_01_1.xls

下一页(N) 上一页(P) 缩放(Z) 打印(T)... 设置(S)... 页边距(M) 分页预览(V) 关闭(C) 帮助(H)

表一 土地面积统计表(1)

按范围统计

乡镇名称：白云街道　　(2007年)　　单位：亩

统计单位	林地所有权	森林类别	土地总面积	林业用地 合计	有林地 小计	乔木林地 小计	乔木林地 纯林	乔木林地 混交林	竹林	红树林	疏林地	灌木林地	未成林造林地	苗圃地	无立木林地	宜林地	辅助生产林地	非林地 计	其中：四旁占地	森林覆盖率%	林木绿化率
1	2	3	4	5	6	7	8	9	10	11	12	13	14	15	16	17	18	19	20	21	22
合计	合计	合计	53958	18478	17653	17602	15682	1920	51		250	291	284					35480		32.7	33.3
		重点	13616	13616	13307	13256	11336	1920	51			25	284							97.7	97.9
		商品林	40342	4862	4346	4346	4346				250	266						35480		10.8	11.4
	国有	商品林	1872															1872			
	集体	合计	52086	18478	17653	17602	15682	1920	51		250	291	284					33608		33.9	34.5
		重点	13616	13616	13307	13256	11336	1920	51			25	284							97.7	97.9
		商品林	38470	4862	4346	4346	4346				250	266						33608		11.3	12
棱宫亭社区	合计	商品林	2283	411	372	372	372				39							1872		16.3	16.3
	国有	商品林	1872															1872			
	集体	商品林	411	411	372	372	372				39									90.5	90.5
中山社区	集体	商品林	4229	362	338	338	338				24							3867		8	8
望江社区	集体	商品林	3524															3524			
十里头社区	集体	商品林	4938															4938			
白云社区	集体	合计	16294	8600	8322	8271	7920	351	51			266	12					7694		51.1	52.7
		重点	7322	7322	7310	7259	6908	351	51				12							99.8	99.8

打印预览：第 1 页 共 2 页　　数字

图 7.40　统计报表——土地面积统计表

7.1.4.9　专题图

实现固定专题图的显示和自定义专题图的主题创建、修改及图例的修改功能。其子菜单如图 7.41 所示。

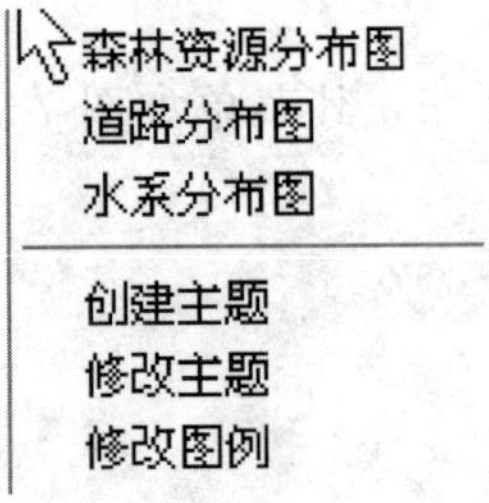

森林资源分布图
道路分布图
水系分布图
创建主题
修改主题
修改图例

图 7.41　专题图子菜单

其中的“森林资源分布图”、“道路分布图”及“水系图”等专题图都是预先在 Mapinfo 中制作好的。用户若想自定义制作专题图则要通过以下步骤进行。

1. 创建主题

用户单击菜单项“创建主题”后，系统调用创建主题对话框，用户选择数据集、主题类型、主题字段（图 7.42），按“OK”键即按默认的样式风格创建专题题，如图 7.43 所示，为用户选择 xiaobanjie（小班界）数据集、主题类型为 AUTO、主题字段为面积后的专题图创建效果。

2. 修改主题

用户可进行主题的修改，那当然前提是用户已经创建了不止一个主题，如图 7.44 所示。

3. 修改图例

用户可进行图例的修改，如图 7.45 所示。包括修改图例的可见与否、是否显示边框、标题、图例文本样式等。

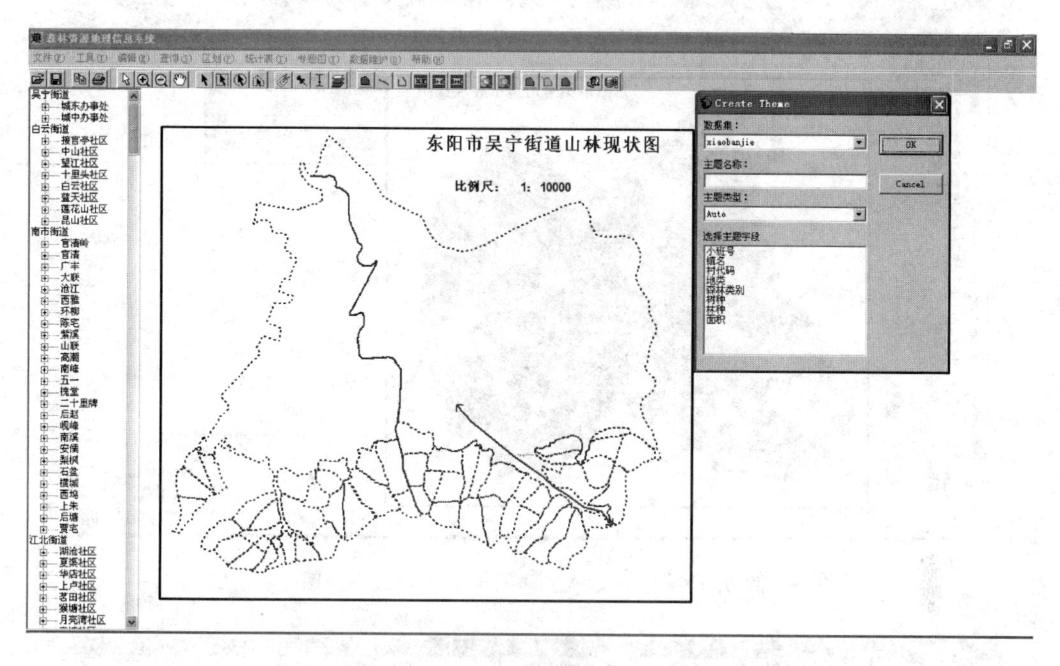

图 7.42 自定义专题图（1）——创建主题

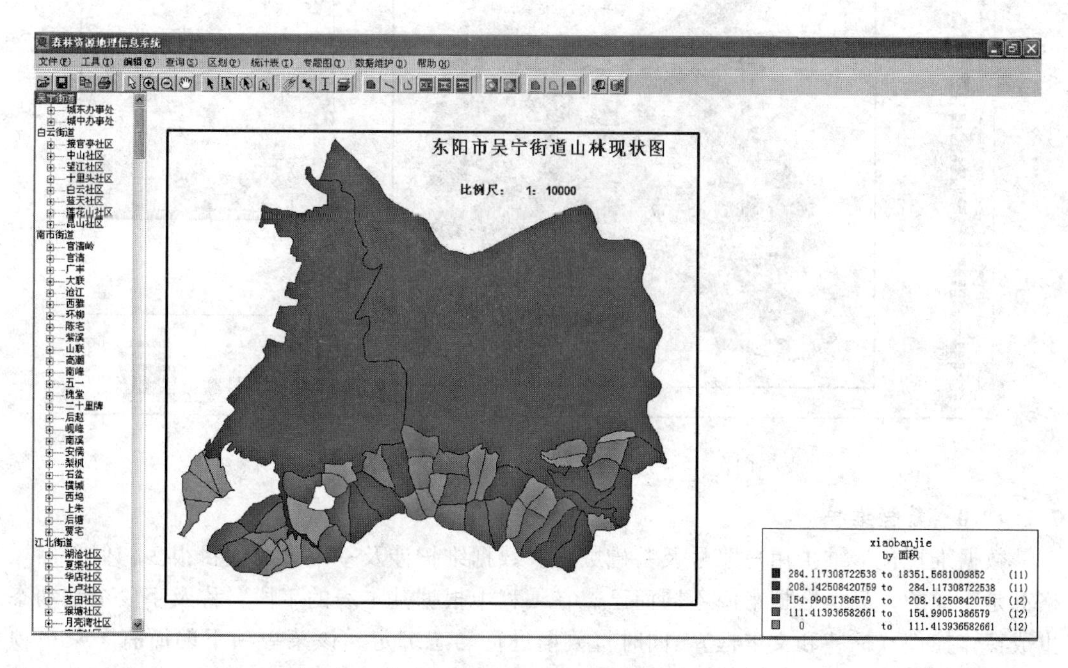

图 7.43 自定义专题图（2）——创建专题图结果

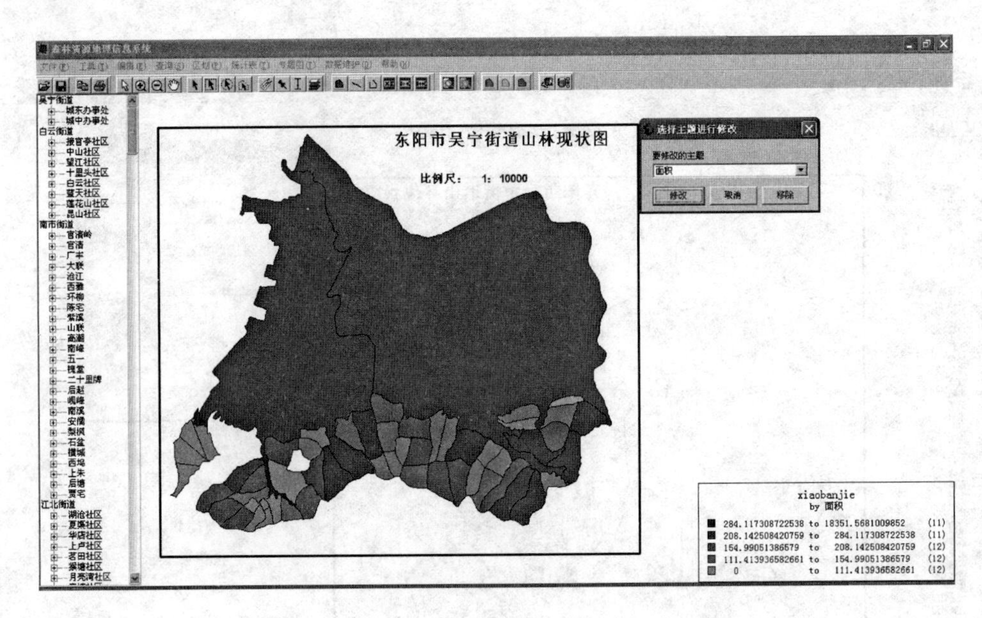

图 7.44 自定义专题图（3）——修改专题图

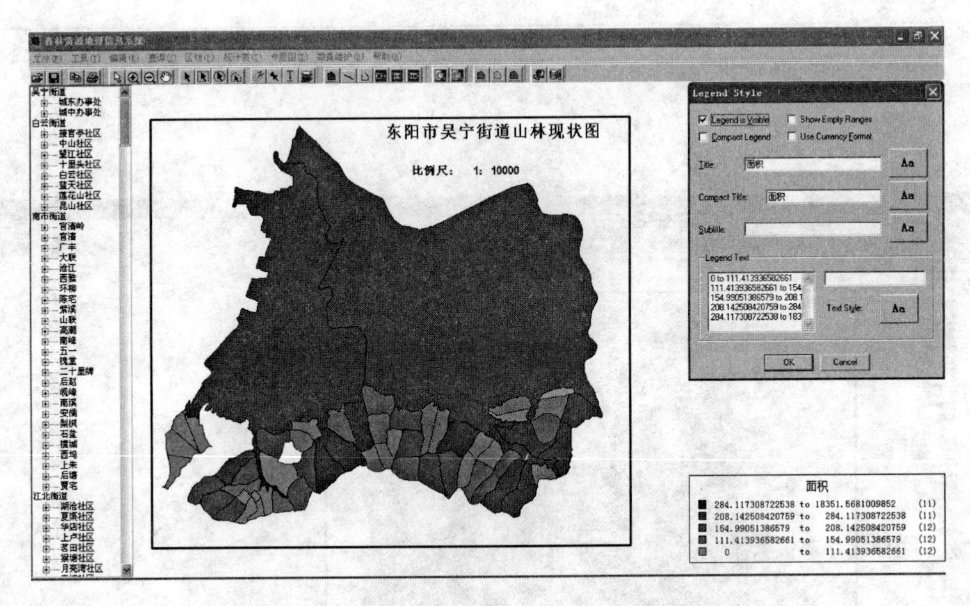

图 7.45 自定义专题图（4）——修改图例

7.1.4.10 数据维护

数据维护包括维护用户账号及基础数据。数据维护涉及基本表的数目很多，但界面风格都是一样的，只是数据来源不同而已。在编程中根据基本表的字段名称及字段个数动态生成窗体控件（标签和文本框），同时将数据进行动态绑定。该菜单项下的所有子菜单项（或子子菜单项）的单击事件都调用同一窗体（frmFData），只是加载到 ADO 控件中的数据源不同而已，其编程的关键代码如下：

```
'在 frmFData 窗体中的代码
```

```
Private Sub Form_Load()
  Dim db As Connection
  Set db = New Connection
  db.CursorLocation = adUseClient
  db.Open strConn
  Set adoPrimaryRS = New Recordset
  'sqlSource来自主窗体菜单项的click事件，如单击“账户维护”，则sqlSource的值为“用户”
  adoPrimaryRS.Open "select * from " & sqlSource, db, adOpenStatic, adLockOptimistic
  Me.Caption = sqlSource
  dataInit '调用过程动态生成标签和文本框
  mbDataChanged = False
  End Sub
Private Sub dataInit()
  ReDim lblLabels(adoPrimaryRS.Fields.count)'动态标签控件数组
  ReDim txtFields(adoPrimaryRS.Fields.count)'动态文本框控件数组
  Dim h As Integer, i As Integer
  '初始化标签和文本框
  h = 100
  For i = 1 To adoPrimaryRS.Fields.count
  Set lblLabels(i)= Controls.Add("vb.Label", "lblLabels" & i)'动态生成标签控件
  Set txtFields(i)= Controls.Add("vb.TextBox", "txtFields" & i)'动态生成文本框控件
  lblLabels(i).Height = 350
  lblLabels(i).Width = 1800
  lblLabels(i).Left = 120
  lblLabels(i).Top = h
  lblLabels(i).Caption = adoPrimaryRS(i - 1).Name'动态修改标签标题
  txtFields(i).Height = 350
  txtFields(i).Width = 3000
  txtFields(i).Left = 2280
  txtFields(i).Top = h
  txtFields(i).DataField = adoPrimaryRS(i - 1).Name'动态绑定字段
  Set txtFields(i).DataSource = adoPrimaryRS
  h = txtFields(i).Top + 370
  lblLabels(i).Visible = True
  txtFields(i).Visible = True
 Next
 '修改窗体高度
 Me.Height = txtFields(i - 1).Top + 350 + picButtons.Height + picStatBox.Height + 800
End Sub
```

1. 账户维护

账户维护用户界面如图7.46所示，可实现对账户的添加、修改、删除、查询等操作。

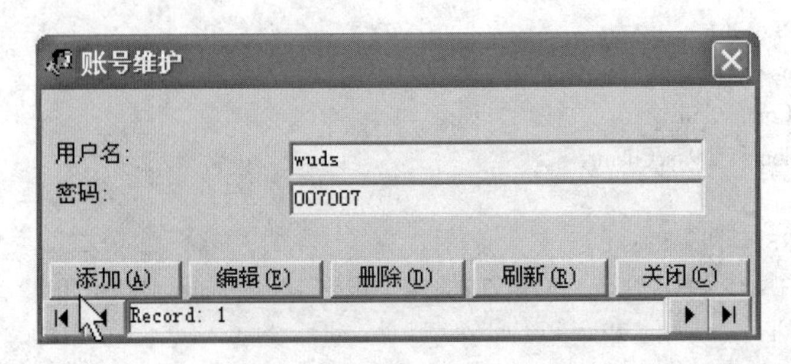

图 7.46 账号维护

2. 基础数据维护

基础数据包括34个全省二类调查因子分类表，可实现对各基础数据表的添加、修改、删除、查询等操作。这里仅提供镇村表维护、森林类别表维护、林种表维护、树种表维护、地类表维护等界面（图7.47～图7.51）。

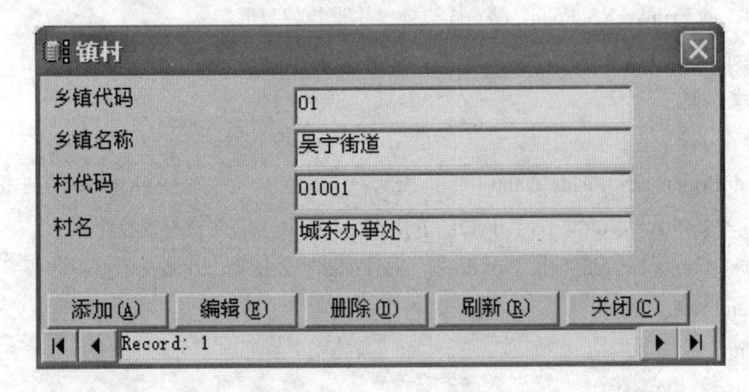

图 7.47 镇村表维护

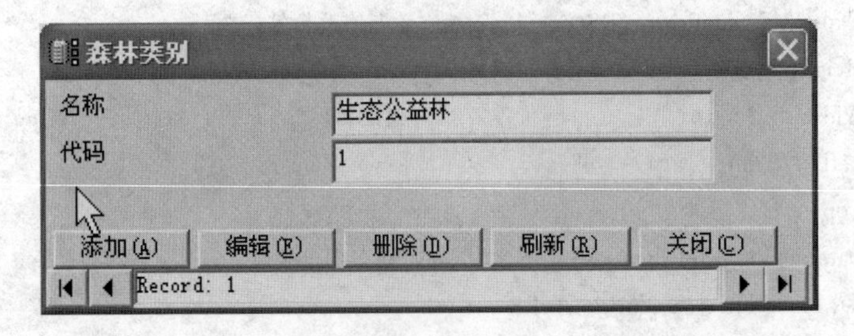

图 7.48 森林类别表维护

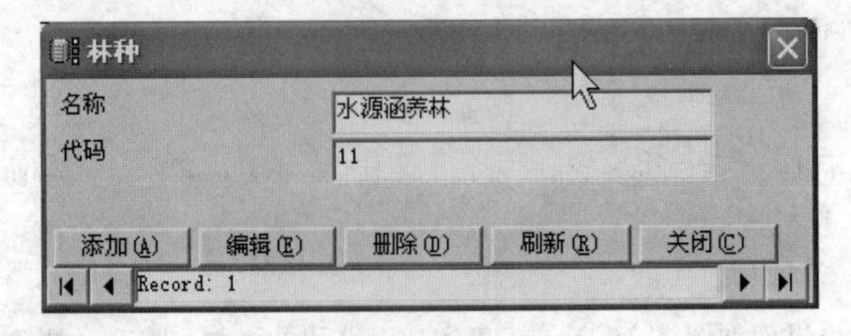

图 7.49 林种表维护

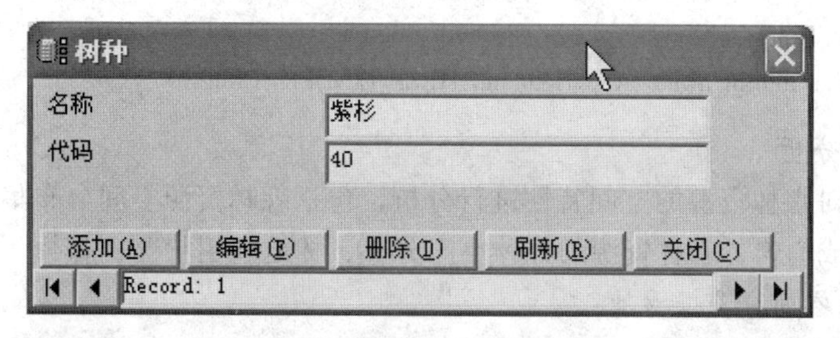

图 7.50 树种表维护

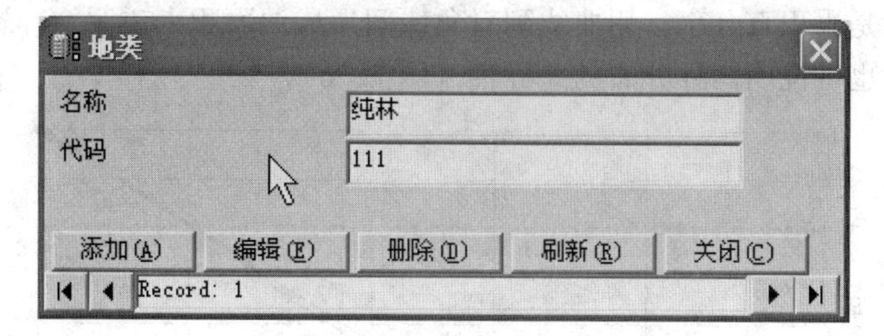

图 7.51 地类表维护

7.1.4.11 系统帮助

系统帮助的操作界面如图 7.52 所示。这里的帮助文件是 hlp 类型的文件（基于 Windows），制作和编程过程如下：

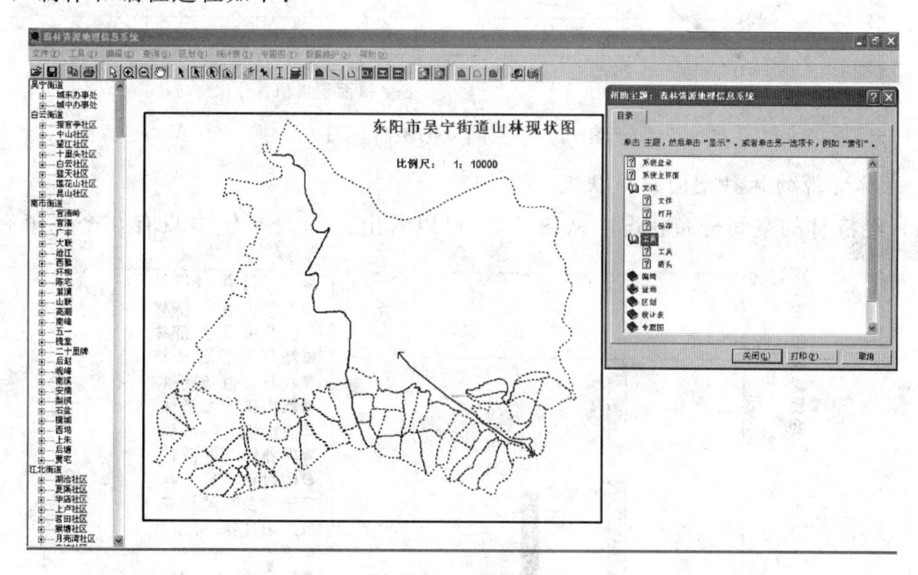

图 7.52 系统帮助

用帮助文件制作软件（本文用 help & munal 5）制作帮助文件再编译成 hlp 类型文件（help. hlp）→在公共模块中加入两行语句：

```
Public Declare Function WinHelp Lib " user32" Alias " WinHelpA" (ByVal hwnd As Long, ByVal lpHelpFile As String, ByVal wCommand As Long, ByVal dwData As Long) As Long
Public Const HELP_FINDER = &HB&
```

在“帮助”菜单项的 click 事件中加入两行语句：

```
Dim Hlp        As Long
Hlp = WinHelp(mainForm.hwnd, App.HelpFile, HELP_FINDER, CLng(0))
```

7.1.4.12　空间分析

空间分析即对森林资源的空间特性进行分析，包括森林资源空间分布集聚度、森林资源空间分布的分异或均匀、森林资源的林种空间分布、林地利用状况、森林及林地质量等。

1. 森林资源空间分布集聚度

森林资源空间集聚程度可以通过空间罗伦茨曲线来确定。空间罗伦茨曲线的水平轴和垂直轴比例尺均是累积百分率。用曲线到对角线间形成的面积来说明森林资源在区域分布上的集中程度，也可说明两种分布的差异性（图7.53）。

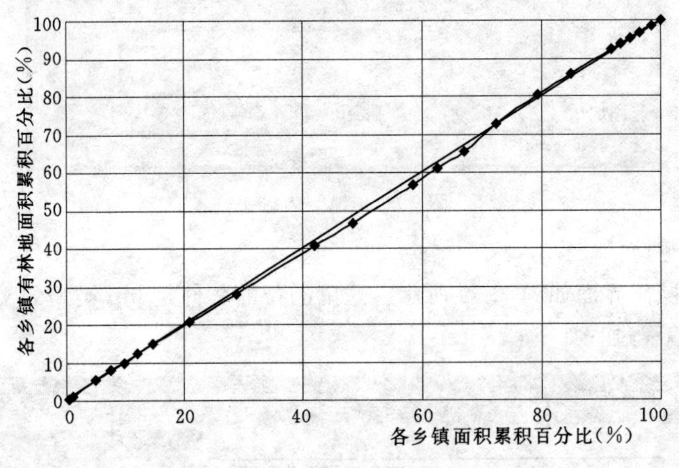

图7.53　空间罗伦茨曲线图

2. 森林资源的林种空间分布状况

(1) 经济林的空间分布状况。从图7.54可以看出，23个乡镇中只有9个乡镇有经济

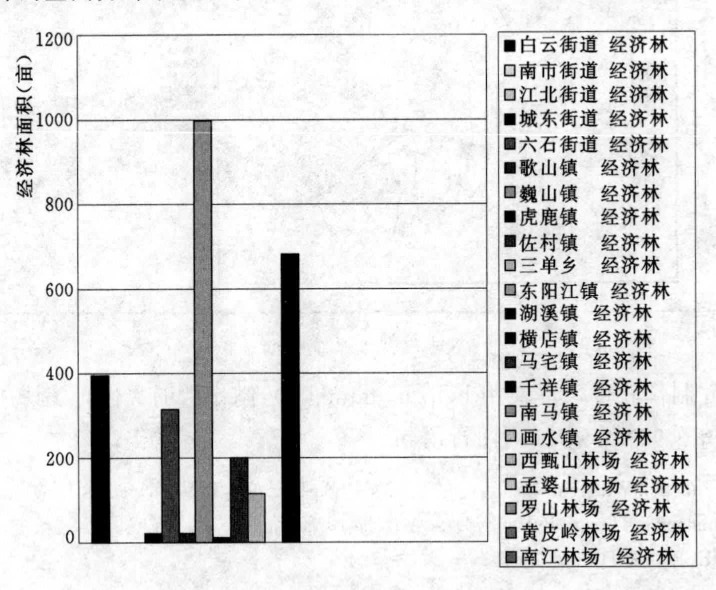

图7.54　经济林的空间分布状况

林，面积最大的乡镇是巍山镇。

(2) 防护林的空间分布状况。从图 7.55 可以看出，各个乡镇都有一定的防护林，只是不同乡镇防护林面积差别比较大，面积最大的是东阳江镇。

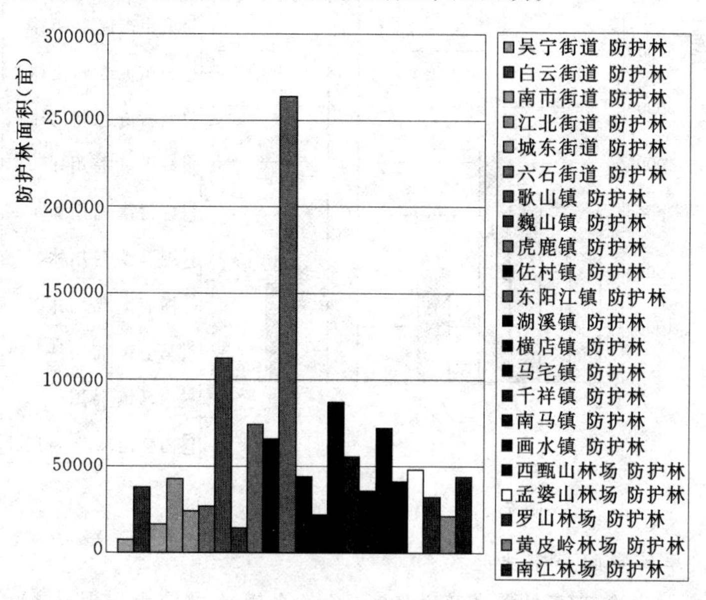

图 7.55　防护林的空间分布状况

(3) 用材林的空间分布状况。从图 7.56 可以看出，各个乡镇用材林面积差别也很大，其中面积最大的是画水镇，其次是佐村镇。

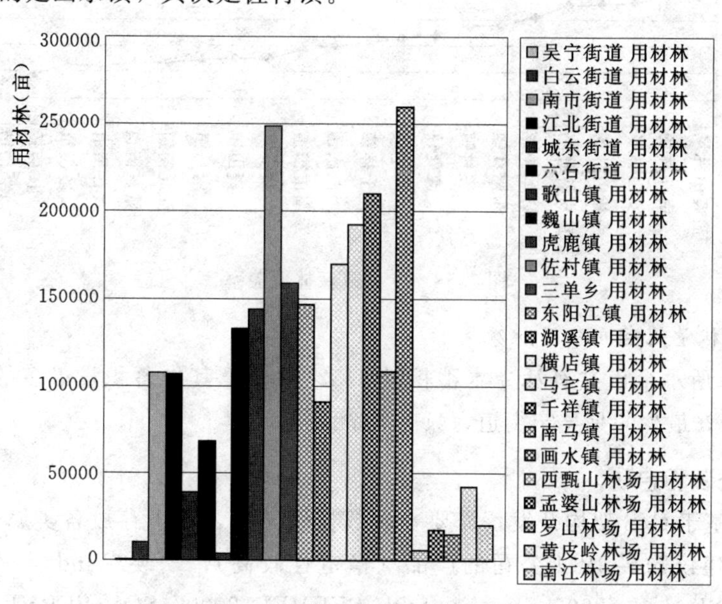

图 7.56　用材林的空间分布状况

(4) 特种用途林的空间分布状况。从图 7.57 可以看出，共有 12 个乡镇有特种用途林，其中面积最大的是横店镇。

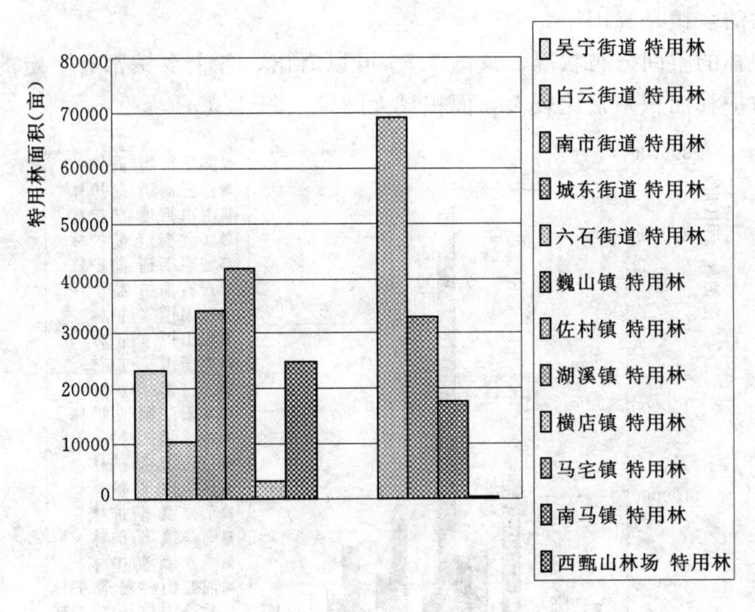

图 7.57 特种用途林的空间分布状况

3. 森林覆盖率的空间分布状况

如图 7.58 所示，全市森林覆盖率为 59%，各乡镇差异较大，其中覆盖率最高的是孟婆山林场和南江林场，达到 97.1.8%，最低的是白云街道，只有 26.6%。

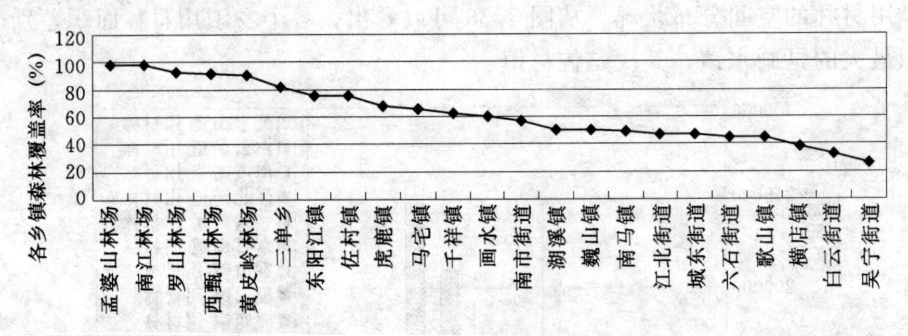

图 7.58 各乡镇森林覆盖率

4. 森林蓄积量的空间分布状况

如图 7.59 所示全市共有活立木蓄积量 3752307m³，其中蓄积量最多的是东阳江镇，达到 410180m³，最少的是吴宁街道，只有 31724m³。

7.1.5 系统安装和启动

系统采用基于 C/S 架构开发，需要一台数据服务器，用于存放各类属性数据和空间数据。服务器建议购买 IBM 公司的产品（稳定性较高），安装 Windows 2000 Server / Windows XP/Windows 2003 Server＋SQL SERVER 2000/ SQL SERVER 2005/ SQL SERVER 2008。

客户机要求。硬件：CPU（Pentium 4），内存（256M 以上，建议 512M 或更高）。

操作系统：Windows2000 及其以后版本；软件：MapX 的 OCX 控件。

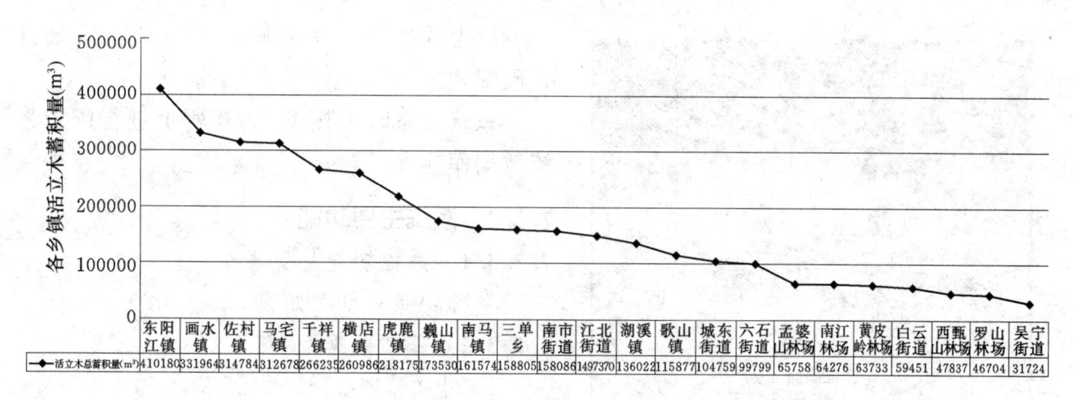

	东阳江镇	画水镇	佐村镇	马宅镇	千祥镇	横店镇	虎鹿镇	巍山镇	南马镇	三单乡	南市街道	江北街道	湖溪镇	歌山镇	城东街道	六石街道	孟婆山林场	南江林场	黄皮岭林场	白云街道	西甄山林场	罗山林场	吴宁街道
活立木总蓄积量(m³)	410180	331964	314784	312678	266235	260986	218175	173530	161574	158805	158086	149737	136022	115877	104759	99799	65758	64276	63733	59451	47837	46704	31724

图 7.59 各乡镇活立木蓄积量

注意事项：

（1）检查服务器上是否留有足够的硬盘空间，由于系统数据较庞大，而且新增的数据将会不断增加，建议安装盘能留有 2GB 以上的多余空间。

（2）安装前要确定计算机系统未被感染病毒，以免造成系统运行异常。

（3）客户端的安装前要确认已经连接服务器。

7.2 生态公益林管理信息系统

生态公益林的主要目的不是生产用材林和经济林，而是充分发挥森林的生态保护功能，以满足国民经济和人民生活对生态效益的需求。在我国的林业管理体制中，生态公益林规划与管理的主要实施单位是市、县级林业部门。生态公益林管理信息系统可实现高效快速的图、文、表的集成管理、查询和统计等。

7.2.1 系统采用的主要技术

系统用 ArcGIS 来管理空间数据，Sql Server 管理属性数据，以 C++作为前台开发语言。系统具备 GIS 所必备的各类空间信息的管理与分析功能，是在林业基础地理信息平台上对生态公益林专题数据进行综合分析并可创建新的图层，添加了相关的应用功能；系统具有良好的可扩展性，能根据业务管理的变化不断改进系统功能；界面友好，使用方便，维护简单，稳定性好，通用性强。能满足生态林业部门对生态公益林资源的基本监测与管理，可以具体实现数据的统计和查询、编辑、专题图制作、空间结构分析等。

7.2.2 系统配置

（1）最低标准：双核 P4 2.8，内存 1G，硬盘 60G，7200 转，显卡为独立，显存不少于 128M。

（2）推荐配置：图形工作站。

软件环境：

（1）Microsoft .NET Framework v1.1。

（2）Microsoft SQL Server 2000。

（3）ArcGis Desktop 9.0。

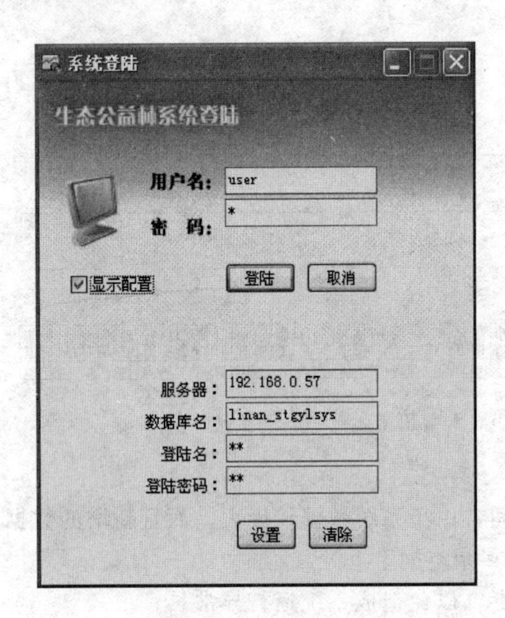

图 7.60 登录窗口

以上软件需要按照顺序进行成功安装并正确配置。

系统登录时可按图 7.60 所示进行配置系统数据库连接。

7.2.3 系统主要功能

7.2.3.1 系统功能一览表

系统功能一览表如表 7.5 所示。

7.2.3.2 基础数据

1. 用户管理

本系统用户分为多种角色，对不同角色赋予不同的权限，用户管理窗体如图 7.61 所示。

2. 村镇管理

村镇管理窗体（图 7.62）主要功能为建立、输入、修改、维护村镇所需的各种代码。

表 7.5 系统功能一览表

系统名称	一级管理功能	二级管理功能
生态公益林管理信息系统	基础数据	用户管理
		村镇管理
		代码管理
		数据备份/还原
		重新登录/退出系统
	面积管理	小班信息列表
		坐标定位居中
		小班高级查询
		管护组织管理
		经营单位管理
	资金管理	补偿资金
		管护资金
		三项费用
		财务管理
	检查验收	小班核查
		管护检查
		资金检查
	统计报表	

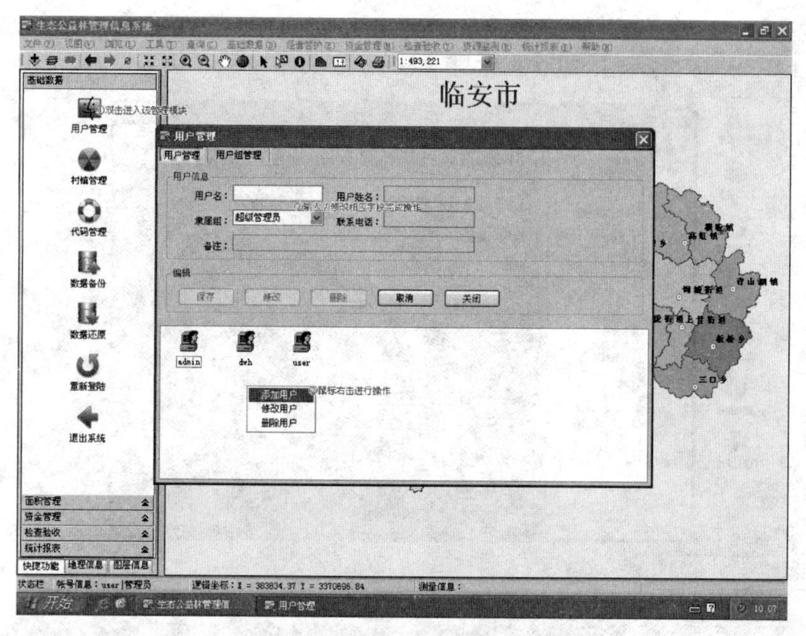

图 7.61　用户管理窗体

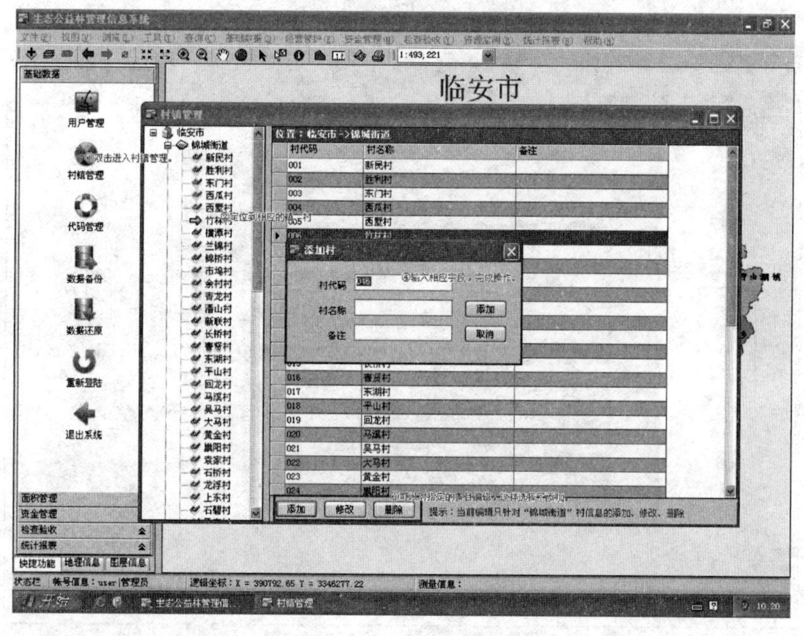

图 7.62　村镇管理窗体

3. 代码管理

代码管理窗体（图 7.63）的主要功有为建立、输入、修改、维护系统所需的各种代码，包括系统中行政区划代码和林业行业各种属性信息字段的标准代码等的设置。

4. 数据备份/还原

数据备份、数据还原窗体（图 7.64）的主要功能为对系统操作的属性数据进行备份、还原。

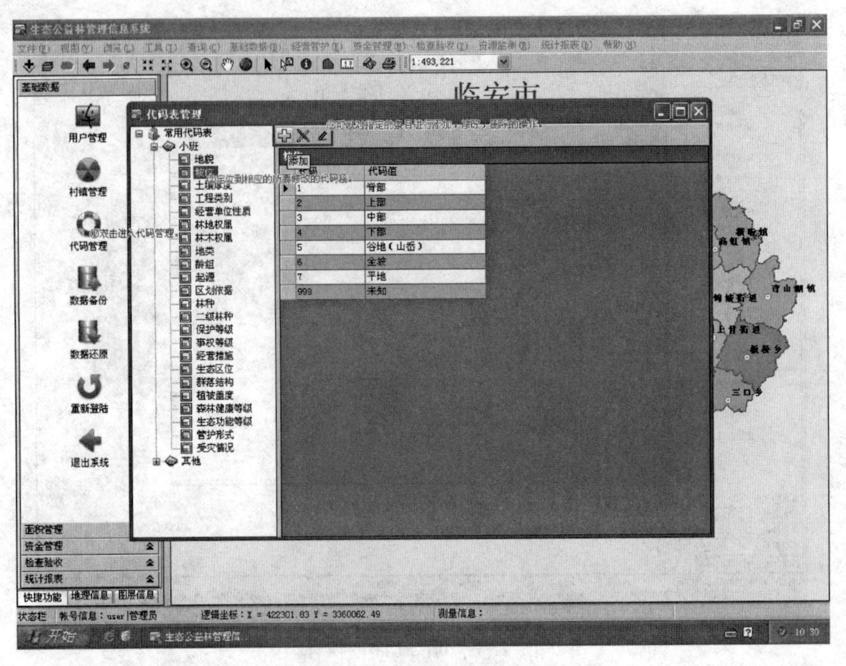

图7.63　代码管理窗体

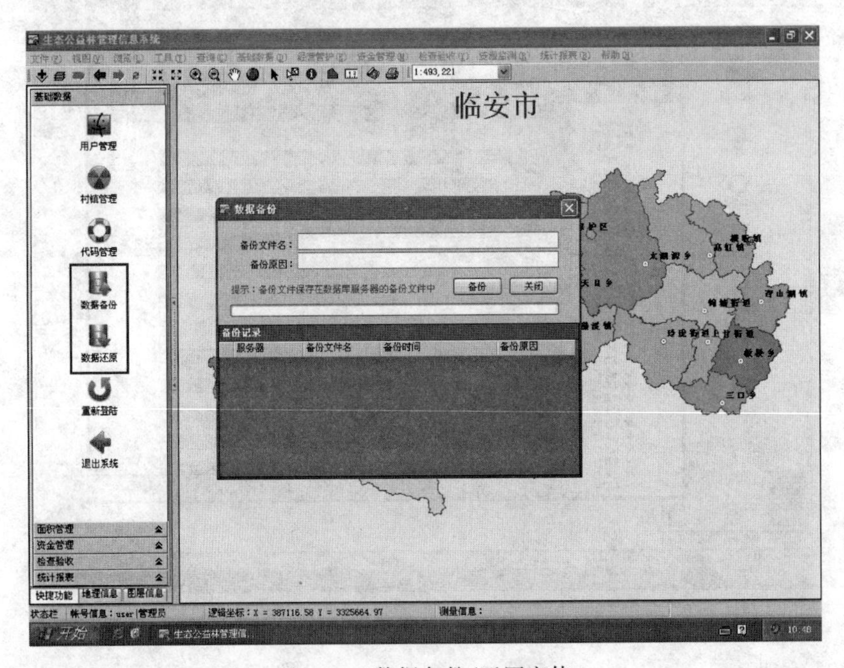

图7.64　数据备份/还原窗体

5. 重新登录/退出系统

系统关闭后，重新启动后，进行再次登陆。退出系统。

7.2.3.3　面积管理

1. 小班信息管理

小班信息管理模块是对小班信息及其相关信息进行添加、修改、删除。小班信息管理

窗体如图 7.65 所示。

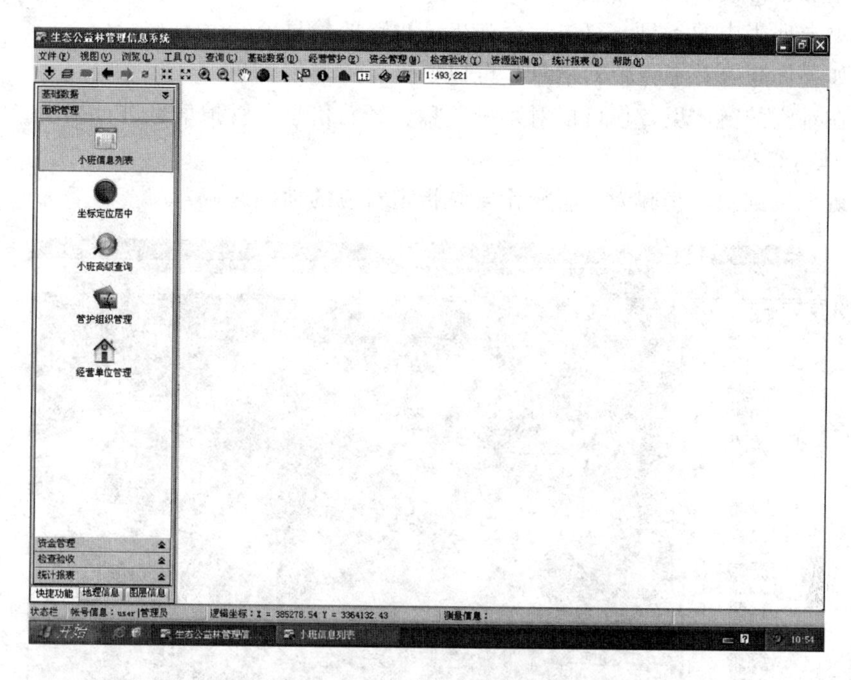

图 7.65　小班信息管理窗体

如图 7.65 所示，先点击面积管理，打开这个模块，然后单击小班信息列表，打开图 7.66 所示的窗体。

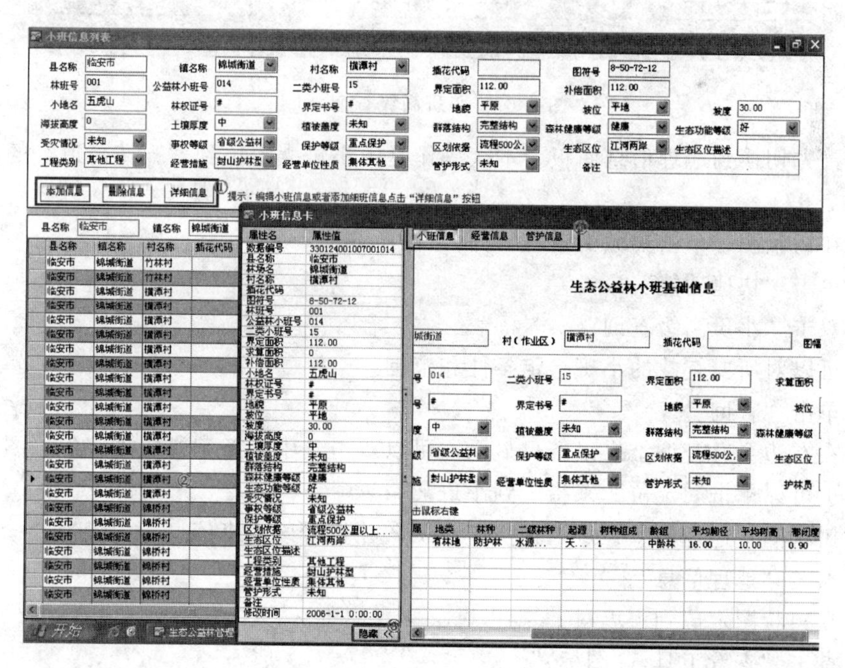

图 7.66　小班信息卡

(1) 添加、修改、删除操作。

(2) 单击列表中的条目，双击后会弹出该小班的信息卡。

(3) 如果你想查看更详细的信息，可以单击查看详细信息。

(4) 在对应的窗体里，你可以对小班信息、经营信息、管护信息进行编辑。

2. 小班高级查询

从小班定位到图，步骤为（本操作要先指定对应的地图区域）：

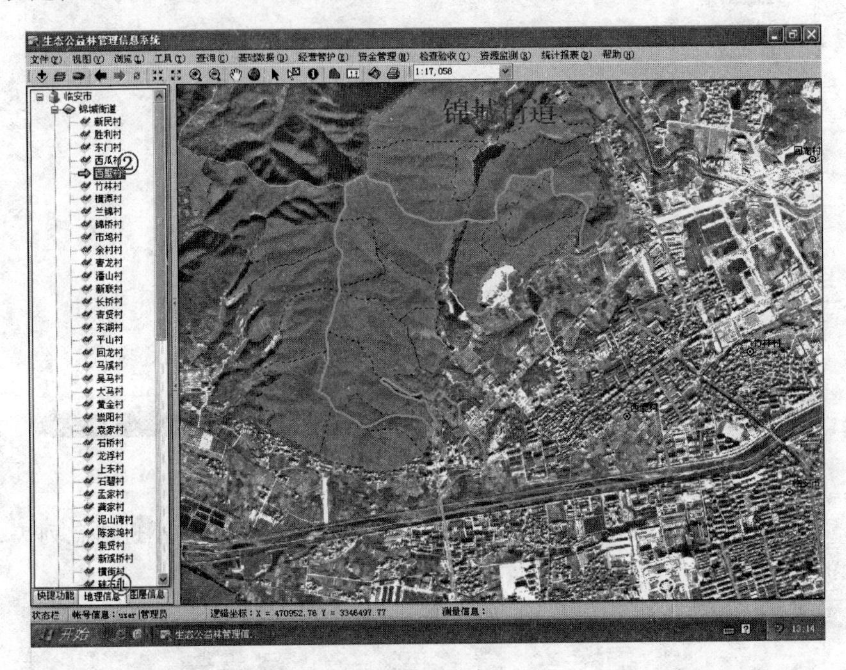

图 7.67 小班高级查询（1）

(1) 首先切换到地理信息面板，本次操作是由小班表定位到“锦城街道”的其中一个小班（图 7.67）。

(2) 在树状图，单击锦城街道/西野村（图 7.68）。

(1) 单击“快捷功能”。

(2) 双击“小班高级查询”。

(3) 可以对所要查找的小班指定条件和范围。

(4) 单击“查询”。

(5) 在右边会有查询结果以条目显示，可以双击其中一条记录用来定位（图 7.69）。

(6) 也可以单击“定位”来指定到小班。

通过树状图（地理信息）进入到指定小班，并查看该小班信息，步骤为：

(1) 点击“地理信息”。

(2) 在树状图定位到市坞村。

(3) 点击“查看工具（i 图标）”。

(4) 点击“地图上的绿色区域”。

(5) 弹出对应的小班卡。

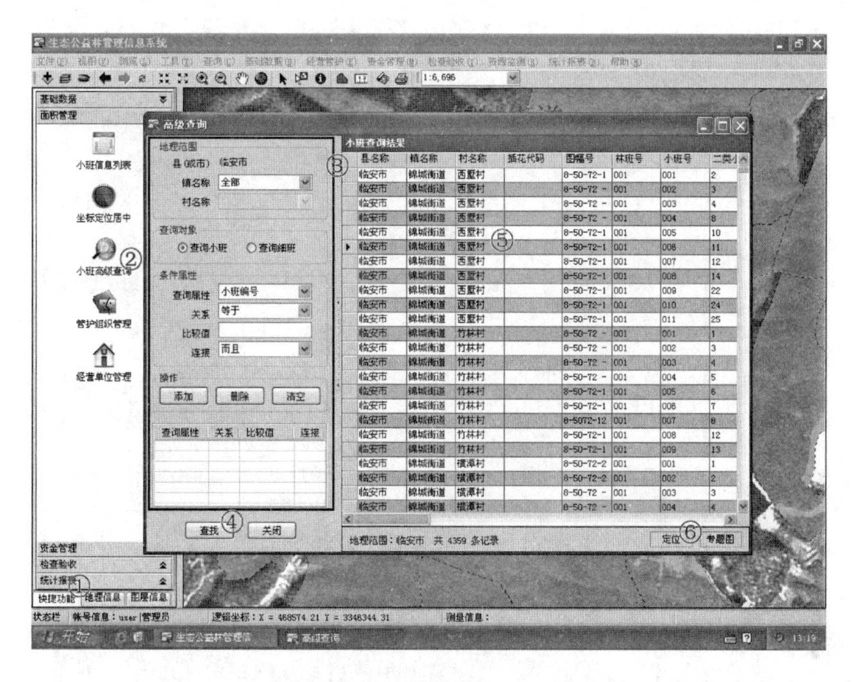

图 7.68　小班高级查询（2）

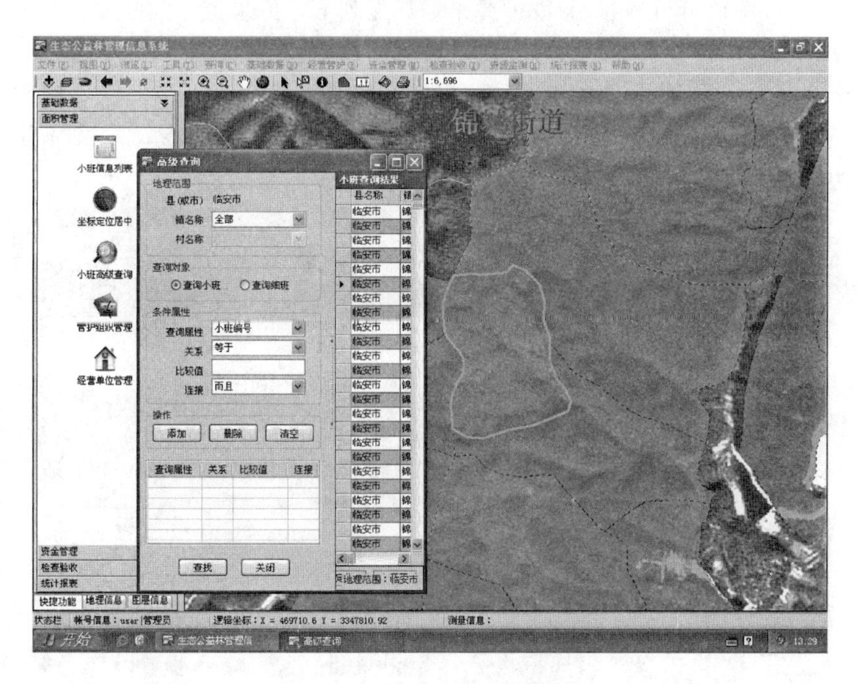

图 7.69　小班高级查询（3）

（6）如果想查看该小班的详细信息，可以点击“详细”，同样在此可以对小班及其相关信息进行添加、修改、删除操作。

3. 管护组织管理

管护组织的管理是逐层的，先定位到县（图 7.70），县下有县监管员（①）、县领导

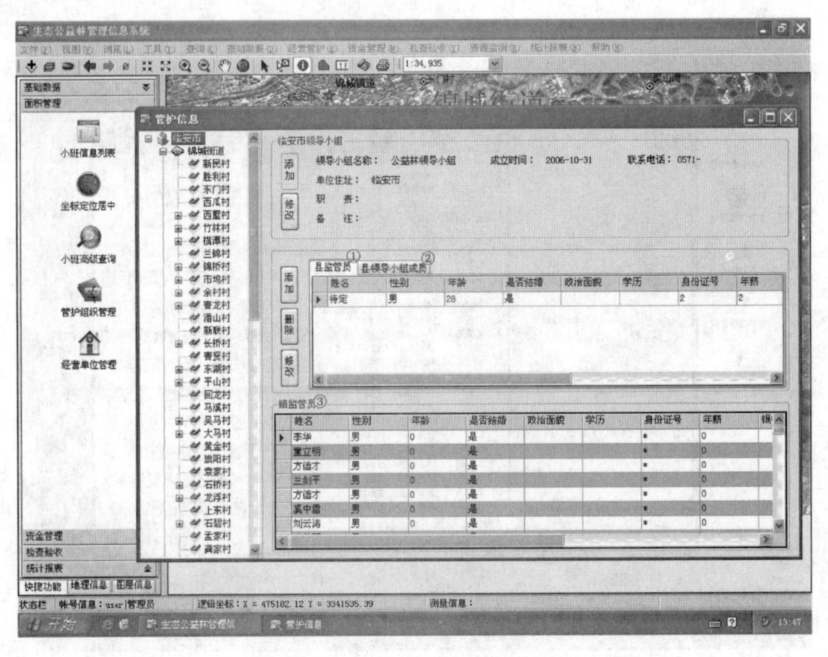

图 7.70　管护组织管理（县级）

小组成员（②），镇监管员（③）。添加原则是从上到下，如果上层没添加，用户将不能添加下层数据。左边的树型来定位为哪个镇（村）添加相应的数据。

如图 7.71 所示，定位到镇的时候，可以操作的对象有镇监管员（①）、镇领导小组成员（②）、村管护组织（③）。添加原则也是从上到下，如果上层没添加，则不能添加下层数据。左边的树型来定位你要为哪个镇（村）添加相应的数据。

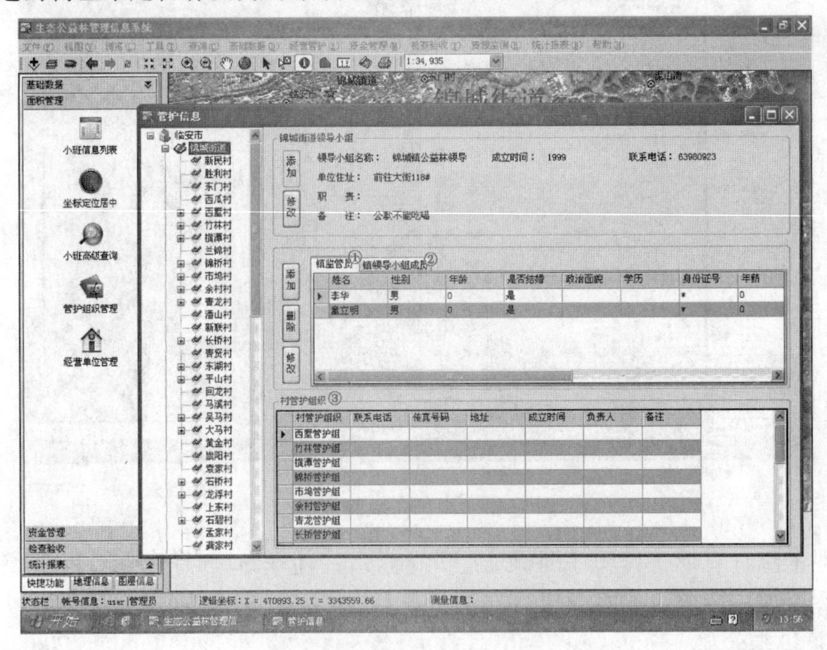

图 7.71　管护组织管理（镇级）

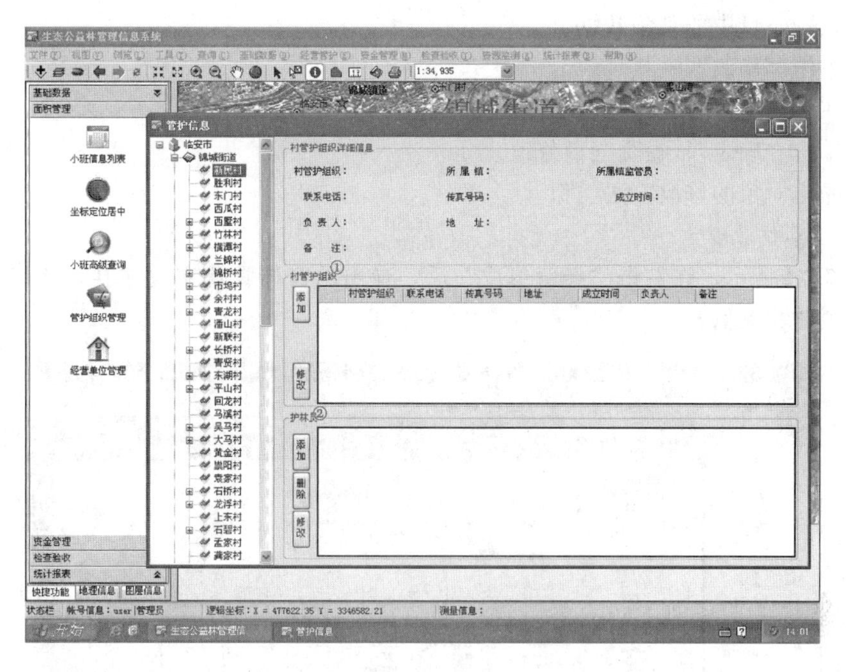

图 7.72 管护组织管理（村级）

如图 7.72 所示，定位到村的时候，可以操作的对象有村管护组织（①）、护林员（②）。添加原则也是从上到下，如果上层没添加，你将不能添加下层数据。左边的树型来定位你要为哪个镇（村）添加相应的数据。

如果用户想修改数据，可以进行如下操作（图 7.73）：

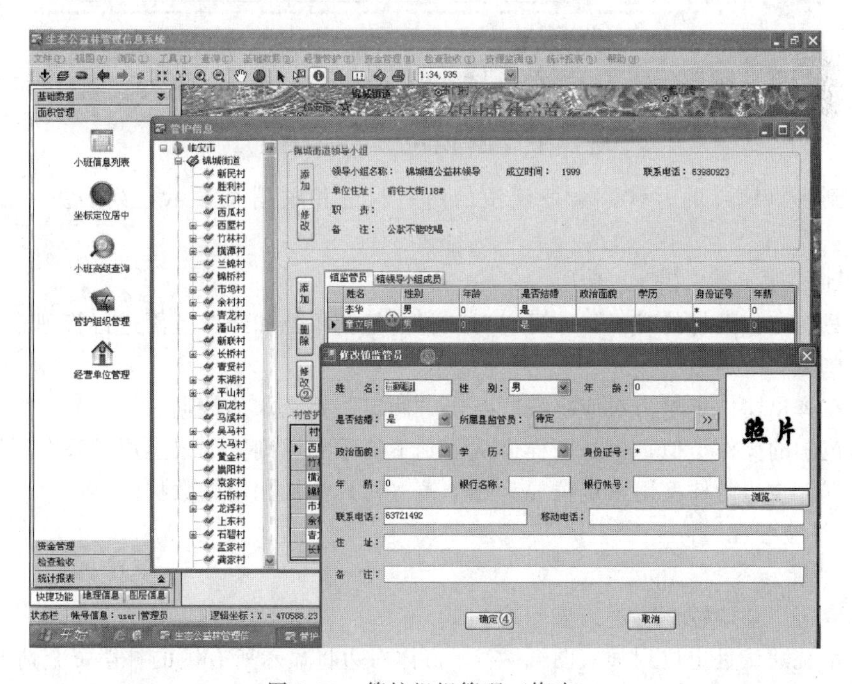

图 7.73 管护组织管理（修改）

（1）点选条目中的某条数据。

（2）单击“修改”。

（3）在弹出窗体里进行相应字段的修改。

（4）单击“确定”，提交当前修改。

其他操作对象的修改方法类似。

4. 经营单位管理

如图7.74所示，在双击“经营单位”后，弹出的窗体默认定位在县，所以它将显示该县所有镇的相关信息。

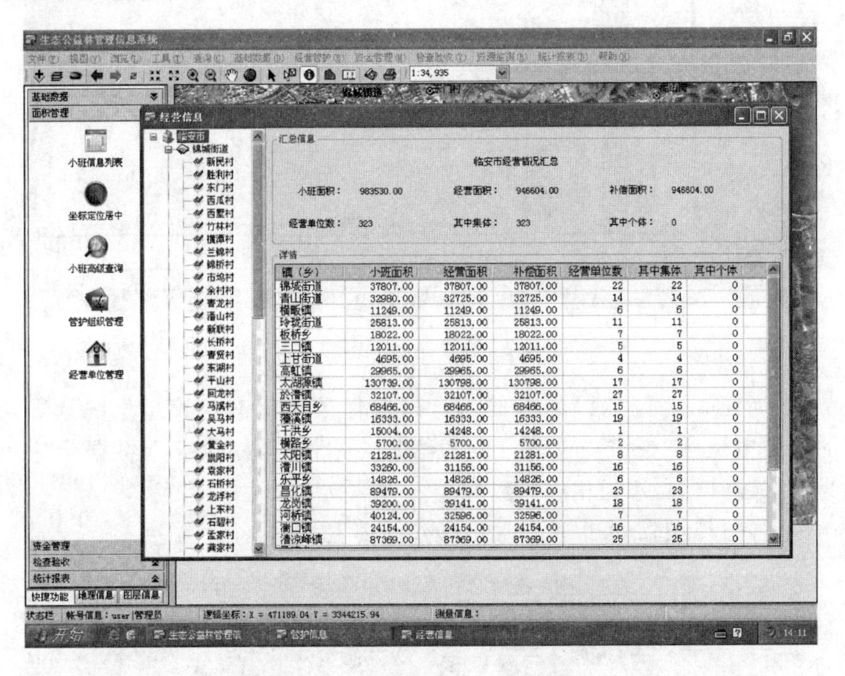

图7.74　经营单位管理（定位到县）

定位到乡（镇）的时候，会把该镇的所有村的相关信息显示在列表里，如图7.75所示。

定位到村时（图7.76），有：

（1）只有定位到村的时候，才可以对该村的经营单位和经营范围进行管理。

（2）单击“添加”。

（3）在弹出窗体里填写对应字段，点击“确定”提交添加数据。

经营范围的操作类似，也是同样遵从上到下的添加原则，如果上层没添加，则不能添加下层数据。左边的树型用来定位要为哪个镇（村）添加相应的数据。

7.2.3.4　资金管理

1. 补偿资金

（1）双击“补偿资金”进入该管理。

（2）系统默认是定位到县（图7.77），窗体右边将显示所有镇的补偿资金情况。

（3）可以点选“发放情况”来切换不同情况的显示。

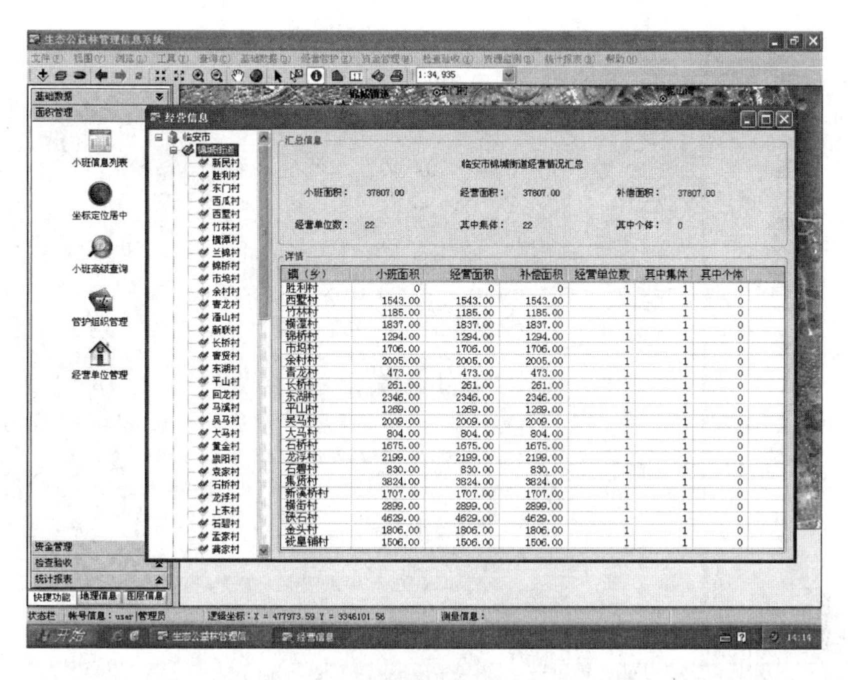

图 7.75 经营单位管理［定位到乡（镇）］

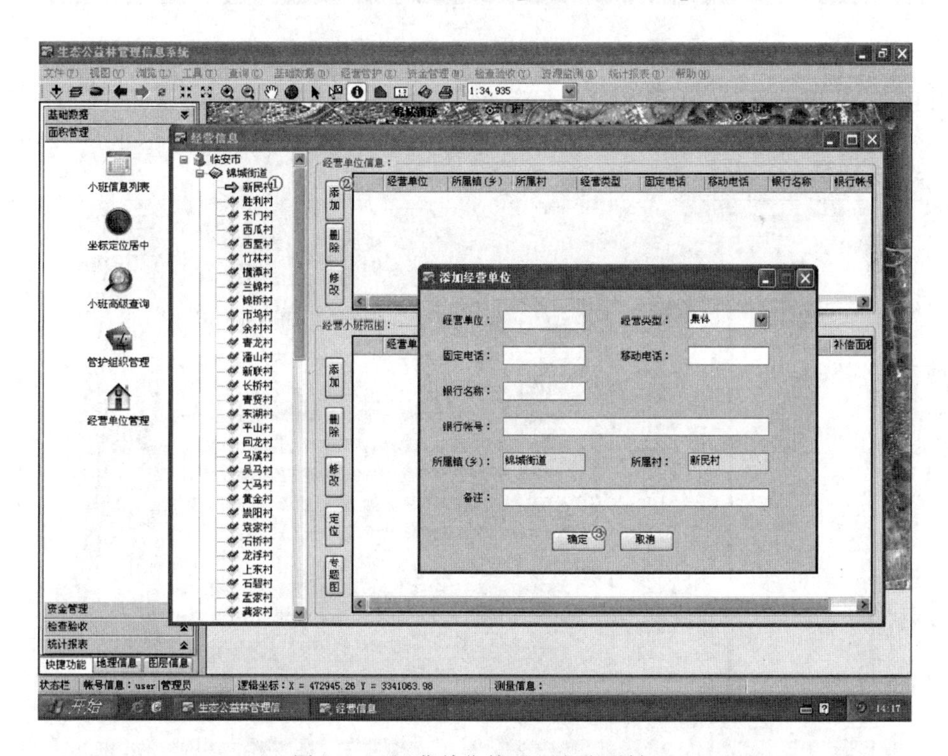

图 7.76 经营单位管理（定位到村）

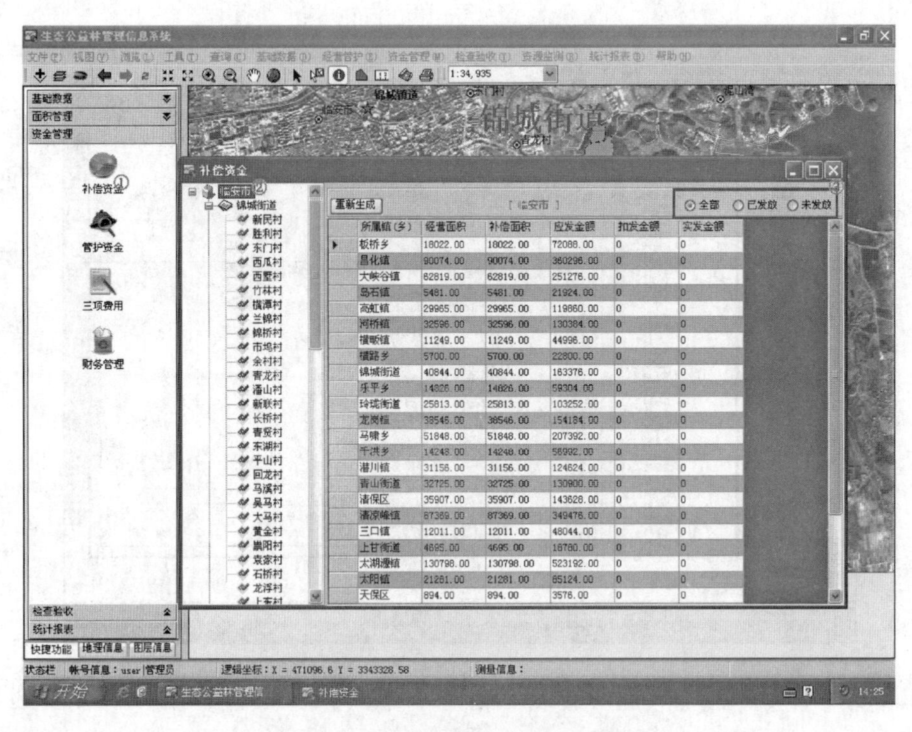

图 7.77 补偿资金管理（定位到县）

如图 7.78 所示，定位到镇的时候，将显示该镇所有村的补偿资金情况。

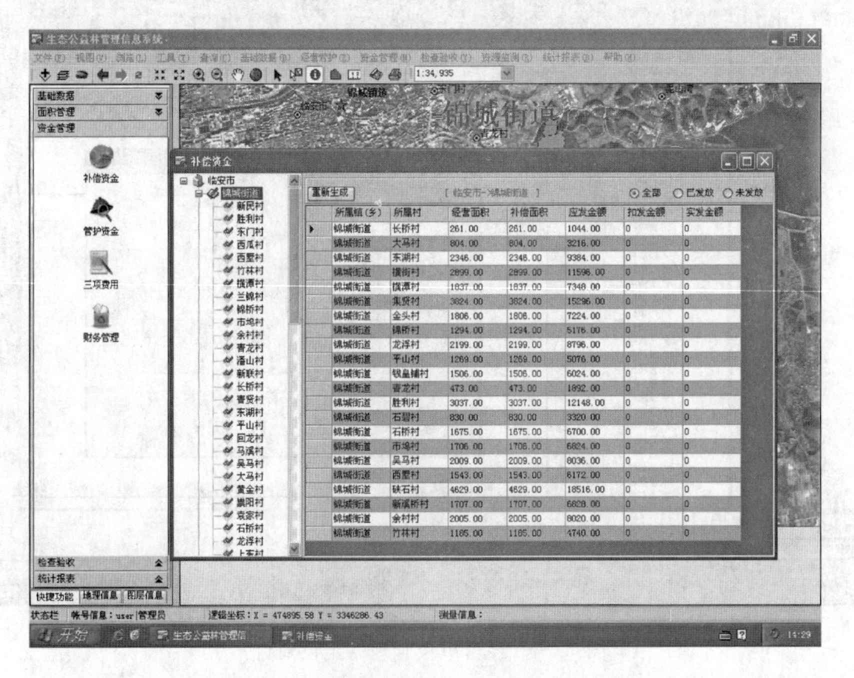

图 7.78 补偿资金管理［定位到乡（镇）］

如图 7.79 所示，定位到村的时候，将显示该村的补偿资金情况。

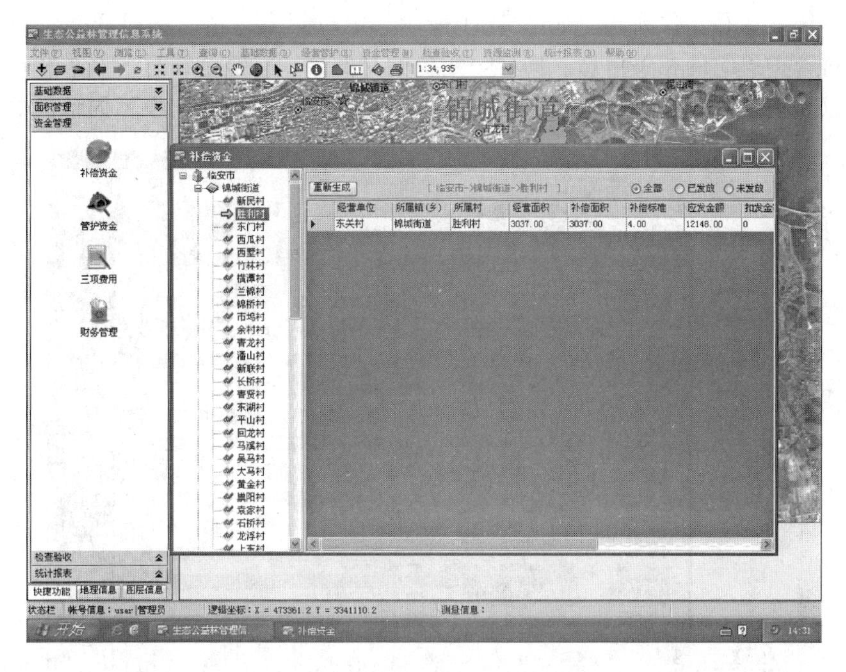

图 7.79　补偿资金管理（定位到村）

以上两个操作都可以通过点选不同的选项来切换显示，也可以单击“重新生成”来重新生成。

2. 管护资金

（1）双击“管护资金”进入该管理模块，如图 7.80 所示。

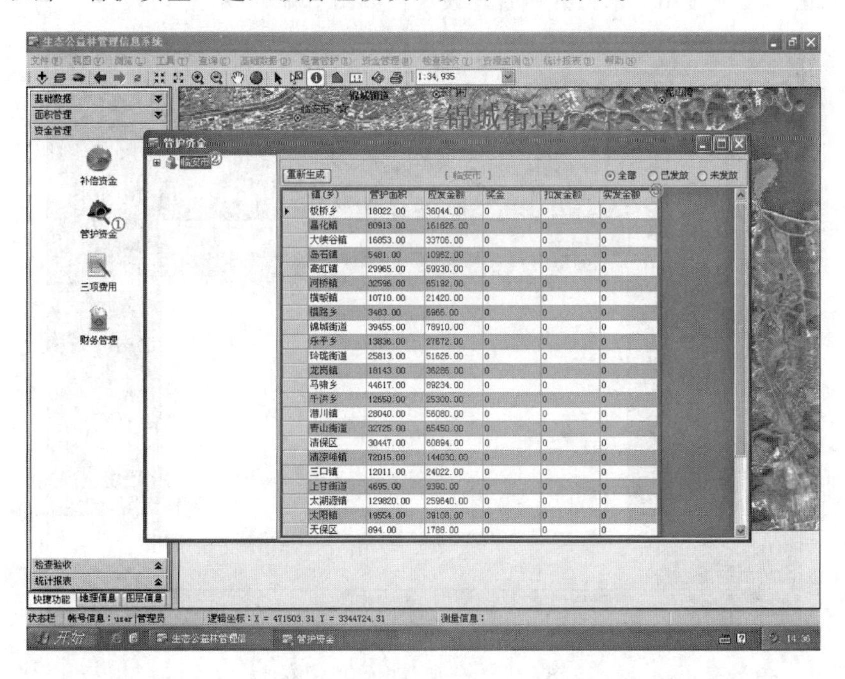

图 7.80　管护资金管理（定位到县）

(2) 系统默认是定位在县。如图 7.81 所示，定位到乡（镇）的时候，将在右边显示该镇所有村管护组织的相关信息。同样，定位到村的话，将显示该村所有护林员的相关情况。你可以点重新生成来重新生成数据，也可以点选不同选项来切换不同情况的显示。

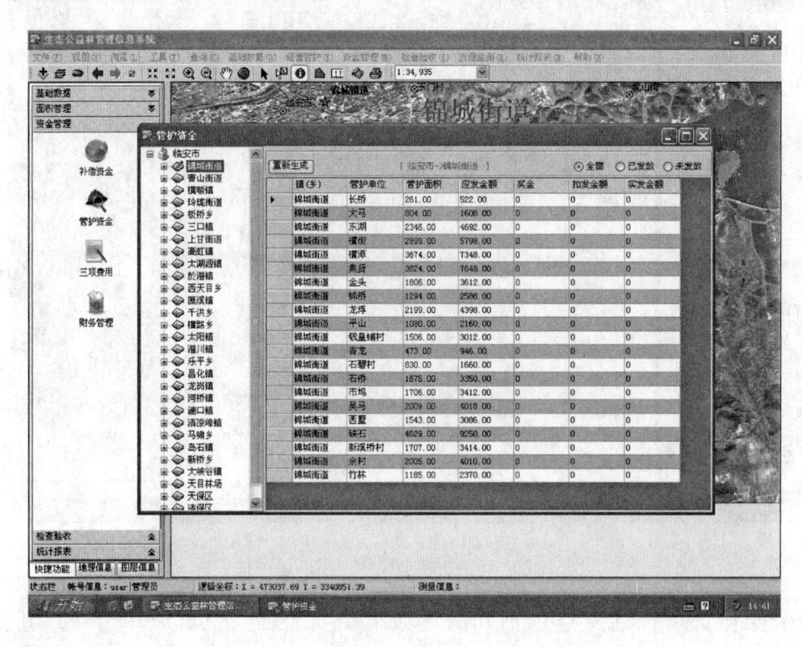

图 7.81　管护资金管理［定位到乡（镇）］

3. 三项费用

(1) 双击“三项费用”来打开该管理模块，如图 7.82 所示。

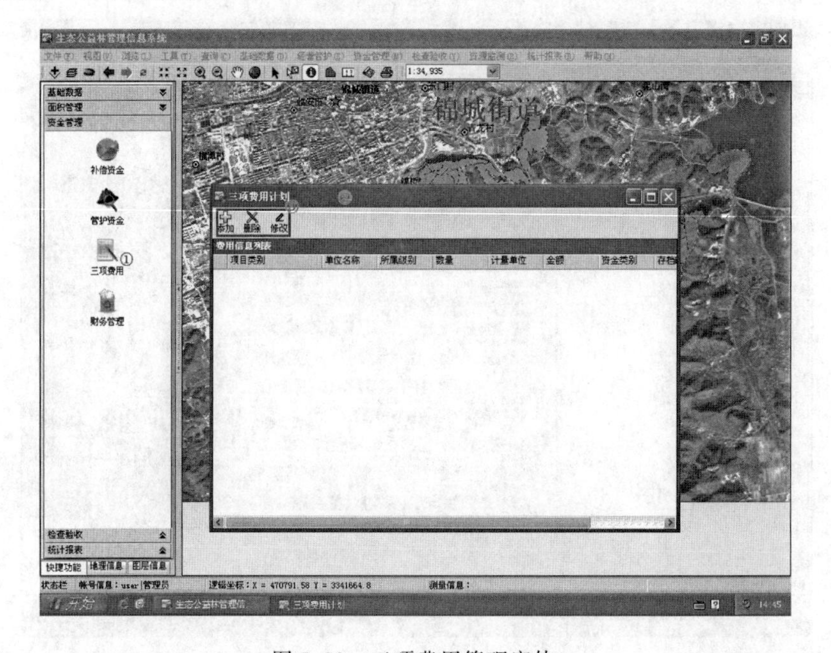

图 7.82　三项费用管理窗体

（2）将在窗口里显示三项费用的相关信息。

（3）可以添加相关信息，如果用户想修改和删除某条数据的话，必须先单击某条数据，然后进行修改或者删除的操作。

4. 财务管理

（1）双击“财务管理”进入该管理模块，如图 7.83 所示。

（2）点选相应的类别。

（3）可以对指定的类别进行相应项目的添加，修改和删除。其中修改和删除操作需要用户单击相应记录，然后才可以执行该操作。

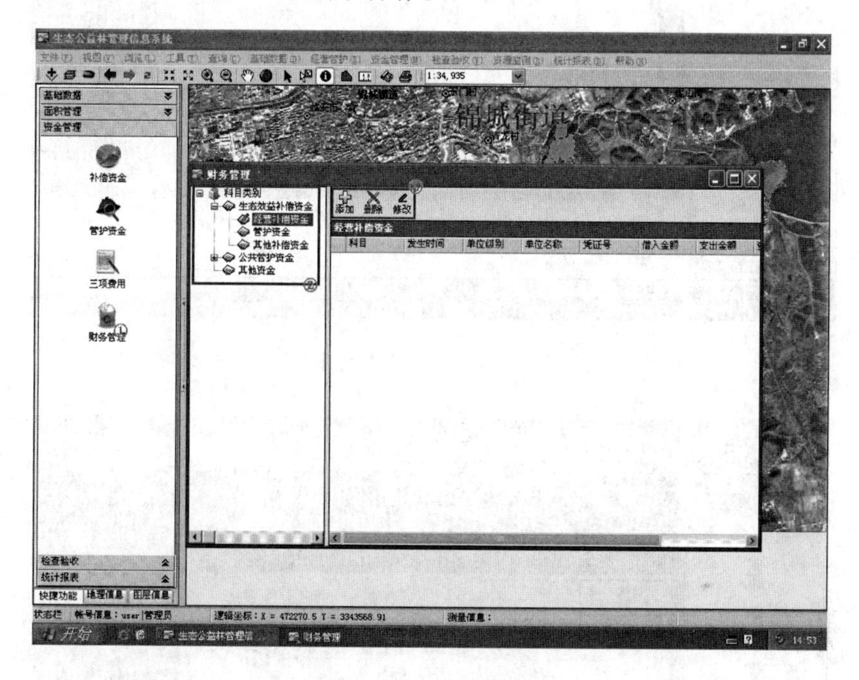

图 7.83　财务管理窗体

7.2.3.5　检查验收

1. 小班核查

（1）双击“小班核查”，打开该管理模块，如图 7.84 所示。

（2）在弹出窗体里可以进行数据相关操作，如添加、删除、修改。注意：删除、修改操作需要先单击对应条目，方可进行修改和删除的操作。

2. 管护检查

（1）双击管护检查，进入该管理模块，如图 7.85 所示。

（2）在弹出窗体里可以进行数据相关操作，如添加、删除、修改。注意：删除、修改操作需要先单击对应条目，方可进行修改和删除的操作。

3. 资金检查

（1）双击“资金检查”，进入该管理模块，如图 7.86 所示。

（2）在弹出窗体里可以进行数据相关操作，如添加、删除、修改。注意，删除、修改操作需要先单击对应条目，方可进行修改和删除的操作。

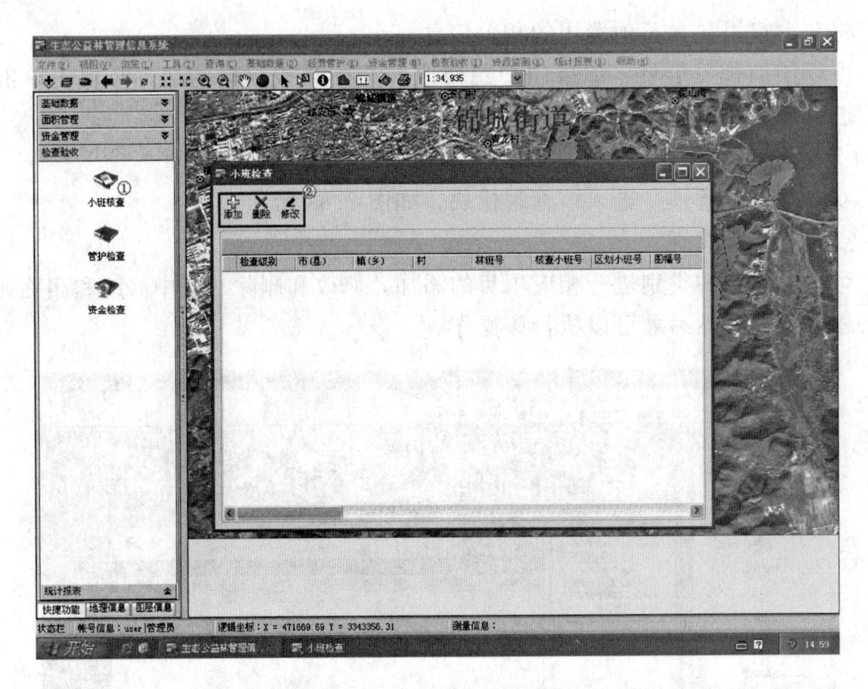

图 7.84 小班核查窗体

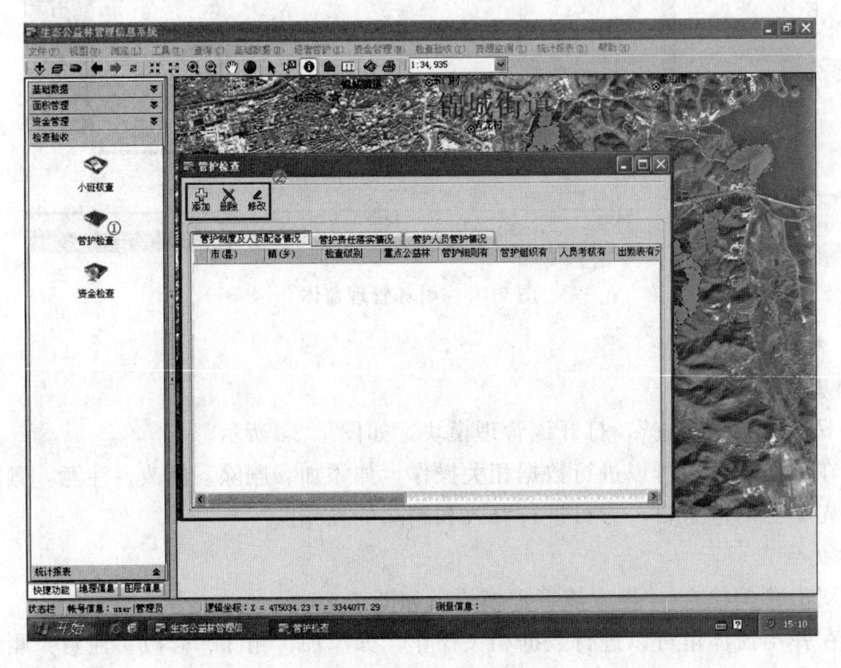

图 7.85 管护检查窗体

7.2.3.6 统计报表

（1）进入统计报表后，可以双击相应的报表来进行查看，如图 7.87 所示。

（2）如果想重新统计报表，可以在此处执行。

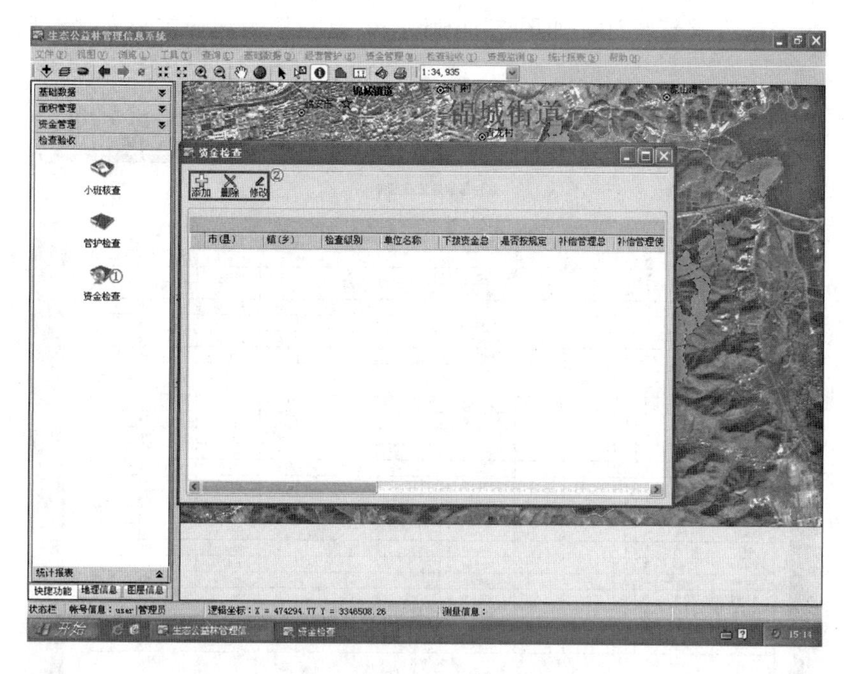

图 7.86 资金检查窗体

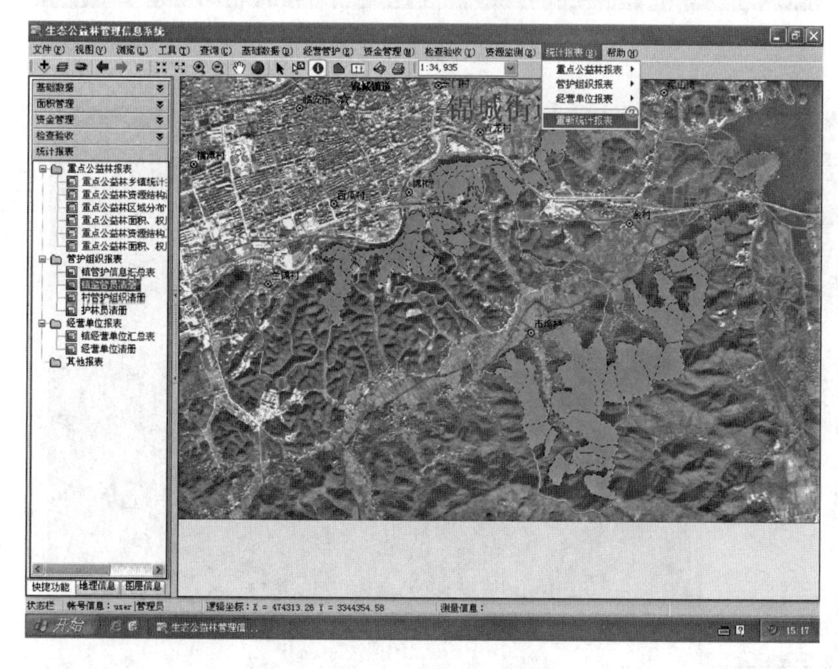

图 7.87 统计报表操作步骤（1）

（3）打印当前报表，须先安装默认打印机，如图 7.88 所示。

（4）报表预览比例设置。

（5）翻页操作，可以用鼠标来点切换页码，也可以直接通过键盘上的 Page Up 和 Page Down 键来进行翻页。

可以对报表进行重新统计，如图 7.89 所示 。有些报表统计需要花些时间，需耐心等待。

临安市镇监管员清册

名称	镇监管员名	性别	年龄	[illegible]	学历	联系电话	银行帐号	监管村管护组织	监管面积	县监管员
城街道	李华	男	0			63721492		21	37618.00	待定
城街道	童立明	男	0			63721492		21	37618.00	待定
青山街道	方瑞才	男	0			63721492		14	32725.00	待定
青山街道	兰剑平	男	0			63721492		14	32725.00	待定
横畈镇	方瑞才	男	0			13968025910		6	10710.00	待定
横畈镇	吴中雷	男	0			13968025910		6	10710.00	待定
玲珑街道	刘云富	男	0			63721492		11	25813.00	待定
玲珑街道	唐芙琴	男	0			63721492		11	25813.00	待定
玲珑街道	刘军	男	0			63721492		11	25813.00	待定
板桥乡	高海知	男	0			63721492		6	18022.00	待定
板桥乡	娄金荣	男	0			63721492		6	18022.00	待定
三口镇	高海知	男	0			63721492		5	12011.00	待定
三口镇	马绍刚	男	0			63721492		5	12011.00	待定
三口镇	陈钊明	男	0			63721492		5	12011.00	待定
上甘街道	刘云富	男	0			63721492		4	4695.00	待定
上甘街道	陈全明	男	0			63721492		4	4695.00	待定
高虹镇	苏耀华	男	0			63721492		6	29965.00	待定
高虹镇	赵夏威	男	0			63721492		6	29965.00	待定
高虹镇	汪千平	男	0			63721492		6	29965.00	待定
太湖源镇	万刚	男	0			63721492		17	129820.00	待定
太湖源镇	马力	男	0			63721492		17	129820.00	待定
太湖源镇	孙祖铭	男	0			63721492		17	129820.00	待定
於潜镇	吴金牧	男	0			63888013		10	8089.00	待定
於潜镇	朱兴友	男	0			63888013		3	3030.00	待定
於潜镇	韦华锋	男	0			63888013		9	14907.00	待定

第1页/共4页

图 7.88　统计报表操作步骤（2）

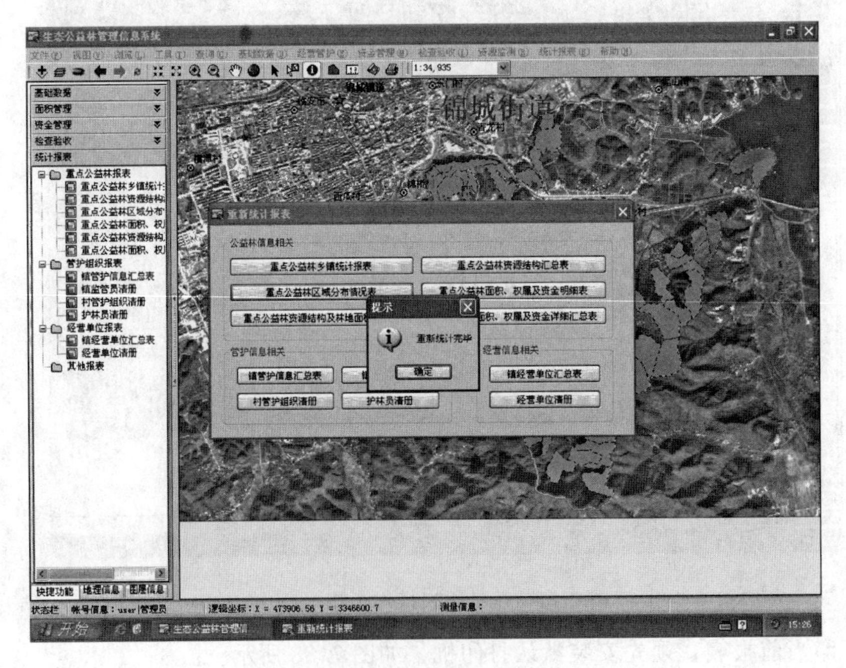

图 7.89　统计报表操作步骤（3）

参 考 文 献

［1］ 雍文涛．林业分工论——中国林业发展道路的研究［M］．北京：中国林业出版社，1992.

［2］ 田明华，陈建成．中国森林资源管理变革趋向：市场化研究［M］．北京：中国林业出版社，2003.

［3］ ［美］G. 鲁宾逊·格雷戈里．森林资源经济学［M］．许伍权译．北京：中国林业出版社，1985.

［4］ 方陆明．信息时代的森林资源信息管理［M］．北京：中国水利水电出版社，2003.

［5］ 韩广辉，张殿伟，赵玉福，等．森林资源三类调查数据管理信息系统的开发与应用［J］．辽宁林业科技，2008（1）：37－38，43.

［6］ 张茂震，宋铁英，唐小明，等．森林资源信息分类编码方法［J］．福建林学院学报，2005（2）：147－152.

［7］ 朱胜利．国外森林资源调查监测的现状和未来发展特点［J］．林业资源管理，2001（2）：21－26.

［8］ 陈雪峰，唐小平，翁国庆．新时期森林资源规划设计调查的新思路——浅议森林资源规划设计调查主要技术规定的修订［J］．林业资源管理，2004（1）.

［9］ 梁军，金文华．基于实体特征的城市基础地理信息分类编码方案［C］//中国地理信息系统协会，2001 中国 GIS 年会论文集．2001.

［10］ 林业部．森林资源调查主要技术规定［M］．北京：中国林业出版社，1983.

［11］ 李建新．遥感与地理信息系统［M］．北京：中国环境科学出版社，2006.

［12］ 李燕，陈莹，董秀兰，等．基于神经网络的遥感图像识别算法［J］．测绘与空间地理信息，2012，35（2）：156－158.

［13］ 魏勇，王汝凉，张卫．基于动态 RBF 神经网络的遥感图像中烟辨识［J］．现代计算机，2011，05：31－35.

［14］ 任军号，吉沛琦，耿跃．SOM 神经网络改进及在遥感图像分类中的应用［J］．计算机应用研究，2011，28（3）：1170－1172.

［15］ Goodenough. D. Thematic Mapper and SPOTIntegration with a Geographic Information System［J］. PE&RS，1998，54（2）：20－25.

［16］ 桂预风，王彬，李刚．遥感影像解译算法的研究进展［J］．交通与计算机，2004，22（4）：40－43.

［17］ 刘悦翠．森林立地与林木评估模型［M］．西安：西北农林科技大学出版社，2006.

［18］ 亢新刚．森林资源经营管理［M］．北京：中国林业出版社，2001.

［19］ 国家林业局．国家森林资源连续清查技术规定［林资发（2004）25 号］．http：//www.cfern.org/wjxz/..%5Cwjpicture%5Cupload%5Cwjxz%5Cwjxz2007－4－11－10－35－58.DOC，2003.12.

［20］ 国家林业局．森林资源规划设计调查主要技术规定［林资发（2003）61 号］．http：//www.dxalghy.com/more/erleijishu.doc.DOC，2003.04.

［21］ 朱选，刘素霞．地理信息系统原理与技术［M］．上海：华东师范大学出版社，2006.

［22］ 陆慧娟，吴达胜．数据库原理与应用［M］．北京：科学出版社，2006.

［23］ 基于像元的栅格数据模型．http：//bbs.eemap.org/attachment.php? aid＝61，2009－02－09 引用.

［24］ 杨卫民，谭骏珊，汪斌．数据仓库和数据挖掘技术在 DSS 中的应用研究［J］．计算机工程与设

计，2004，25（10）：1695－1697.

[25] 陈昌鹏，吴保国．林业数据仓库的设计［J］．农业网络信息，2004，15（4）：30－32.

[26] 曲晓慧，安钢．数据融合方法综述及展望［J］．舰船电子工程，2003，2：2－4.

[27] 石玉梅，姚逢昌，甘利灯．多渠道数据融合及其应用［J］．石油物探，2003，42（1）：22－24.

[28] 陈怀新，南建设．基于多特征参量模糊数据融合的辐射源识别［J］．电子技术，2003，4：11－14.

[29] 游松，程卫星，王田苗，等．基于任务的神经网络多传感器数据融合新方法［J］．高科技通讯，2001，7：71－75.

[30] 谢平，刘彬．用于灾探测的神经网络数据融合算法［J］．燕山大学学报，2001，25（1）：84－87.

[31] 张兆礼，孙圣和．粗神经网络及其在数据融合中的应用［J］．控制与决策，2001，16（1）：76－78，82.

[32] 袁强，吴陈．高阶神经网络与DS方法在数据融合中的应用［J］．华东船舶工业学院学报，2000．14（4）：67－71.

[33] Sharkey A J C. On combining artificial neural networks. Connection Science［J］. 1996，8（3－4）：299－313.

[34] Hall，d. l，Llinas，J. An. Introduction tomultisensor data fusion［J］. Proc of the IEE，1997，85（1）：6－23.

[35] 张志，夏国富，等．土地利用动态遥感监测中多源遥感影像融合技术与实验［C］//ESRI中国（北京）有限公司．第六届Ar改HS暨ERDAS中国用户大会论文集（2004上）．北京：地震出版社，2004.

[36] 谷少鹏，金继周．在国土资源管理项目中对土地利用变化信息的判断与提取一在ArcGIS软件平台上的实验［C］//第六届ArcGIS暨ERIDAS中国用户大会论文集（2004上）．2000：479－452.

[37] 梅安新，彭望禄，秦其明，等．遥感概论［M］．北京：高等教育出版社，2001.

[38] 杨卫民，谭骏珊，汪斌．数据仓库和数据挖掘技术在DSS中的应用研究［J］．计算机工程与设计，2004，25（10）：1695－1697.

[39] 杨卫民，谭骏珊．数据仓库技术在森林资源统计分析中的应用——以森林林木面积、蓄积统计分析为例［J］．林业资源管理，2006（2）：88－91.

[40] 陈昌鹏，吴保国．林业数据仓库的设计［J］．农业网络信息，2004，15（4）：30－32.

[41] 范文义，罗传文．"3S"理论与技术［M］，2003.9.

[42] 朱选，刘素霞．地理信息系统原理与技术［M］．上海：华东师范大学出版社，2006.

[43] http：//www.gxstzy.cn/jpkc/sljl/kejian/kejian11.pdf，2008－07－28引用.